工程机械运用与维护专业工学结合
系列教材编写委员会

主 任 委 员：钱福祥

副主任委员：张爱山　李银和

委　　　员：韩毓峻　蔡勇梅　代绍军

　　　　　　高　杰　王霁霞　沈　鹏

　　　　　　赵文珅　吴丽丽　李海红

国家示范性高职院校建设项目成果

工程机械运用与维护专业工学结合系列教材

主　编◎王霁霞

副主编◎高　杰　杨生旺

主　审◎张爱山

工程机械电气系统检修

GONGCHENG JIXIE DIANQI XITONG JIANXIU

云南出版集团

云南人民出版社

图书在版编目（ＣＩＰ）数据

工程机械电气系统检修／王霁霞主编. —昆明：云南人民
出版社，2013.3（2022.8 重印）
工程机械运用与维护专业工学结合系列教材
ISBN 978-7-222-10768-7

Ⅰ. ①工… Ⅱ. ①王… Ⅲ. ①工程机械—电气系统—检
修—高等职业教育—教材 Ⅳ. ①TU607

中国版本图书馆 CIP 数据核字（2013）第 039057 号

出 品 人：赵石定
组稿统筹：冯　琰
责任编辑：王曦云
责任校对：武　坤
封面设计：杨晓东
责任印制：代隆参

工程机械电气系统检修

主　编　王霁霞
副主编　高　杰　杨生旺
主　审　张爱山

出　版　云南出版集团　云南人民出版社
发　行　云南人民出版社
社　址　昆明市环城西路 609 号
邮　编　650034
网　址　www.ynpph.com.cn
E-mail　ynrms@sina.com
开　本　787mm×1092mm　1/16
印　张　18
字　数　250 千
版　次　2013 年 3 月第 1 版
　　　　2022 年 8 月第 4 次印刷
印　刷　昆明理煌印务有限公司
书　号　ISBN 978-7-222-10768-7
定　价　35.00 元

如需购买图书、反馈意见，请与我社联系
总编室：0871-64109126　发行部：0871-64108507　审校部：0871-64164626　印制部：0871-64191534

云南人民出版社微信公众号

前　言

本书根据高职高专教育培养目标，采用工学结合的方法，针对工程机械相关专业对工程机械电气设备与检修技术的需求，结合当今工程机械技术的发展情况，按岗位要求组织教学内容编写，以全面提高学生的职业能力。

本书是一本理实一体的教材，结合情境化教学的实际需要，通过典型故障案例导入，较详尽地介绍了工程机械电气系统检修的基本知识和基本技能，知识要素主要围绕技能要求来安排。知识和技能实用，可操作性强，图文表并茂，特性鲜明。

本书共分7个情境，分别介绍了工程机械电气系统电源系统、起动系统、点火系统、照明与信号系统、仪表与警报系统、辅助电气系统、全车电路。每个情境后面都列有任务工作单，为学生学习效果和实践能力提供参考。本书实用性强，不仅可作为高职高专工程机械相关技术专业的教材，还可作为广大从事工程机械管理、使用、维修的人员的参考书。

本书由云南交通职业技术学院王霁霞担任主编，高杰、杨生旺担任副主编。王霁霞编写情境5、情境6、情境7，高杰编写情境1、情境2，杨生旺编写情境3、情境4。王霁霞、何俊美编写了任务工作单。由工程机械技术领域资深高级工程师张爱山主审，他对稿件进行了认真的审阅，提出了不少宝贵的修改意见，在此表示衷心的感谢。

本书在编写过程中，参考了大量相关文献资料。在此，对相关文献资料的作者表示真诚的感谢。

由于编者水平有限，书中难免存在缺点和不妥之处，恳请广大读者批评指正。

编　者

2013年1月

目　　录

绪　论

近年来工程机械电子技术进入飞速发展的新阶段，在工程机械上广泛采用大量的电器与电子控制装置，超微型电子计算机以及集成电路的大规模微型化的发展给工程机械的驾驶与作业带来了革命性的变化，提高了驾驶的安全性和可靠性，也提高了施工作业的质量和效率。

现代工程机械已进入机、电、液一体化时代，工程机械所用电子装置越来越多，正因为如此，电子产品在工程机械上的应用程度已成为评价工程机械先进程度、性能指标的重要依据。

1. 课程的性质、任务

工程机械电气系统检修是工程机械运用技术相关专业的核心专业课，它是以电工、电子技术及工程机械构造为基础，教授工程机械常用电器设备的构造、工作原理、维护及检修等方面的知识和技能。

随着电子技术在工程机械方面的广泛应用，工程机械电气设备的维护更加复杂。因此，作为工程机械运用技术相关专业的学生，只有全面系统地掌握工程机械常见基础电气设备的结构、基本原理、使用与维修、检测与调试、故障诊断与排除等基本知识和基本技能，才能为进一步学习和应用新知识、新技术打好坚实的基础。

2. 工程机械电器设备的组成

现代公路工程机械电器与电子控制装置种类很多，按其作用大致可分为以下几个部分，例如图1所示装载机电气系统大致位置。

电源系统

由蓄电池、发电机及调节器及相关线路组成，其作用是向全车提供稳定的低压直流电能。

起动系统

由起动机、起动继电器及相关线路组成，其作用是起动发动机。

点火系统

主要由点火元件、点火线圈、火花塞及相关线路组成，其作用是将电源提供的低压直流电变为足以击穿火花塞间隙的高压电，跳火点燃混合气。

照明与信号系统

主要由照明设备、信号灯、电喇叭、蜂鸣器等组成，提供工程机械安全施工所必需的照明和信号，保证行驶和施工中的人机安全。

仪表警报系统

由燃油表、机油压力表、水温表、发动机转速表和相应的传感器组成，其作用是监视

发动机和其他装置的工作情况。

辅助电气系统

（1）雨刮、清洗系统：主要由电动机、减速机构、自动停位器、刮水器开关和联动机构及刮片、储液罐、清洗泵、输液管、喷嘴、清洗开关等组成，其作用是保证在各种使用条件下挡风玻璃表面干净、清洁。

（2）空调系统：主要由制冷系统、加热系统、通风与空气净化系统等组成，其作用是改善驾驶员的工作环境。

（3）音响系统：主要由主机、功率放大器和扬声器等组成，其作用是提高驾驶员工作环境品质和对信息接收的要求。

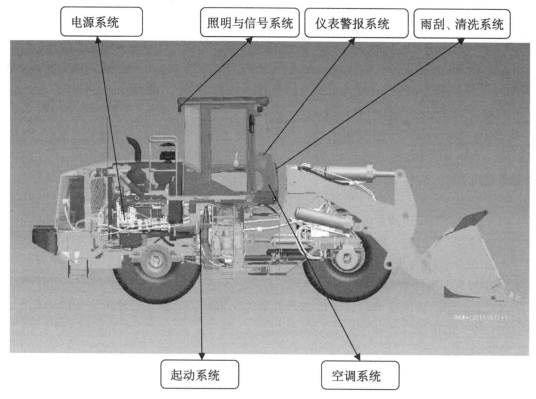

图 1　装载机电气系统位置

3. 工程机械电器设备的特点

工程机械的种类和品牌繁多，各电气设备的数量不等，其安装位置、接线方法等也各有差异，但不论进口还是国产工程机械，其电气系统的设计一般都遵循一定的规律。了解这些特点，对工程机械电气设备的维修很有帮助。

低压电

工程机械上采用 12V 或 24V 低压电源系统，一般柴油机采用 24V 系统。个别工程机械上存在两种电压系统，以供不同的需求，如起动机采用 24V 系统，一般电器设备采用 12V 系统。

直流电流

在工程机械上的电气设备一般采用直流电源系统，这主要是考虑由于发电机要向蓄电池充电。

并联连接

在公路工程机械上的主要电气设备一般采用并联连接方式，这主要是防止各主要电器之间一旦出现故障，造成相互影响，避免大量电气设备的无法使用。

负极搭铁、单线制

为简化电气设备的连接线路，通常用一根线连接电源正极和电气设备，而将电气设备的另一端接到整车的公共端，如：发动机缸体、车架等部位，俗称"搭铁"。此时，电源与电气设备之间只有一根线相连，即为"单线制"。根据国家标准规定必须采用负极"搭铁"，而国外一般也采用此制式。

情境 1　检修电源系统

☞知识目标

1. 学习电源系统的组成及作用；
2. 掌握蓄电池、发电机和调节器的分类、型号；
3. 掌握发电机和调节器的组成结构及工作原理。

☞能力目标

1. 能够识读电源系统基本工作电路原理图；
2. 能够检测蓄电池、调节器；
3. 能够完成蓄电池的充电；
4. 能够拆装、检测发电机；
5. 能够诊断和排除电源系统常见故障；
6. 能够连接电源系统线路。

☞任务导入

一台挖掘机起动后，发动机转速增高，充电指示灯不熄灭，此故障称为电源系统不充电。故障原因有发电机、调节器、保险、导线连接等，要想排除此故障，要掌握电源系统组成元件的构造、原理、拆装、检测，线路连接等内容，我们必须学习下面的知识技能。

☞相关知识

工程机械电源系统的主要作用是向工程机械用电设备供电，满足工程机械用电需要。电源系统主要由发电机以及与发电机匹配的调节器、蓄电池、电流表（电压表）、充电指示灯等组成，如图 1-1 所示。

工程机械上有两大直流电源——蓄电池和发电机。蓄电池和发电机并联，当发动机运行，发电机正常发电时，由发电机向用电设备供电，同时向蓄电池充电；当发电机不发电或电压低时，由蓄电池向用电设备供电。具体讲，蓄电池的主要功用是在发动机起动时向起动机供电；当发电机电压高于蓄电池电压时，发电机对蓄电池充电，蓄电池将电能储存起来；同时，蓄电池可以吸收电路中的瞬时过电压，起到保护电路的作用。为使发电机在转速变化时输出稳定的电压，必须使用电压调节器。

电源系统的基本电路如图 1-1 所示，它包括：

（1）发电机的工作电路——发电机励磁电路及调节器电路；

（2）充电电路——充电电路及充电指示灯电路。

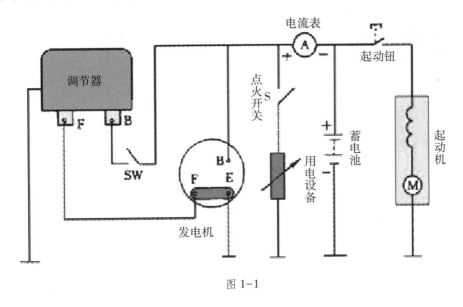

图 1-1

1.1　检修蓄电池

1.1.1　蓄电池概述

蓄电池是一种可逆的直流电源，向用电设备供电时，将化学能转化为电能；外电源对蓄电池充电时，将电能转化为化学能。工程机械蓄电池属于起动型蓄电池，能在短时间（5~10s）内向起动机提供大电流，工程机械蓄电池属于铅酸蓄电池，电解液采用稀硫酸，极板的活性物质为铅。铅酸蓄电池结构简单，价格低，内阻小，起动性好，因此在工程机械上得到广泛应用。

铅酸蓄电池的用途：

（1）起动发动机时，给起动机和点火系供电。要求在 5~10s 内提供起动机 200~600A 的强大电流（个别柴油机的起动电流可高达 1000A）。

（2）发电机不工作或输出电压过低时，向点火系及其他用电设备供电。

（3）在发电机短时间超负荷时，可协助发电机向用电设备供电。

（4）蓄电池储电不足时，可将发电机的电能转变为化学能储存起来。

（5）具有电容器的作用，能吸收瞬间高电压，保护电路中电子元件不被损坏。

1.1.2 蓄电池的组成、结构

1. 铅酸蓄电池

铅酸蓄电池的构造如图 1-2 所示，一般由 6 个或 12 个单格电池串联后形成一个 12V 或 24V 的蓄电池总成，每个单格电池的标准电压为 2V。蓄电池主要由正、负极板组成的极板组、隔板、电解液、外壳、连接条和接线柱等组成。目前使用的蓄电池以铅蓄电池为主。

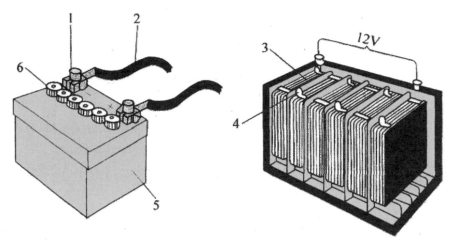

图 1-2 蓄电池的结构

1-接线柱；2-起动电缆；3-单格电池；4-连接条；5-外壳；6-加液孔盖

极板

极板是铅蓄电池的主要组成部分，它分为正极板和负极板，正、负极板均由栅架和活性物质组成。铅蓄电池的充、放电过程就是依靠极板上的活性物质和电解液中的硫酸进行化学反应来实现的。

正、负极板栅架结构相同，如图 1-3 所示，栅架的作用是容纳活性物质并使极板成型，一般由铅锑合金浇铸而成。加锑的目的是提高栅架的机械强度和浇铸性能，但加锑后易引起蓄电池自行放电、栅架腐蚀。

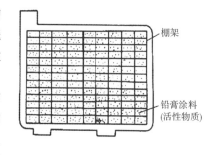

图 1-3 极板结构

活性物质是极板上的反应物质，正极板上的活性物质是二氧化铅（PbO_2），呈深棕色。负极板上的活性物质是海绵状的纯铅（Pb），制作时铅膏中加入了松香、油酸、硬脂酸等防氧化剂。成型后负极板呈青灰色。将正、负极板各一片浸入电解液中，就可获得 2.1V 的电动势。为了增大蓄电池的容量，而又不致使体积过大，一般都采用小面积的多片正、负极板分别并联，用横板焊接，组成正、负极板组，如图 1-4 所示。安装时正、负极板相互嵌合，中间插入隔板，放入单格电池槽内，形成单格电池。在单格电池中，负极板的片数比正极板多一片，正极板都处于负极板之间，使正极板两侧放电均匀，否则由于正极板的机械强度差，易造成正极板的拱曲变形和活性物质的脱落。

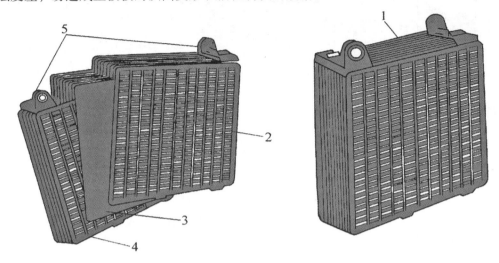

图 1-4　极板组结构

1-组装完的极板组；2-负极板；3-隔板；4-正极板；5-联条

隔板

为了减小铅蓄电池的内电阻和尺寸，正、负极板间的距离应尽可能的小，为此在正、负极板之间插入隔板，防止极板短路。隔板应具有良好的绝缘性能，此外，应具有良好的多孔结构，以便电解液能自由渗透，减小蓄电池内阻，同时还应具有良好的耐酸和抗氧化性能。

隔板的结构形状有槽沟状、袋状等，如图 1-5 所示。隔板的常用材料有木材、微孔橡胶、微孔塑料、玻璃纤维纸浆和玻璃丝棉等。新型蓄电池多采用微孔塑料隔板。隔板厚度小于 1mm，长和宽比极板略大。早期蓄电池的隔板一面有特制的沟槽，沟槽朝向正极板，以便使正极板脱落的活性物质及时排到底部，防止短路。新型蓄电池采用袋式微孔塑料隔板，包裹极板，防止正极板活性物质脱落。

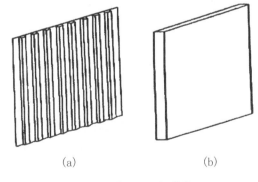

（a）　　　　　　　　（b）

图 1-5　蓄电池隔板结构

（a）槽沟状隔板　（b）袋状隔板

电解液

电解液的作用是参与化学反应，进行能量转化。电解液的密度对蓄电池性能影响较大，密度一般为 $1.24 \sim 1.30 \text{g/cm}^3$（25℃）。另外，电解液的纯度也是影响蓄电池性能和使用寿命的重要因素。配制电解液必须用纯净的专用硫酸和蒸馏水。工业硫酸和普通水中含有铁、铜等有害杂质，绝对不能加入蓄电池中，否则会引起自放电和极板的损坏，使用时应根据当地最低气温或制造厂的推荐进行选择（见表 1-1）。

表1-1　不同气温下的电解液相对密度选择（25℃）

使用地区 最低气温/℃	冬季密度 /g·cm⁻³	夏季密度 /g·cm⁻³	使用地区 最低气温/℃	冬季密度 /g·cm⁻³	夏季密度 /g·cm⁻³
<-40	1.30	1.26	-30～-20	1.27	1.24
-40～-30	1.28	1.25	-20～0	1.26	1.23

其他

壳体的作用是盛放极板和电解液。壳体为整体式结构，内部由间壁分成互不相通的单格，每个单格内放一组正负极板，构成一个单格电池。12V 蓄电池的壳体内有 6 个单格。每个单格底部有凸起的筋条，以放置极板组，下面有足够的空间作为沉淀槽，容纳脱落的活性物质，防止造成极板短路。新型蓄电池采用袋式塑料隔板，壳体底部取消了筋条，减小了蓄电池体积。壳体应该耐酸、耐热、耐震。早期蓄电池外壳采用硬橡胶，新型蓄电池多采用聚丙烯塑料。

壳体上部使用相同材料的电池盖密封，电池盖上设有对应于每个单格电池的加液孔，用于添加电解液和蒸馏水。加液孔上旋有加液孔盖，防止电解液溅出。加液孔盖上制有通气孔，可以排出蓄电池内部化学反应中产生的气体。新型蓄电池加液孔盖的通气孔上安装有过滤器，避免水蒸气逸出，减少水的消耗。

在壳体的顶部或侧面有正、负接线柱，一般正接线柱比负接线柱粗，正、负接线柱旁边有正（+）、负（-）标记。顶部接线柱通过电缆卡子连接电缆，侧面接线柱上有螺纹，电缆用螺栓固定。

2. 改进型蓄电池

干荷电蓄电池

干荷电蓄电池与普通铅蓄电池的区别是，其极板组在干燥状态下能够长期保存制造过程中得到的电荷。在保存期内，只要注入参数符合要求的电解液，搁置 15min，调整液面到规定的高度，而不需要进行初充电即可投入使用，其荷电量能达到额定容量的 80% 以上。因此，它是理想的应急电源。国内已经大批量生产干荷电蓄电池，基本上取代了普通蓄电池。

干荷电蓄电池之所以具有干荷电性能，主要是因为其负极板的制造工艺与普通蓄电池不同，且正极板上的活性物质——二氧化铅——化学性质比较稳定，可长期保持荷电性能。负极板上的活性物质海绵状铅表面积大，化学活性高，容易氧化。为防止氧化，在负极板的铅膏中要加入松香、油酸、硬脂酸等防氧化剂。在化学形成（化成）过程中，有一次深放电循环或反复充、放电，使活性物质达到深化。化成后的负极板，用清水冲洗干净后，再放入硼酸、水杨酸混合成的防氧化剂中进行浸渍处理。浸渍后的负极板，经特殊干燥工艺（干燥罐中真空或充满惰性气体）干燥，在其表面生成一层保护膜，使得负极板也具有干荷电性能。由于负极板的抗氧化性能得到提高，因此，干荷电蓄电池比普通蓄电池的自放电小，储存期长。

干荷电蓄电池的使用、维护与普通蓄电池基本相同。储存期超过两年的干荷电蓄电池，因极板有部分氧化，应以补充充电的电流充电 5～10h 后再使用。

免维护蓄电池

免维护蓄电池常写成 MF（英文 Maintenance-Free 的缩写）蓄电池。免维护蓄电池是在传统蓄电池的基础上发展起来的新型蓄电池，其性能比普通蓄电池优越许多。

（1）结构与材料方面的特点。

①栅架采用低锑或无锑合金，减少了自放电。

②加液孔盖上设有安全通气装置，内装有加氧化铝过滤器和催化剂。氧化铝过滤器阻止水蒸气和硫酸气体逸出，催化剂能促使氢氧离子结合产生水再回到电池内，其结果是减少了电解液的消耗。

③正极板装在袋式微孔塑料隔板中，基本上避免了活性物质的脱落。因此，可以取消壳体底部的凸棱，使极板上部的容积增大 33% 左右，增加了电解液的加注量，延长了电解液的补充周期。

（2）使用特点。

①所谓免维护，主要是指使用过程中从不或很少加注蒸馏水。和普通蓄电池相比，它的耗水量非常小。同样条件下，每行驶 1000km，普通蓄电池耗水 16~32g，而免维护蓄电池仅耗水 1.6~3.2g。

②由于自放电少，可较长时间湿式储存，一般允许储存两年以上。

③耐过充性能好。充电电压和温度相同时，免维护蓄电池的过充电电流很小，充足电时接近于零。过充电时，外部提供的电能主要电解电解液中的水。这也是免维护蓄电池水耗量小的一个原因。

④免维护蓄电池使用寿命长。正常情况下，免维护蓄电池至少可以使用 4 年以上。深度放电情况下，免维护蓄电池的容量和寿命都会减少。

为了使蓄电池经常处于良好的状态，延长使用寿命，经过一年或 30000km 行驶后，要对其进行少量维护工作。检查电解液的密度、高度和蓄电池的开路电压。如发现问题，要有针对性地解决。

最好每半年进行一次补充充电，以保持蓄电池的容量。

胶体蓄电池

胶体蓄电池的电解液为胶状物质，主要成分为硅酸钠和硫酸钠。胶体蓄电池主要特点如下：

（1）胶状电解质不流动、不溅出，使用、维护、保管和运输都很方便。

（2）由于胶状电解质失水少，因此使用时不必测量和调整电解质的密度和高度。

（3）胶体蓄电池中的电解质像保护套似的紧紧包住极板，所以耐强电流放电，活性物质不易脱落。

（4）耐硫化。蓄电池放电时产生的硫酸铅很难溶解到胶状电解质中去，胶状电解质中的硫酸铅也难以返回到极板上再结晶，在一定程度上防止了极板的硫化。

（5）胶状电解质的电阻大，因此蓄电池的内阻变大。大电流放电时，蓄电池的容量有所降低。

（6）极板易腐蚀。胶状电解质流动性差，与极板接触不均匀，使极板不同部分形成电位差。另外，胶体蓄电池自放电较大，且不均匀。这两种原因使得极板容易腐蚀。

3. 蓄电池的型号

蓄电池的型号按《起动型铅蓄电池标准》（JB 2599-85）规定，铅蓄电池型号的编制和含义如下：

串联单格电池数	电池类型和特征	额定容量

（1）单格电池数。用阿拉伯数字表示。

（2）铅蓄电池类型是根据其主要用途来划分的。如起动型铅蓄电池用"Q"，代号Q是汉字"起"的第一个拼音字母。

电池特征为附加部分，仅在同类用途的产品具有某种特征，在型号中又必须加以区别时才采用。当产品同时具有两种特征时，应按表1-2顺序将两个代号并列标志。

表1-2 常见电池产品特征代号

序号	1	2	3	4	5
产品特征	干荷电	湿荷电	免维护	少维护	密封式
代号	A	H	W	S	M

（3）额定容量用阿拉伯数字表示。20h放电率的一片正极板设计容量为15A·h。

（4）在产品具有某些特殊性能时，可在型号的末尾加注相应的代号。如：G表示高起动率，S表示塑料外壳，D表示低温起动性能。

例：6-QAW-100表示由6个单格电池组成，额定电压12V，额定容量100A·h的起动用干荷电免维护蓄电池。

1.1.3 蓄电池的原理与特性

1. 蓄电池的工作原理

当蓄电池对负载放电时，正极板上深褐色的活性物质PbO_2转化成了浅褐色的$PbSO_4$，负极板上深灰色的海绵状Pb转化成了灰色的$PbSO_4$，电解液中的部分H_2SO_4转变为H_2O而使其浓度降低。充电时，正、负极板上的$PbSO_4$在充电电流的作用下逐渐恢复为PbO_2和Pb，电解液中的硫酸浓度增高。蓄电池充、放电过程的电化学反应式为：

$$PbO_2+2H_2SO_4+Pb \underset{充电}{\overset{放电}{\rightleftharpoons}} PbSO_4+2H_2O+PbSO_4$$

正极板　电解液　负极板　正极板　电解液　负极板

理论上，放电过程可以进行到极板上的活性物质全部转变为$PbSO_4$，但由于生成的$PbSO_4$沉附于极板表面，阻碍电解液向活性物质内层渗透，使得内层活性物质因缺少电解液而不能参加反应，实际放完电的蓄电池的活性物质利用率只有20%~30%。因此，为提高活性物质的利用率，采用薄极板蓄电池。

蓄电池充、放电过程中，由于电解液中的部分水（H_2O）变为硫酸（H_2SO_4）或部分硫酸变为水，所以电解液的相对密度将增高或下降。因此，可以通过测量电解液相对密度的方法来判断蓄电池的充、放电程度。

2. 蓄电池的工作特性

静止电动势 E_0

无负荷情况下的端电压（开路电压）称为蓄电池的电动势，又称为静止电动势。蓄电池的电动势与电解液的相对密度和温度有关。若密度在 $1.100 \sim 1.300 \text{g/cm}^3$ 的范围内时，可由以下经验公式估算其值：

$$E_0 = 0.84 + \rho_{25℃}$$

式中：$\rho_{25℃}$——25℃电解液实际测量的密度，$\rho_{25℃} = \rho_t + \beta (t - 25℃)$；

ρ_t—— 实际测量的电解液相对密度；

t——实际测量的电解液温度；

β——密度温度系数，$\beta = 0.00075$，即温度每升高 1℃，相对密度将下降 0.00075。

蓄电池充足电时，电解液密度一般约为 1.290g/cm^3，对应的电动势约为 2.10V；放电终了时，电解液密度一般约为 1.12g/cm^3，对应的电动势约为 1.97V。由此可见，蓄电池充放电前后，电动势的变化范围比电解液密度的变化范围要小些，测量误差较大，因而常采用测量电解液密度的方法来判断蓄电池的充放电程度。

内电阻 R_0

蓄电池内阻为极板、电解液、隔板、连接条和极柱等电阻的总和，用 R_0 表示。蓄电池的电阻大小反映了蓄电池带负载的能力。在相同的条件下，内阻愈小，输出电流愈大，带负载能力愈强。一般来说，起动型铅蓄电池的内阻很小，单格电池的内阻约为 0.11Ω，如内阻过大，则会引起蓄电池端电压大幅度下降而影响起动性能。

完全充足电的蓄电池在 20℃时，其内电阻 R_0 可根据下式计算：

$$R_0 = 0.0585 \times Ue/Qe \quad (\Omega)$$

式中：Ue——蓄电池的额定电压，V；

Qe——蓄电池的额定容量，$A \cdot h$。

放电特性

蓄电池的放电特性是指蓄电池在规定的条件下，恒流放电过程中，端电压 U_f、电动势 E 和电解液密度随放电时间而变化的规律，为合理地使用蓄电池提供理论依据。图 1-6 为充足电的蓄电池，以 20h 放电率恒流放电的特性曲线。

由于恒流放电，则单位时间内所消耗 H_2SO_4 数量保持一定，因此，电解液相对密度呈线性变化。

放电时，由于蓄电池内阻 R_0 的影响，故蓄电池的端电压 U_f 小于其电动势 E：

$$U_f = E - I_f R_0$$

式中：I_f——放电电流。

放电过程中，端电压的变化规律分四个阶段。

第一阶段 端电压由 2.11V 迅速下降到 2.0V 左右。这是因为放电开始时极板孔隙内的 H_2SO_4 迅速消耗，相对密度下降。

第二阶段 端电压由 2.0V 下降到 1.85V，基本呈直线规律缓慢下降。这是由于随着极板孔隙外的电解液向极板孔隙内渗透速度加快，当渗透变化速率与整个容器内电解液相对密度的变化速率趋于一致时，端电压缓慢下降。

第三阶段 端电压迅速由 1.85V 下降到 1.75V。此值为单格电池的终止电压，应立即停止放电。否则会因放电终了时，化学反应深入到极板内层，放电过程中生成的体积较大的硫酸铅使电解液渗透困难，造成端电压随孔隙内电解液相对密度下降而急剧下降。继续放电则为过度放电，将严重影响蓄电池使用寿命。

第四阶段 停止放电后，蓄电池电压稍有上升（称为蓄电池"休息"）。这是由于电解液渗透的结果使极板孔隙内外电解液密度趋于一致，蓄电池单格电池电动势会回升到 1.95V（静止电动势）。

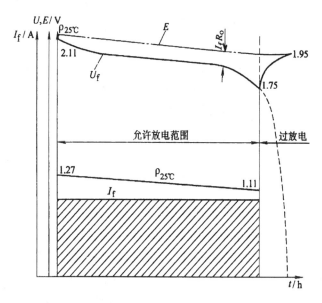

图 1-6 20h 放电率恒流放电的特性曲线

蓄电池放电终了的特征是：

（1）单格电池电压下降到放电终止电压（见表 1-3）。

（2）电解液相对密度下降到最小值。

表 1-3 起动型铅蓄电池的放电率与终止电压的关系

放电情况	放电率	20h	10h	3h	30min	5min
	放电电流（A）	$0.05Q_e$	$0.1Q_e$	$0.25Q_e$	Q_e	$3Q_e$
单格电池终止电压（V）		1.75	1.70	1.65	1.55	1.50

充电特性

铅蓄电池的充电特性是指蓄电池在恒定电流充电状态下，电解液相对密度、蓄电池端电压随充电时间而变化的规律，如图 1-7 所示。

充电时，由于蓄电池内阻 R_0 的影响，故蓄电池的端电压 U_c 大于其电动势 E：

$$U_C = E + I_C R_0$$

式中：I_C——充电电流。

在充电过程中，电解液相对密度随时间呈直线规律逐渐上升。蓄电池端电压的上升规律由五个阶段组成：

第一阶段 充电开始，端电压由 1.95V 迅速上升到 2.10V 左右。因为充电时极板上活性物质和电解液的化学反应首先在极板孔隙内进行，极板孔隙中生成的硫酸来不及向极板外扩散，使孔隙内的电解液相对密度迅速增大，其端电压迅速上升。

第二阶段 单格电池端电压从 2.10V 平稳上升至 2.4V 左右。随着充电的进行，新生成的硫酸不断向周围扩散，当极板孔隙中硫酸的生成速度与向外扩散的速度基本一致时，蓄电池的端电压稳定上升，而且与电解液相对密度的上升相一致。

第三阶段　端电压从 2.4V 迅速上升至 2.7V，并有大量气泡产生。这是因为带正电的氢离子和负极板上的电子结合比较缓慢，来不及变成氢气放出，于是在负极板周围便积存了大量的带正电的氢离子，使电解液与负极板之间产生了约为 0.33V 的附加电位差，从而使蓄电池的端电压由 2.40V 左右增至 2.70V；同时充电电流的一部分用于继续转变剩余的硫酸铅，而其余的电流用于电解水，产生氢气和氧气，以气泡形式放出，形成"沸腾"现象。

第四阶段　为过充电阶段，该阶段端电压和电解液的相对密度不再上升，一般持续 2~3h，以保证蓄电池充足电。

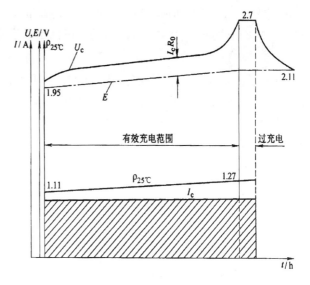

图 1-7　蓄电池的充电特性

第五阶段　停止充电后，极板外部的电解液逐渐向极板内部渗透，极板内外电解液相对密度趋于平衡，附加电压逐渐消失，端电压由 2.7V 逐渐降为 2.1V 左右并稳定下来。

铅蓄电池充电终了的特征是：

（1）端电压和电解液相对密度均上升到最大值，且 2~3h 内不再增加。

（2）电解液中产生大量气泡，出现"沸腾"现象。

1.1.4　蓄电池的容量及其影响因素

1. 蓄电池的容量

蓄电池的容量是指完全充电的蓄电池在放电允许的范围内输出的电量，它标志蓄电池对外供电的能力。当蓄电池以恒定电流放电时，其容量 Q 等于放电电流 I_f 和放电时间 t_f 的乘积，即

$$Q = I_f t_f$$

式中：Q——蓄电池的容量（A·h）；

　　　I_f——放电电流（A）；

　　　t_f——放电时间（h）。

蓄电池的容量与放电电流的大小及电解液的温度有关，因此蓄电池的标称容量是在一定的放电电流、一定的终止电压和一定的电解液温度下确定的。标称容量分为额定容量和起动容量。

额定容量 Q_e

指完全充足电的蓄电池在电解液平均温度为 25℃ 的情况下，以 20h 放电率的电流（相当于 $Q_e/20$）连续放电 20h 使单格电池电压降为 1.75V 时输出的电量。

如 3-Q-90 型蓄电池，其额定容量为 90A·h，以 4.5A 的电流连续放电至单格终止电

压1.75V，若放电时间大于等于20h，则其容量大于等于90 A·h，达到了额定容量，为合格产品；若放电时间小于20h，则其容量低于额定容量，为不合格产品。

储备容量

储备容量表示在工程机械充电系统失效时，蓄电池能为照明和点火系统等用电设备提供25A恒流的能力。根据国家标准GB 5008.1-1991《起动用铅酸蓄电池技术条件》规定，蓄电池在（25±2）℃的条件下，以25A恒流放电至单格终止电压1.75V时的放电时间，称为蓄电池的储备容量，单位为min。

起动容量

起动容量表征了蓄电池在发动机起动时的供电能力。起动容量受温度影响很大，故又分为低温起动容量和常温起动容量两种。

（1）低温起动容量：电解液在-18℃时，以3倍额定容量的电流持续放电至单格终止电压1V时所放出的电量。其持续时间应在2.5min以上。

（2）常温起动容量：电解液在25℃时，以3倍额定容量的电流持续放电至单格终止电压1.5V时所放出的电量。其持续时间应在5min以上。

2. 容量影响因素

蓄电池的容量取决于放电允许范围内实际参与化学反应的活性物质的数量，参加反应的活性物质越多，蓄电池的容量越大。影响蓄电池容量的因素主要有以下几方面。

（1）放电电流。放电电流过大时，化学反应作用于极板表面，电解液来不及渗入极板内部，就已被表面生成的硫酸铅堵塞，致使极板内部大量的活性物质不能参加化学反应，使蓄电池容量减小。

（2）电解液温度。温度低时，电解液黏度增加，离子运动速度慢，电解液向极板孔隙内层渗入困难，极板孔隙内的活性物质不能充分利用，使蓄电池的放电容量下降。冬季起动机起动时，放电电流大，温度低，使蓄电池容量减小，造成冬季起动时总感到蓄电池电量不足。

（3）电解液的密度。在一定范围内，适当加大电解液密度，可以提高蓄电池的电动势和容量。但密度过大，将使其黏度增加，内阻增大，端电压及容量减小。一般情况下，采用电解液的密度偏低有利于提高放电电流和容量，同时也有利于延长铅蓄电池的使用寿命。铅蓄电池电解液的密度，应根据用户所在地区的气候条件而定。

（4）电解液的纯度。电解液的纯度对蓄电池的容量有很大影响，电解液中一些有害杂质腐蚀栅架，沉附于极板上的杂质会产生蓄电池局部自放电。因此，电解液应采用化学纯硫酸和蒸馏水配制。

（5）极板的结构。极板有效面积越大，片数越多，极板越薄，蓄电池的容量就越大。

1.1.5　检修铅蓄电池

1. 铅蓄电池的常见故障

蓄电池的常见故障可分为外部故障和内部故障。外部故障有外壳裂纹、封口胶干裂、极柱腐蚀或松动等。内部故障主要有极板硫化、活性物质脱落、极板短路和自放电等。蓄电池常见内部故障的故障特征、故障原因和排除方法见表1-4。

表 1-4 蓄电池常见内部故障

序号	故障	项目	说 明
1	极板硫化	故障特征	蓄电池极板上生成一层白色粗晶粒的 $PbSO_4$，在正常充电时不能转化为 PbO_2 和 Pb 的现象称为硫酸铅硬化，简称硫化。 硫化的电池放电时，电压急剧降低，过早降至终止电压，电池容量减小。蓄电池充电时单格电压上升过快，电解液温度迅速升高，但密度增加缓慢，过早产生气泡，甚至一充电就有气泡。
		故障原因	①电池长期充电不足或放电后没有及时充电，导致极板上的 $PbSO_4$ 有一部分溶解于电解液中，环境温度越高，溶解度越大。当环境温度降低时，溶解度减小，溶解的 $PbSO_4$ 就会重新析出，在极板上再次结晶，形成硫化。 ②蓄电池电解液液面过低，使极板上部与空气接触而被氧化，在工程机械行驶过程中，电解液上下波动与极板的氧化部分接触，会生成大晶粒 $PbSO_4$，硬化层，使极板上部硫化。 ③长期过量放电或小电流深度放电，使极板深处活性物质的孔隙内生成 $PbSO_4$，平时充电不易恢复。 ④新蓄电池初充电不彻底，活性物质未得到充分还原。 ⑤电解液密度过高、成分不纯，外部气温变化剧烈。
		排除方法	轻度硫化的蓄电池，可用小电流长时间充电的方法予以排除；硫化较严重者可用去硫化充电方法消除硫化；硫化特别严重的蓄电池应报废。
2	活性物质脱落	故障特征	正、负极板上活性物质 PbO_2、Pb 脱落，主要指正极板上的活性物质 pbO_2 的脱落。蓄电池容量减小，充电时从加液孔中可看到有褐色物质，电解液浑浊。
		故障原因	①蓄电池经常过充电，极板孔隙中逸出大量气体，在极板孔隙中造成压力，而使活性物质脱落。 ②低温大电流放电，密度过高，会导致活性物质脱落。 ③汽车行驶中的颠簸振动。
		排除方法	对于活性物质脱落的铅蓄电池，若沉积物较少时，可清除后继续使用；若沉积物较多时，应更换新极板和电解液。
3	极板短路	故障特征	蓄电池正、负极板直接接触或被其他导电物质搭接称为极板短路。极板短路的蓄电池充电时充电电压很低或为零，电解液温度迅速升高，密度上升很慢，充电末期气泡很少。
		故障原因	①极板破损使正、负极板直接接触。 ②活性物质大量脱落，沉积后将正、负极板连通。 ③极板组弯曲。 ④导电物体落入池内。
		排除方法	出现极板短路时，必须将蓄电池拆开检查。更换破损的隔板，消除沉积的活性物质，校正或更换弯曲的极板组等。

续 表

序号	故障	项目	说 明
4	自放电	故障特征	蓄电池在无负载的状态下，电量自动消失的现象称为自放电。充足电的蓄电池在30天之内每昼夜容量降低超过2%，称为故障性自放电。
		故障原因	①电解液不纯，杂质与极板之间以及沉附于极板上的不同杂质之间形成电位差，通过电解液产生局部放电。 ②蓄电池长期存放，硫酸下沉，下部密度比上部密度大，使极板上、下部产生电位差引起自放电。 ③蓄电池溢出的电解液堆积在电池盖的表面，使正、负极桩连通。 ④极板活性物质脱落，下部沉积物过多使极板短路。
		排除方法	自放电的蓄电池，可将其正常放完电后，倒出电解液，用蒸馏水反复清洗干净，再加入新电解液，充足电后即可使用。

2. 铅蓄电池的维护与检测

蓄电池的正确使用

（1）蓄电池的安全警告。

由于蓄电池内部有酸液，工作时会放出可燃气体，所以使用蓄电池要注意安全。一般蓄电池上标有安全警告图标，如图1-8所示，应按要求使用。

（2）蓄电池的储存。

未启用的新蓄电池，其加液孔盖上的通气孔均已封闭，不要捅破。储存方法和储存时间应均以出厂说明为准。此外，保管蓄电池时还应注意以下几点：

①应存放在室温5~30℃、干燥、清洁及通风良好的地方。

②避免阳光直射，远离热源（距离不小于2m）。

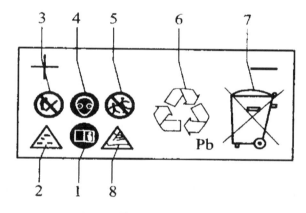

图1-8 蓄电池安全警告图标

1-遵守维修手册电气系统和使用说明书中蓄电池的使用说明；2-腐蚀危险；3-禁止明火、火花、明灯及吸烟；4-戴上防护眼镜；5-小孩应远离酸液及蓄电池；6-可循环利用；7-旧蓄电池不可作为家庭垃圾处理；8-爆炸危险

③避免与任何液体或有害气体接触。

④不得倒置、卧放或叠放，不得承受重压，相邻蓄电池之间相距10 cm以上。

⑤新蓄电池的存放时间不得超过2年（自出厂之日算起）。

对暂时不用的铅蓄电池，可采用湿法储存，即先将蓄电池充足电，再把电解液密度调至1.24~1.28g/cm³，液面调至规定高度，然后将加液孔盖上的通气孔密封。存放条件与新蓄电池相同，存放期不得超过半年，期间应定期检查，如容量降低超过25%，应立即补充充电，交付使用前也应先充足电。

停用期长（超过1年）的铅蓄电池，应采用干法储存，即先将充足电的铅蓄电池以20 h放电率放完电，然后倒出电解液，用蒸馏水反复冲洗多次，直到水中无酸性，晾干后旋紧加液孔盖，并将通气孔密封。存放条件与新蓄电池相同。重新启用时，以新蓄电池对待。

（3）新蓄电池启用。

现在普遍采用干荷电蓄电池，其极板在干燥状态下能够长时间保存制造过程中得到的电荷。干荷电蓄电池在规定存放期（一般为 2 年）内启用时，首先擦净外表面，旋开加液孔盖，疏通通气孔，加入规定密度的电解液，静置 20~30 min 后，调整液面高度，即可使用。若超期存放或保管不当损失部分容量，应在加注电解液后经补充充电方可使用。

蓄电池的维护

（1）保持蓄电池表面清洁、干燥。应经常清除蓄电池表面的灰尘污物；电解液洒到蓄电池表面时，应当用抹布蘸上浓度为 10% 的苏打水或碱水擦净，然后再用清洁的抹布擦干；极柱和电线接头上出现氧化物时应予以清除；经常疏通通气孔。如图 1-9 所示。注意清洗蓄电池之前，要拧紧加液孔盖，防止苏打水进入蓄电池内部。

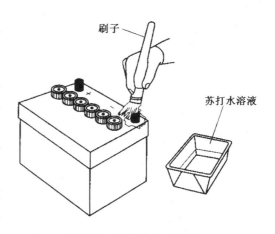

图 1-9　清洗蓄电池表面

（2）经常检查蓄电池的放电程度。放完电的蓄电池应在 24h 内送到充电室充电；装在车上使用的蓄电池每两月至少应补充充电一次，蓄电池的放电程度，冬季不得超过 25%，夏季不得超过 50%；带电解液存放的蓄电池，每两月应补充充电一次。

（3）不连续使用起动机，每次起动的时间不得超过 5s，如果一次未能起动发动机，应休息 15s 以上再作第二次起动，连续三次起动不成功，应查明原因，排除故障后再起动发动机。

（4）定期检查电解液液面高度，必要时用蒸馏水或电解液进行调整使其保持在规定范围内。

（5）冬天加强蓄电池的充电检查，以防电解液结冰。

蓄电池的拆装

（1）拆装、移动蓄电池时，应轻搬轻放，严禁在地上拖拽。

（2）安装前，应检查待用蓄电池型号是否和本车型相符，电解液密度和高度是否符合规定。

（3）安装时必须将蓄电池固定在托架上，塞好防振垫，以免机械行驶时蓄电池在框架中振动。

（4）及时清除极桩和电缆卡子上的氧化物，极桩卡子应按规定力矩紧固，保证与极桩之间接触良好。

（5）蓄电池搭铁极性必须与发电机一致，不得接错。

（6）接线时先接正极后接负极，拆线时相反，以防金属工具搭铁，造成蓄电池短路。

3. 蓄电池技术状况的检查

电解液液面高度的检查

对于塑料壳体的蓄电池，可以直接通过外壳上的液面线检查。壳体前后侧面上都标有两条平行的液面线，分别用"max"或"UPPER LEVEL"或"上液面线"和"min"或"LOWER LEVEL"或"下液面线"表示电解液液面的最高限和最低限，电解液液面正常高度应保持在高、低水平线之间，如图 1-10 所示。

对于橡胶壳体的蓄电池，可以用孔径为 3~5mm 的透明玻璃管测量电解液高出隔板的高度来检查，如图 1-11 所示。检测方法是：将玻璃管垂直插入蓄电池的加液孔中，直到与保护网或隔板上缘接触为止，然后用手指堵紧管口并将管取出，管内所吸取的电解液的高度即为液面高度，其值应为 10~15mm。

当电解液液面偏低时，应补充蒸馏水。除非液面降低是由电解液溅出或泄露所致，否则不允许补充硫酸溶液。这是因为电解液液面正常降低是由于充电时电解液中水的电解和自然蒸发引起的。

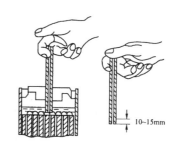

图 1-10　电解液液面高度的液面线　　　　图 1-11　电解液液面高度的测量

蓄电池放电程度的检查

（1）检查蓄电池电解液的相对密度。

通常用吸式密度计来测量电解液的相对密度。如图 1-12 所示，先吸入电解液，使密度计浮子浮起，电解液液面所在的刻度即为其相对密度值。同时还要测量电解液的温度，然后将测量的密度值转换为 25℃时的相对密度值。电解液相对密度下降 0.01g/cm³，就相当于蓄电池放电 6%。所以可以用测得的电解液相对密度值粗略地估算出蓄电池的存电量。但在强电流放电或加注蒸馏水后，不应立即测量电解液的相对密度。因为此时电解液混合不匀，测得的相对密度值不能用来估算蓄电池的存电量，应静置半小时后再测量。

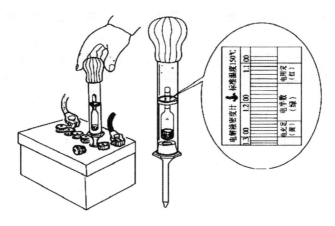

图 1-12　测量电解液的相对密度

当蓄电池在夏季放电超过 50%、冬季放电超过 25%时应及时进行补充充电，否则会使蓄电池早期损坏。根据各单格电池电解液密度的差值判断蓄电池是否失效。如果各单格电池电解液具有相同的密度值，即使密度偏低，该电池一般也可以通过补充充电恢复其容量；如果单格电池电解液之间的密度相差超过 0.05g/cm^3，则该电池失效。

有些蓄电池的内部装有电解液密度计（俗称电眼），可自动显示蓄电池的存电状态和电解液液面高度。其结构如图 1-13 所示，如果密度计的观察窗呈绿色，表明蓄电池存电充足，可正常使用；若显示黑色，表明蓄电池存电不足，需补充充电；若显示白色或浅黄色，表明蓄电池电解液密度低于极限值或电解液不足，应更换或补加蒸馏水。

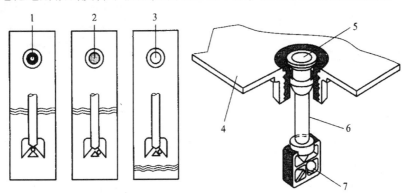

图 1-13　内装密度计的蓄电池

1-绿色（充电程度为 65%或更高）；2-黑色（充电程度低于 65%）；3-浅黄色（蓄电池有故障）

4-蓄电池盖；5-观察窗；6-光学的荷电状况指示器；7-绿色小球

（2）检查蓄电池放电电压。

可用高率放电计和蓄电池检测仪测量蓄电池放电电压。

高率放电计测量蓄电池放电电压的方法如图 1-14（a）所示。测量时，应将两触针紧压在蓄电池的正、负极柱上，测量时间为 5s 左右，观察此时蓄电池所能保持的端电压。若电压保持在 10.6~11.6V，说明蓄电池的技术状况良好，存电充足；如果电压保持在

9.6~10.6V，说明存电不足，需补充充电；若电压迅速下降，说明蓄电池有故障，应及时进行修理或更换。

注意：①不同型号的高率放电计，负荷电阻值可能不同，放电电流和电压表的读数也就不同，使用时应注意参照说明书。②高率放电计的测量结果还与蓄电池容量有关，蓄电池容量越大，内阻就越小，高率放电计的测量值也越大。③测量时应保证高率放电计两触针与蓄电池的正、负极柱良好接触。

蓄电池测试仪如图 1-14（b）所示，它的使用方法是：首先将测试夹分别夹在蓄电池的正、负极柱上。此时读数显示蓄电池的空载电压值。通常显示在 11.8~13V 范围内为正常。然后按下按钮开关，蓄电池开始瞬间大电流放电，要求在 5s 内读出电压表的负载电压指示数值。若指针稳定在 10~12V，说明蓄电池存电充足，不需要充电；若指针在 9~10V，说明蓄电池存电不足，需要充电；若指针在 9V 以下，说明蓄电池严重亏电，要立即充电才能使用。

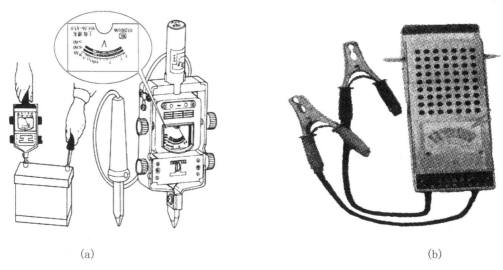

(a)   (b)

图 1-14　蓄电池放电电压检测仪

（a）高率放电计　　（b）蓄电池测试仪

（3）检测蓄电池开路电压。

通过测量蓄电池开路电压可判断蓄电池的放电程度。检测时将蓄电池断开，万用表置于电压档，万用表的正、负表笔分别接蓄电池的正、负极。蓄电池开路电压与蓄电池存电程度之间的关系见表 1-5。注意检测时蓄电池应处于静止状态，蓄电池充、放电或加注蒸馏水后，应静置半小时或更长时间后再测量。

表 1-5　蓄电池存电状态与电压的关系

存电状态（%）	100	75	50	25	0
电压（V）	12.6 以上	12.4	12.2	12	11.9 以下

1.1.6　铅蓄电池的充电

为充分转化极板上的活性物质，使铅蓄电池有足够的容量，延长铅蓄电池的使用寿命，必须对其进行充电。

1. 充电种类

初充电

新的普通蓄电池或修复后的蓄电池，使用之前的首次充电称为初充电。初充电对蓄电池的性能和使用寿命影响很大。若初充电时蓄电池未充足，则蓄电池的容量长期偏低，使用寿命显著缩短；若初充电时蓄电池过充电，则极板和隔板将受到严重腐蚀，蓄电池的使用寿命也会大大缩短。因此，对蓄电池的初充电要十分认真。

初充电的特点是充电电流小，充电时间长（一般为 70~90h）。初充电的步骤如下：

（1）按照生产厂家给出的电解液参数加注电解液。密度一般为 $1.25\sim1.28g/cm^3$，温度不超过 $30℃$，然后放置 6~8h。电解液的量不应超过蓄电池标记的上限。加注后，电解液的温度还要升高，应监测电解液的温度，低于 $35℃$ 后才可以进行充电。

（2）接通充电电路，按表 1-6 给定的参数进行充电。第一阶段完成的判别依据是单格蓄电池的端电压，当其值达到 2.3~2.4V 时，即可认为第一阶段充电完成。当蓄电池的端电压和电解液的密度在 2~3h 内不再上升，并有大量气泡产生时，即可停止第二阶段充电。见表 1-6 蓄电池的充电规范。

表 1-6　蓄电池的充电规范

蓄电池型号	额定容量 $Q_{20}/A \cdot h$	额定电压 U/V	初充电				补充充电			
			第一阶段		第二阶段		第一阶段		第二阶段	
			电流 I/A	时间 t/h	电流 I/A	时间 t/h	电流 I/A	时间 t/h	电流 I/A	时间 t/h
3-Q-75	75	6	5	25~35	3	20~30	7.5	10~11	4	3~5
3-Q-90	90	6	6	25~35	3	20~30	9	10~11	5	3~5
3-Q-105	105	6	7	25~35	4	20~30	10.5	10~11	5	3~5
3-Q-120	120	6	8	25~35	4	20~30	12	10~11	6	3~5
3-Q-135	135	6	9	25~35	5	20~30	13.5	10~11	7	3~5
3-Q-150	150	6	10	25~35	5	20~30	15	10~11	7	3~5
3-Q-195	195	6	13	25~35	7	20~30	19.5	10~11	10	3~5
6-Q-60	60	12	4	25~35	2	20~30	6	10~11	3	3~5
6-Q-75	75	12	5	25~35	3	20~30	7.5	10~11	4	3~5
6-Q-90	90	12	6	25~35	3	20~30	9	10~11	4	3~5
6-Q-105	105	12	7	25~35	4	20~30	10.5	10~11	5	3~5
6-Q-120	120	12	8	25~35	4	20~30	12	10~11	6	3~5

充电过程中应监测电解液的温度，当温度上升到40℃时应将充电电流减半；温度上升到45℃时，应立即停止充电。与此同时，要采取适当措施降低电解液的温度，当温度值低于35℃时，才可以继续充电。

（3）调整电解液密度。初充电接近结束时，应当测量电解液的密度和高度。若不符合规定，应用蒸馏水或密度为 $1.40g/cm^3$ 的电解液进行调整。调整后，应再充电2h。这种调整要反复进行，直至电解液的密度和高度都符合要求为止。

对于新蓄电池的初充电作业，应进行 1~3 次充、放电循环，以便检查蓄电池的容量是否达到额定容量。这种循环还可以促进极板上的物质转变为活性物质，提高蓄电池的容量。

更换部分极板的修复蓄电池，初充电时，注入的电解液的密度要低于规定值 0.03~0.06g/cm³，并按规定充电电流的 50%~80% 进行充电。

补充充电

已经连续使用3个月或起动机起动力量不足时，应对蓄电池进行补充充电。当蓄电池的容量不足时，会有以下现象出现。

（1）电解液的密度低于 $1.20g/cm^3$。

（2）冬季放电超过额定容量25%，夏季超过50%。

（3）单格蓄电池电压降到1.7V以下。

（4）照明系统的灯光比正常暗淡。

充电后的蓄电池若不用，每两个月应对其进行一次补充充电。补充充电的规范见表1-6。

去硫充电

当极板严重硫化时，可进行"去硫充电"。去硫充电时，先将蓄电池中的电解液倒出，反复用蒸馏水冲洗干净后，注入蒸馏水高过极板15mm，用初充电电流进行充电。监测电解液的密度，当超过 $1.15g/cm^3$ 时，用蒸馏水将电解液稀释，继续充电。电解液的密度不再上升后，再进行放电。这个过程要反复进行（也可充电6h，中间停2h），直到6h电解液密度不变为止。然后，参照初充电的方法充电并调整电解液的密度至规定值，用20h放电率放电检查容量，若容量达到额定容量的80%，则认为极板硫化基本消除，可以正常使用。

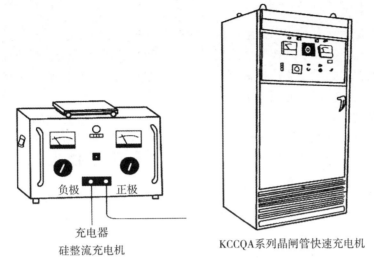

负极　正极

充电器
硅整流充电机

KCCQA系列晶闸管快速充电机

图 1-15　常用充电设备

目前最常用的充电设备是硅整流充电机、可控硅充电机和可控硅快速充电机，如图 1-15 所示。这些充电机具有结构简单、操作维修方便、整流效率高、工作稳定可靠和寿命长等优点。

2. 充电方法

蓄电池的充电方法有定电流充电、定电压充电和脉冲快速充电三种。

充电流充电

定电流充电是指充电过程中充电电流保持一定的充电方法。采用定电流充电可以将不同电压等级的蓄电池串联在一起充电，连接方法如图 1-16 所示。串联充电时，充电电流应按照容量最小的电池来选择，待小容量电池充足后，应及时摘掉，然后继续给大容量蓄电池充电，直到充足。

定电流充电可选择和调整充电电流的大小，有利于保持蓄电池的技术性能和延长使用寿命，适用性较广，广泛用于各种充电。但这种充电方法的缺点是：充电时间较长，并且需要经常调节充电电流。

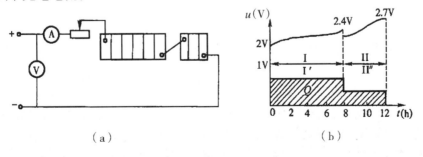

（a）　　　　　　　　　　（b）

图 1-16　定电流充电
（a）电路　（b）曲线

定电压充电

定电压充电是指充电过程中充电电压保持不变的充电方法。定电压充电可将电压相同的铅蓄电池并联在一起充电，连接方法如图1-17所示。定电压充电的特点是充电效率高，不易造成过充电，但必须注意选择好充电电压，若电压过高，则同样会发生过充电现象；若电压过低，则又会使蓄电池充电不足。

在定电压充电初期，充电电流较大，4~5h内即可达到额定容量的90%~95%，因而充电时间较短，不需要人照管和调节电流，仅适用于补充充电。由于充电电流不可调节，不能将蓄电池完全充足，所以不适用于其他充电。车用发电机对蓄电池的充电就是定电压充电。

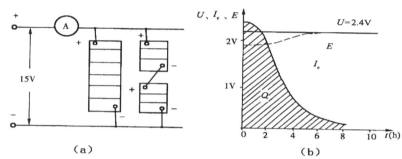

图 1-17　定电压充电
（a）电路　　（b）曲线

脉冲快速充电

脉冲快速充电是利用可控制硅快速充电机对蓄电池进行正反向脉动充电。这种充电方法的优点是：

（1）充电效率高。对新蓄电池的初充电一般不超过5h；对旧蓄电池的补充充电只需0.5~1.5h，从而大大缩短了充电时间。

（2）可增加蓄电池的容量。

（3）具有显著的去硫化作用。

1.2　检修交流发电机

1.2.1　交流发电机概述

1. 交流发电机的作用和优点

硅整流发电机是一种将机械能转变成电能的装置，它是工程机械的主要电源，由发动机驱动，在正常工作时，对除起动机以外的一切用电设备供电，并向蓄电池充电。由于硅整流发电机具有体积小、结构简单、维修方便、低速充电性能好、配用调节器结构简单、使用寿命长、对无线电干扰小等一系列优点，因此被广泛用于工程机械上。

2. 交流发电机的分类

按通风冷却方式分

封闭型交流发电机是在前端带轮的后面紧接着的是风扇，露在机体外面。它将机内的空气通过前端盖上的通风孔吸出来，使冷空气得以从后端盖的通风孔进入发电机内，冷却转子和定子线圈，工程机械常用这种类型。开启型从外面看不到风扇，机壳做得像网格似的，里面的线圈清晰可见。这种交流发电机叫做内置双风扇式发电机，它的风扇直接做在转子爪极上，前后各一个，能直接把机内的热空气排除机外，冷却效果好。常用于灰尘较少的车上。

按定子绕组间的连接方式分

交流发电机的定子绕组都采用三组。它产生三相交流电。三组绕组的连接有两种：三角形连接（△）和星形连接（人）。星形连接与外电路的连接方式灵活，多数发电机采用这种连接。

按磁极对数分

交流发电机的定子绕组都采用三组，但转子的磁极对数却不一定是六对。通常有四对或六对两种。当然，四对磁极的每组绕组中只能包含 4 个单线圈，三组线圈共 12 个线圈，这种结构只适用于发电量小、体积和重量都很小的发电机。

按安装二极管数目分

工程机械采用的交流发电机最少要用 6 个整流二极管，如图 1-18（a）所示。

采用 8 个二极管的交流发电机，就是把人形连接定子绕组的"中性点"引出来，与其他三个"相"端头一样，也接一对整流二极管，如图 1-18（b）所示，一起组成整流桥，因为"中性点"并非零电压，它有电能输出。在高转速下，采用这种接法的 8 管发电机比 6 管发电机提高约 15% 的发电量。

采用 9 个二极管的交流发电机，是在 6 管人形连接的交流发电机的基础上，从每一"相"端头上各接出一条线，分别串接一个小功率二极管后汇为一点，向励磁绕组供电，如图 1-18（c）所示。这种接法与内置式调节器相结合，可以使发电机的结构更为紧凑，对外的接线更少。

采用 11 个二极管的交流发电机，其实就是把 9 管交流发电机与 8 管交流发电机结合起来的结果，如图 1-18（d）所示。它综合了两者的所有优点：既能在高转时比 6 管发电机增大输出功率 15%，又能得到更为紧凑的结构，对外的接线端子又可以做到最少。

可以看到，不同二极管数目的交流发电机外电路接线不尽一样，通常情况下是不作互换的。有时，9 管与 11 管交流发电机可以互换，这取决于发电机的性能是否接近，以及外电路是否一致。

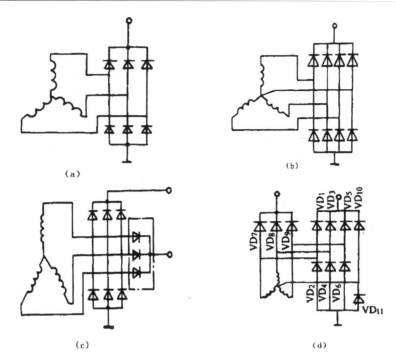

图 1-18　采用不同数量二极管的交流发电机
（a）6 管交流发电机　　（b）8 管交流发电机　　（c）9 管交流发电机　　（d）11 管交流发电机

按励磁绕组的接地点位置分

交流发电机按励磁绕组的接地点位置可分为内搭铁式和外搭铁式。图 1-19 示出了两种搭铁方式的交流发电机励磁绕组的接地点位置的区别，尽管只是接地点的位置差别，却因两种发电机的外接线不同而不能通用。

按其结构不同分

根据发电机内部结构不同可分为：普通交流发电机（JF）；内装电子调节器的整体式交流发电机（JFZ）；带泵式交流发电机（JFB）；无刷交流发电机（JFW）。

3. 交流发电机的型号

国产交流发电机的型号由五部分组成。

产品代号	电压等级代号	电流等级代号	设计序号	变形代号

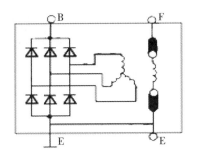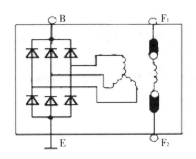

图 1-19　内搭铁式与外搭铁式交流发电机
（a）内搭铁式　（b）外搭铁式

产品代号

交流发电机的产品代号由汉语拼音字母组成，有 JF、JFZ、JFB、JFW 四种：JF 表示普通硅整流发电机；JFZ 表示整体式硅整流发电机；JFB 表示带泵式硅整流发电机；JFW表示无刷式硅整流发电机（字母 J、F、Z、B 和 W 分别为"交"、"发"、"整"、"泵"和"无"字的汉语拼音第一个大写字母）。

电压等级代号

电压等级代号由一位阿拉伯数字表示，其含义见表 1-7。

表 1-7　硅整流发电机电压等级代号

电压等级代号	1	2	3	4	5	6
电压等级/V	12	24				6

电流等级代号

电流等级代号由一位阿拉伯数字表示，其含义见表 1-8。

表 1-8　硅整流发电机电流等级代号

电流等级代号	1	2	3	4	5	6	7	8	9
电流等级/A	≤19	20~29	30~39	40~49	50~59	60~69	70~79	80~89	≥90

设计序号

按产品设计先后顺序，由 1~2 位阿拉伯数字组成。

变形代号

以硅整流发电机调整臂位置作为变形代号：从驱动端看，调整臂在中间不加标记；在右边时用 Y 表示；在左边时用 Z 表示。

举例：JF152 表示该产品为交流发电机，电压等级为 12V，输出电流在 50A 到 59A 之间，第 2 次设计产品。JFZ1913Z 表示该产品为交流发电机，发电机为整体式，电压等级为12V，输出电流大于等于 90A，第 13 次设计，调整臂在左边。

1.2.2 交流发电机的组成、构造

1. 有刷交流发电机的组成、构造

普通交流发电机的构造

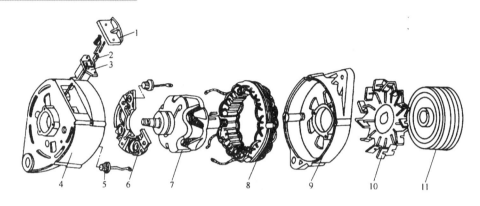

图 1-20　普通硅整流发电机结构

1-电刷弹簧压盖；2-电刷；3-电刷架；4-后端盖；5-硅整流二极管；6-散热板；
7-转子总成；8-定子总成；9-前端盖；10-风扇；11-V 型带轮

现在工程机械上使用的交流发电机仍然以有刷交流发电机为主。普通交流发电机构造图，如图 1-20 所示。

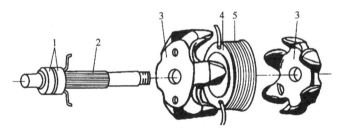

图 1-21　发电机转子结构

1-滑环；2-轴；3-爪极；4-磁轭；5-励磁绕组

（1）转子。

转子由爪极、励磁绕组、轴和滑环等组成，如图 1-21 所示。

转子的功能是在发动机的带动下，产生旋转磁场。爪极上有 6 个鸟嘴形磁极，压装在转子轴上。爪极空腔内装有磁轭，其上绕有线圈，称为转子绕组或励磁绕组。转子绕组的引出线分别焊在两个滑环上，滑环与轴绝缘。若外部通过压在滑环上的电刷为转子绕组提供直流电流，则转子绕组产生的磁通将爪极分别磁化成 N 极、S 极，形成六对相互交错的磁极。

（2）定子。

定子也称电枢，由定子铁芯和定子绕组组成，其作用是产生三相交流电动势。定子铁

芯由相互绝缘的内圆带嵌线槽的圆环状硅钢片制成，嵌线槽内嵌入三相定子绕组，如图1-22 所示。

三相定子绕组有星形（人）接法和三角形（△）接法两种连接方式，一般硅整流发电机的定子绕组都用星形接法，即每相绕组的首端分别与整流器的二极管相连，三相绕组的尾端接在一起，形成中性点（N）。只有少数大功率发动机采用三角形接法。

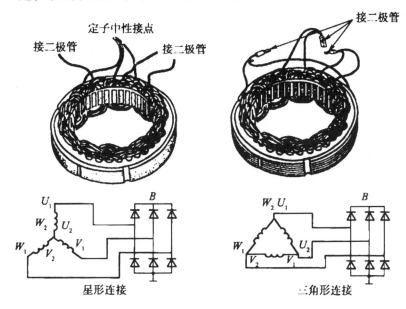

图 1-22　定子绕组的连接方式

（3）硅整流器。

硅整流器一般由一块元件板和 6 只硅整流二极管接成桥式全波整流电路，其作用是将三相交流电变换为直流电向外输出。

元件板又称散热板，用铝合金制成月牙形，如图 1-23 所示。元件板与后端盖用绝缘材料隔开，并用螺栓通至后端盖外部作为发电机的电枢（或 "B"、" +"、"A"）接线柱。元件板上还有 3 个与其绝缘的接线柱，用来固定二极管的引线和电枢绕组的引出线。

硅整流器由 6 只二极管组成。二极管的内部结构、外形、表示符号如图 1-24 所示，其引线和外壳分别是它的两个极。

硅整流二极管分为两种类型：正极管和负极管，如图 1-25 所示。

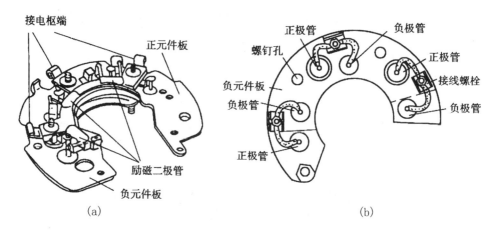

图 1-23　硅整流器组件的形状
（a）焊装式　（b）压装式

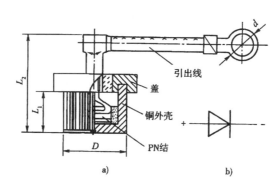

图 1-24　二极管的结构、外形及表示符号
a）内部结构及外形　b）符号

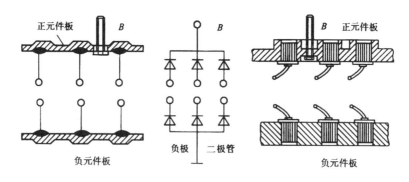

图 1-25　二极管的安装示意图

　　正极管：中心线为正极，外壳为负极，且外壳底部一般标有红色标记，压装或焊装在元件板上，共同组成发电机的正极。

　　负极管：中心线为负极，外壳为正极，外壳底部有黑色标记，有的压装在后端盖上，有的压装或焊接在另一块与后端盖相连的元件板上，和后端盖共同构成发电机的负极。

（4）端盖和电刷。

硅整流发电机的前、后端盖用来支承转子和定子，均用铝合金铸造而成，因为铝合金是非导磁性材料，可减少漏磁，并且具有轻便、散热性能好等优点。

前端盖有突出的安装臂和调整臂，由于此盖的外侧为驱动发电机旋转的皮带轮，因而又称驱动端盖。后端盖上装有电刷总成，其作用是将励磁电流引入励磁绕组。

电刷总成由电刷架、电刷和电刷弹簧组成。电刷架是用酚醛玻璃纤维塑料模压而成；电刷用铜粉和石墨粉压而成，具有良好的导电性。电刷装在电刷架内借助电刷弹簧的压力与滑环保持接触。目前国产硅整流发电机电刷架主要有内装式和外装式两种结构，如图 1-26 所示，外装式电刷架可从发电机外部直接拆装，维修方便，得到广泛使用；而内装式电刷架在更换电刷时必须将发电机拆开，维修不方便，使用很少。

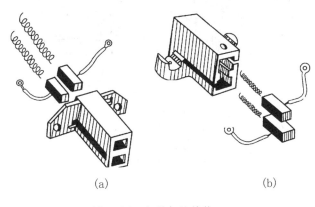

（a）　　　　　　　　　（b）

图 1-26　电刷架的结构
（a）外装式　（b）内装式

两个电刷的引线分别与后端盖上的两个接线柱相连。内搭铁式硅整流发电机的一个接线柱和外壳绝缘，称为"磁场"或"F"接线柱；另外一个接线柱直接和后端盖相连，称为"搭铁"或"-"接线柱。外搭铁式硅整流发电机的两个接线柱均与发电机外壳绝缘，分别用"F_1"、"F_2"表示，其励磁绕组是通过调节器搭铁的。

整体式交流发电机的构造

整体式交流发电机各部件结构如图 1-27 所示。

整体式交流发电机的定子和转子与普通型交流发电机的定子和转子在功能和结构上是相同的，它们之间的主要区别在于整流器和调节器的安装位置。

（1）整流器。

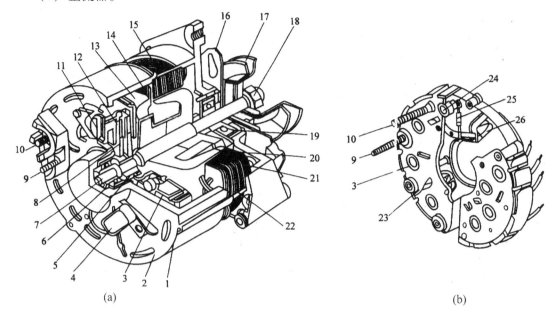

（a）   （b）

图1-27　整体式交流发电机结构

（a）发电机总成　　（b）整流器总成

1-连接螺栓；2-后端盖；3-整流板；4-防干扰电容器；5-滑环；6、19-轴承；7-转子轴；8-电刷；
9-"D+"端子；10-"B+"端子；11-IC调节器；12-电刷架；13-磁极；14-定子绕组；15-定子铁芯；
16-风扇叶轮；17-V带轮；18-紧固螺母；19-励磁绕组；21-前端盖；22-定子槽楔子；23-电容器连接
插片；24-输出整流二极管；25-励磁二极管；26-电刷架压紧弹簧

发电机输出端子标记为"B+"，为发电机正极。发电机整流器总成外形见图1-27所示。该整流器设有11只二极管，其中包括3只正极管、3只负极管、3只励磁二极管和2只中性点二极管。整流器上各元器件的安装位置如图1-28所示。3只正极管6和中性点二极管10压装在正整流板12上。励磁二极管7焊接在正整流板12与电刷架压紧弹片13之间，压紧弹片与发电机励磁绕组接线端子9（"D+"）相通，同时又是IC调节器的电源输入端。负极管3和中性点二极管5压装在负极板2上。发电机三相绕组的始端分别与正极管引线和励磁二极管的正极引线焊接在图1-28所示的P_1、P_2、P_3点。中性点引线与中性点二极管引线焊接在P_4点，分解和维修发电机时，需用电烙铁（220V/35W左右）将这些焊点焊开之后，才能进行分解或维修。

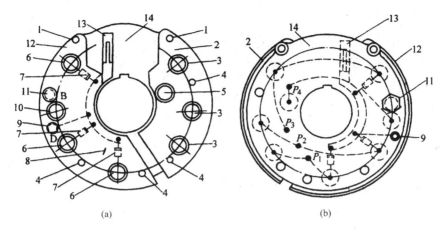

图 1-28　整体式发电机整流元件的安装位置

（a）从后端盖一侧视　　（b）从前端盖一侧视

1-IC 调节器安装孔（2 个）；2-负整流板；3-负极管；4-整流器总成安装孔（4 个）；5-中性点二极管（负极管）；6-正极管；7-励磁二极管；8-防干扰电容器连接插片；9-"D+"端子；10-中性点二极管（正极管）；11-"B+"端子；12-正整流板；13-电刷架压紧弹片；14-硬树脂绝缘胶板

（2）电压调节器。

整体式交流发电机都是配用集成电路调节器（简称 IC 调节器），应具有结构紧凑、工作可靠、体积小、质量轻等优点。IC 调节器与电刷组件制成一个整体结构，组件总成如图1-29 所示。两只电刷的引线分别用导电片与 IC 调节器电路的正极（D+）和磁场（F）连接，主视图中右边一个安装孔用导电片与调节器电路的负极（D⁻）连接。当调节器发生故障时，只能更换。

11 管整体式交流发电机的内部电路如图 1-30 所示。发电机与外电路有三个连接端子，其中"B+"为发电机输出端子，"D+"为励磁绕组接线端子，"D-"为发电机搭铁端子。

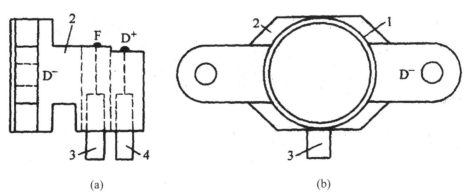

图 1-29　IC 调节器与电刷组件

（a）右视图　　（b）主视图

1-IC 调节器；2-电刷架；3-负电刷；4-正电刷

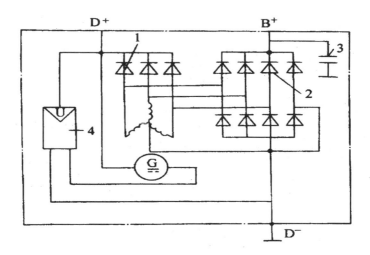

图 1-30　11 管整体式交流发电机电路图

1-励磁二极管；2-输出整流二极管；3-防干扰电容器；4-IC 调节器；G-励磁绕组

2. 无刷交流发电机的组成、构造

由于交流发电机用电刷和滑环构成励磁绕组回路，电刷与滑环间的相互磨损易导致接触不良，造成励磁不稳定，影响发电机发电。无刷发电机提高了发电机的工作可靠性和使用寿命，维修保养方便。如图 1-31 为爪极式无刷交流发电机。

这种交流发电机的结构与普通交流发电机大致相同，其励磁绕组是静止不动的，因此，励磁绕组的两端引出线可以直接引出，省去了电刷和滑环，爪极在励磁绕组的外围旋转。

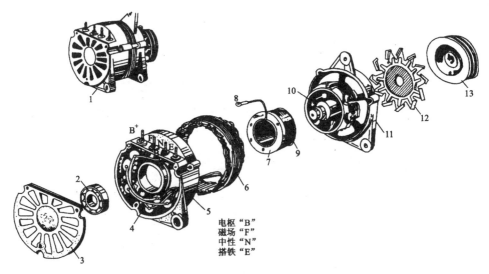

图 1-31　爪极式无刷交流发电机外形及其分解图

1-外形；2-后轴承；3-防护罩；4-整流器；5-壳体；6-定子；7-磁轭；8-磁场绕组接
头；9-磁场绕组；10-爪极；11-前端盖；12-风扇；13-带轮

爪极式无刷交流发电机的结构原理和磁路如图1-32所示。其特点是励磁绕组7通过一个磁轭托架2固定在后端盖3上。两个爪极中只有一个爪极直接固定在发电机转子轴上，另一个爪极4则用非导磁连接环6固定在前述爪极上。当转子轴旋转时，一个爪极就带动另一个爪极一起在定子内转动。转子旋转时，爪极形成的N极和S极的磁力线在定子绕组内交替通过，定子槽中的三相绕组就感应出交变电动势，在回路中形成三相交流电，经整流后变为直流电。

这种交流发电机两个爪极之间连接制造工艺较困难。此外，由于磁路中增加了两个附加气隙，故在输出相同功率的情况下，其励磁绕组的励磁电流必须增大。

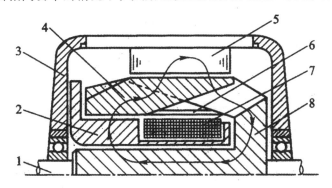

图1-32 爪极式无刷交流发电机结构原理及磁路

1-转子 ；2-磁轭托架；3-端盖 ；4-爪极；5-定子铁芯；6-非导磁连接环 ；

7-励磁绕组 ；8-转子磁轭

1.2.3 交流发电机的工作原理

1. 交流发电机的发电原理

交流发电机的发电原理是基于电磁感应——导体不断切割磁力线而产生电动势：既可以是线圈在磁场中转动，线圈的工作边不断切割定子磁场的磁力线而发电；也可以是磁场旋转，磁力线不断切割固定在定子中的线圈，同样也能发电。交流发电机就是将通电线圈所产生的磁场在发电机中旋转，使其磁力线切割定子线圈，在线圈内产生交变电动势的。

交流发电机的发电原理如图1-33所示，当电流通过励磁绕组时，立即产生磁场，使转子轴上的两块磁极磁化，一块为N极，另一块为S极。转子旋转时，磁极也随之旋转，形成旋转磁场。旋转磁场与固定不动的定子绕组之间产生相对运动，使三相定子绕组中产生三相交流电动势，每相电动势频率相同、幅值相等、相位互差120°电角度，分别用e_A、e_B、e_C表示。由于转子磁极呈鸟嘴形，所以三相绕组产

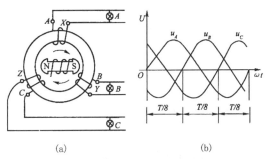

图1-33 发电机的发电原理图

（a）三相交流发电机 （b）输出电压波形

生的三相交流电动势近似于正弦曲线的波形，如图 1-33（b）所示。三相电动势的函数表达式为

$$e_A = Em\sin\omega t$$

$$e_B = Em\sin（\omega t - 120）$$

$$e_C = Em\sin（\omega t + 120）$$

式中：E_m——每项电动势的最大值；

　　　ω——角频率（rad/s）。

发电机每相绕组中电动势的有效值与发动机的转速 n 和磁场磁通 Φ 成正比。即：

$$E = Cn\Phi$$

式中：C 为发电机的结构参数。

2. 整流原理

6 管发电机的整流原理

交流发电机电枢绕组产生的三相交流电，经过硅二极管组成的整流器转换成直流电对外输出。其整流电路及电压波形成如图 1-34 所示。

交流发电机中，整流器的 6 只二极管组成了三相桥式全波整流电路。其中 3 个正极管 VD_1、VD_3、VD_5 的负极连接在一起，在某一瞬间，正极电位最高的正极管导通；3 个负极管 VD_2、VD_4、VD_6 的正极连接在一起，在某一瞬间，负极电位最低的负极管导通。

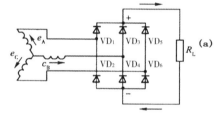

当 $t = 0$ 时，$u_A = 0$，u_C 为正值，u_B 为负值，则二极管 VD_5、VD_4 处于正向电压作用下而导通。电流从 C 相出发，经 VD_5、负载、VD_4 回到 B 相构成回路。由于二极管内阻很小，所以此时 CB 之间线电压的瞬时值加在负载上。

在 $t_1 \sim t_2$ 时间内，A 相电压仍最高，B 相电压最低，VD_1、VD_4 处于正向电压作用下而导通，AB 之间的线电压加在负载上。

在 $t_2 \sim t_3$ 时间内，A 相电压仍最高，C 相电压最低，VD_1、VD_6 处于正向电压作用下而导通，AC 之间的线电压加在负载上。

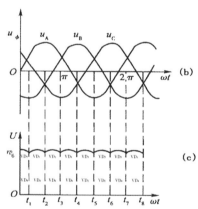

在 $t_3 \sim t_4$ 时间内，B 相电压最高，C 相电压最低，VD_3、VD_6 处于正向电压作用下而导通，BC 之间的线电压加在负载上。

图 1-34　发电机整流原理
（a）电路　（b）交流电动势
（c）电压波形

依次下去，周而复始，在交流电的每一个瞬间，总有一个正极管和一个负极管处于导通状态，电流由正极管流出，经过负载，从负极管流入，使负载上得到一个比较平稳的直流脉动电压 U，如图 1-34 所示。

经整流后的直流电压就是硅整流发电机的输出电压，其数值为三相交流线电压的 1.35

倍，即：

$$U = 1.35U_L = 2.34U_\varphi$$

式中：U_L——线电压的有效值；

　　　U_φ——相电压的有效值。

当交流发电机三相定子绕组采用星形接法时，三相绕组的 3 个末端接在一起形成一个公共接点，该点对外引线形成三相绕组的中性点（N），中性点与发电机搭铁之间的电压称为中性点电压（U_N），如图 1-35 所示。它是通过 3 个负极管整流后得到的三相半波整流电压值，该点的平均电压等于发电机直流输出电压（U）的一半。即：

$$U_N = U/2$$

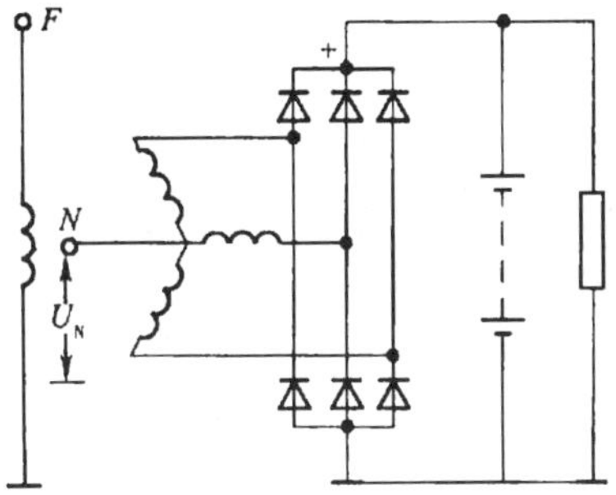

中性点电压一般用来控制各种用途的继电器，如磁场继电器、充电指示灯继电器等。

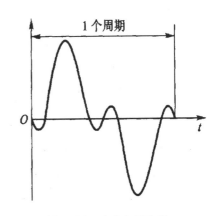

图 1-35　带有中性点的交流发电机

8 管交流发电机的整流原理

中性点电压不仅具有直流成分，还包含交流成分。当发电机有电流输出时，由于电枢反应、漏磁、铁磁物质的磁饱和等因素，会使发电机内的磁通分布变为非正弦分布，因此定子内的感应电动势波形发生畸变，实际波形如图 1-36 所示。由谐波分析可知，畸变波形是由一系列不同频率的正弦波叠加而成，这些正弦波的频率依次为一次谐波（基波）频率的奇数倍，除基波外，三次谐波（波形频率为基波频率的 3 倍）的幅值最大，可近似认为畸变电压波形是由基波与三次谐波叠加而成。

图 1-36　畸变电压波形

图 1-37 所示为发电机三相绕组相电压分解后得到的基波和三次谐波波形。由图可见，尽管各相电压的基波相位互差 1200 电角度，然而各相的三次谐波电压却大小相等、相位相同，可以互相抵消，所以发电机对外输出的电压不能反映出三次谐波电压。但从中性点测量的相电压可以反映出三次谐波电压，其值为各绕组相电压中三次谐波分量之和，且其幅值随发电机转速升高而升高，如图 1-38 所示。当发电机转速超过 2000r/min 时，三次谐波交流分量的最高瞬时值可能超过发电机的直流输出电压 U_B，最低瞬时值可能低于发电机搭铁端电压（0V）。

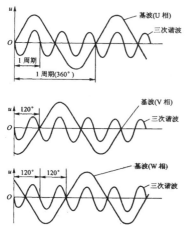

图 1-37　各相绕组基波与三次谐波

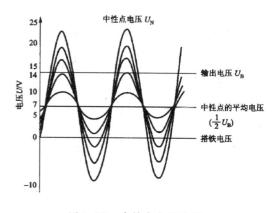

图 1-38　中性点电压波形

有些交流发电机除了具备 3 只正二极管和 3 只负二极管外，在 N 与 B、N 与 E 之间分别加装了一只整流二极管构成交流发电机 8 管整流电路，如图 1-39 所示，当三次谐波交流分量高于发电机输出电压 U_B 或低于 0V 时，就可以通过 VD_7 或 VD_8 参与对外输出，其输出功率可以提高 $10\% \sim 15\%$。

3. 硅整流发电机的励磁方式

硅整流发电机的磁场是由电磁铁形成的，要使发电机电枢绕组产生感应电动势对外输出电流，必须使磁极通电产生磁场，这个过程称为发电机的励磁。

硅整流发电机的励磁方式包括他励和自励两个阶段。他励就是由蓄电池供给励磁电流，自励就是发电机自己供给励磁电流。励磁电路如图 1-40 所示，当电源开关 SW 接通时，由于发电机输出电压小于蓄电池电压，蓄电池便通过调节器向发电机磁励绕组提供励磁电流，发电机他励发电，其输出电压随发电机转速升高而升高；当发电机输出电压高于蓄电池电压时，发电机向蓄电池充电，同时自己提供励磁电流，此时发电机由他励转为自励。

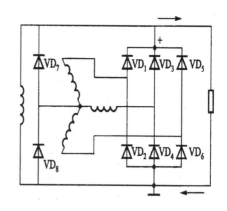

图 1-39　交流发电机 8 管整流电路

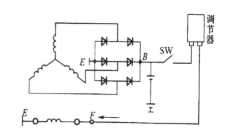

图 1-40　交流发电机 8 管整流电路

在交流发电机 6 管整流电路的基础上，增设 3 只小功率二极管，与 3 只负极管组成三相桥式整流电路专门供给磁场电流的整流形式称为交流发电机 9 管整流电路，所增设的 3 只小功率二极管称为磁场二极管。

图 1-41 为 9 管交流发电机电源系统电路。接通点火开关 SW，当发电机不发电时，蓄电池经点火开关、充电指示灯、调节器给磁场绕组供电，充电指示灯亮，指示蓄电池放电。

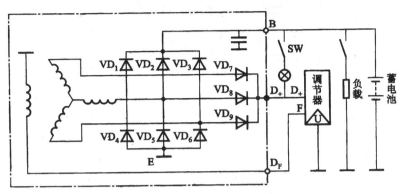

图 1-41　9 管交流发电机系统电路

发动机起动后，发电机电压高于蓄电池电压，定子绕组中产生的三相交流电动势经整流后，输出直流电压 U_B 向负载供电和向蓄电池充电；同时发电机的磁场电流由磁场二极管 $VD_7 \sim VD_9$ 与负二极管 $VD_4 \sim VD_6$ 整流后输出的直流电压 U_{D+} 供给，此时由于 D+ 与 B 点电位相等，因此充电指示灯熄灭，表示发电机正常发电。当发动机熄火时，充电指示灯亮说明蓄电池在放电，提醒驾驶员关闭点火开关；当工程机械运行时，充电指示灯亮则说明充电系有故障，提醒驾驶员应及时维修。

1.2.4　检修交流发电机

若电源系不正常，经检查发现是发电机的故障，就应拆下发电机对其进行检查和修理。正常使用中的发电机运行 750h（相当 3000km）后，也应拆开检修一次。主要检查电刷的磨损情况，元件板和各接线柱的绝缘情况，轴承是否有明显松动和整流元件、定子、转子及其线圈的变化情况。从车上拆下发电机时，应先将电源总开关断开，以防损坏其他电气设备及元件。

交流发电机故障检测分为整体检测和零部件的检测。

1. 整机测试

用万用表（R×1 挡）检测发电机各接线柱之间的电阻值。正常时其电阻值应符合表 1-9 的规定。

表1-9　交流发电机各接线柱之间的电阻值（Ω）

发电机型号	"F"与"-"之间的电阻	"B+"与"-"之间的电阻		"B+"与"F"之间的电阻	
		正向	反向	正向	反向
JF11 JF13 JF15 JF21	5~6	40~50	>10000	50~60	>10000
JF12 JF22 JF23 JF25	19.5~21	40~50	>10000	50~70	>10000

在电器万能试验台上测试交流发电机的性能好坏

（1）空载试验。

空载试验是测试交流发电机空载下输出额定电压时的最低转速。试验时，将交流发电机固定在试验台上，其轴与试验台的调速电机轴连接，按图1-42所示接好线。合上开关SW_1，起动调速电机带动交流发电机运转，逐渐提高转速，当电流表指示为零时，说明发电机电压已建立起来，此时断开SW_2，继续提高转速，待电压升高到额定值时记下此时发电机的转速，即空载转速。其值应符合表1-10的规定。空载转速值是选定发电机与发动机传动比的主要依据。

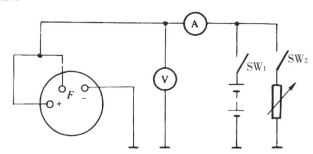

图1-42　交流发电机空载和发电试验

（2）负载试验。

负载试验主要测试交流发电机在规定的满载转速下的功率输出情况。在空载试验的基础上，闭合开关SW_2，逐渐减小负载电阻并提高转速，在保持交流发电机额定电压的情况下，当输出电流达到额定值时，记下此时的转速，即为满载转速。其值也应符合表1-10中的规定。

空载转速和满载转速值是使用中判断发电机技术性能优劣的重要指标，交流发电机出厂技术说明书中均有规定。使用中，只要测得这两个数据，与规定值相比较即可判断发电机性能是否良好。

表 1-10　常用交流发电机主要技术参数

类型	型号	额定输出			空载转速 不大于 （r/min）	满载转速 （r/min）	配用调节器
		电压（V）	电流（A）	功率（W）			
交流发 电机	JF1311	14	25	350	1000	3500	FT111
	JF1518	14	36	500	1100	3500	JFT145　FT121
	JF2511Z	28	18	500	1000	3500	FT211
整体式交 流发电机	JFZ1514Y	14	36	500	1300	4800	JFT1403
	JFZ1714	14	45	700	1100	6000	JFT1403
	JFZ1813Z	14	90	1260	1050	6000	JFT153A
	JFZ2518	28	27	700	1150	5000	JFT243
	JFZ2814	28	35	1000	1150	5000	JFT242/JFT246
无刷 发电机	JFW14	14	36	500	1000	3500	
	JFWZ18	14	60	840	1000	3500	
带泵式 发电机	JFB2312	28	12.5	350	1000	3500	FT221
	JFB2514	28	18	500	1100	4800	FT221
	JFB2812Z	28	36	1000	1000	3500	FJT207A

上述试验如果空载转速过高，或转速已达到规定的满载转速后发电机输出电流低于额定值，则说明发电机有故障。

用示波器观察输出电压的波形

当交流发电机有故障时，其输出电压的波形将会出现异常，故可根据输出电压的波形判断交流发电机内部二极管以及定子绕组是否有故障。交流发电机出现各种故障时输出电压的波形如图 1-43 所示。

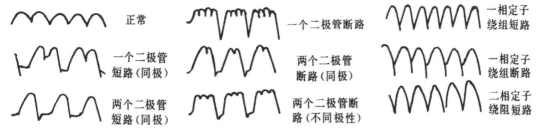

图 1-43　交流发电机各种故障的电压输出波形

2. 交流发电机零部件的检修

交流发电机的解体

不同型号的发电机拆装顺序有所不同，应按厂家规定的操作顺序进行。交流发电机的一般解体和装复步骤如下：

（1）交流发电机的解体步骤：

①将发电机外部擦拭干净，在前后端盖上画一正对记号。

②拆下电刷架紧固螺钉，取出电刷总成。

③拆下前后盖之间的紧固螺钉，使前端盖连转子、后端盖连定子两大部分离。

④拆下元件板的定子绕组线端的连接螺母和中线线端的连接螺母，使定子与元件板分离，取出定子总成。

⑤拆下后端盖上紧固硅整流器元件板的螺栓及电枢接线柱紧固螺母，取下元件板总成。

⑥拆下皮带轮紧固螺母，取下隔圈和转子轴上的半圆键、带轮和风扇使前端盖与转子总成分离。若转子轴与轴承配合过紧，应使用拉力器拆卸，也可用木锤轻击使之分离。

⑦拆下前轴承盖，取出前轴承。

（2）交流发电机的装复步骤：

①在轴承内加注润滑脂。

②将硅整流器元件板装入发电机端盖中，拧紧紧固螺栓及发电机"电枢"接线柱螺母。

③将定子绕组线端及中性点抽头线端与相应的接线柱连接，拧紧连线螺母。

④将前轴承装回前端盖，拧紧轴承盖螺栓。

⑤将转子压入前端盖轴承孔中，把隔圈、风扇、皮带轮、半圆键装在一起。

⑥将前、后端盖按对应位置组装在一起，拧紧紧固螺栓。

⑦将电刷总成压入到端盖座孔中，并拧紧电刷架紧固螺母。

交流发电机零部件的检测

（1）硅整流二极管的检测。

发电机解体后（使每个二极管的引线都不与另外的元件相连），用万用表的（R×1挡）分别测试每一个二极管的性能，其方法如图1-44所示。

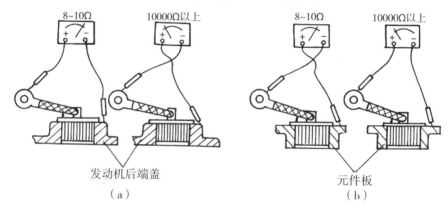

8~10Ω　　10000Ω以上　　　　8~10Ω　　10000Ω以上

发动机后端盖　　　　　　　　元件板

（a）　　　　　　　　　　　　（b）

图1-44　用万用表检查硅二极管

（a）检查负二极管　　（b）检查正二极管

测试装在后端盖上的三个负极管时，将万用表的"－"表棒（黑色）触及端盖，"+"表棒（红色）触及二极管的引线，如图1-44（a）所示，电阻值应在8~10Ω范围内，然后将两表棒交换进行测量，电阻值应在 10000Ω 以上。测量装在元件板上的三个正极管时，用同样的方法测试，测试结果应相反，如图 1-44（b）所示。（上述测试数值是用通常使用的 500 型万用表测试的结果，使用不同规格的万用表测试时，其数值有所变化）。如果以上测试正、反向电阻均为零，则说明二极管短路；如果正、反向电阻值均为无穷大，则说明二极管断路。短路和断路的二极管应进行更换。

（2）转子的检测。

转子表面不得有刮伤痕迹。滑环表面应光洁，不得有油污，两滑环之间不得有污物，否则应进行清洁。可用干布稍浸点汽油擦净，当滑环脏污严重并有烧损时，可用"00"号细砂布磨光，擦净。

励磁绕组是否有断路、短路故障可用万用表 R×1 挡按图 1-45 所示的方法进行检查。若电阻值符合有关规定，说明励磁绕组良好；若电阻值小于规定值，说明励磁绕组有短路；若电阻值无穷大，则说明励磁绕组断路。励磁绕组绝缘情况可按图 1-46 所示的方法检查，灯不亮，说明绝缘情况良好，灯亮说明励磁绕组或滑环有搭铁现象。励磁绕组若有断路、短路或搭铁故障时，一般需更换整个转子或重绕励磁绕组。

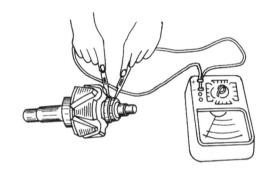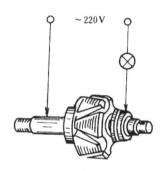

图 1-45 用万用表测量磁场绕组的电阻值　　　图 1-46 检查磁场绕组的绝缘情况

（3）定子的检测。

定子表面不得有刮痕，导线表面不得有碰伤、绝缘漆剥落等现象。

定子绕组断路、短路的故障可用万用表 R×10 挡按图 1-47 所示的方法检查。正常情况下，两表棒每触及定子绕组的任何两相首端，电阻值都应相等。定子绕组的绝缘情况按图 1-48 所示的方法检查，灯亮说明绕组有搭铁故障，灯不亮为绝缘良好。

定子绕组若有断路、短路、搭铁故障，而又无法修复时，则需重新绕制或更换定子总成。

定子铁芯失圆变形与转子之间有摩擦时，应予以更换。

（4）电刷总成的检查。

电刷表面不得有油污，否则应用干布稍浸点汽油擦净。电刷应能在刷架内自由滑动，当电刷磨损超过新电刷高度的 1/2 时，应予以更换。

电刷弹簧弹力减弱、折断或锈蚀时应予以更换。弹簧弹力的检查可在弹簧试验仪上进行。

刷架应无烧损、破裂、变形，否则应更换。

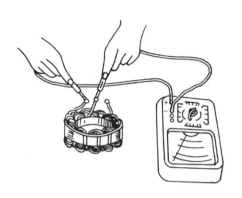
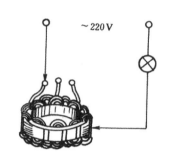

图1-47 用万用表检查定子绕组的断路和短路   图1-48 定子绕组绝缘情况检查

（5）轴承的检查与维护。

发电机拆开后应用汽油或煤油对轴承进行清洗，然后加复合钙基润滑脂润滑，量不宜过多。封闭式轴承，不要拆开密封圈，因轴承内装有润滑脂，一般不宜在溶剂中清洗。若轴承内润滑脂干涸，应更换轴承。

若轴承转动不灵活或有破损，应更换。

1.3 检修电压调节器

1.3.1 电压调节器概述

1. 电压调节器的功用

在工程机械上发电机是由发动机按固定的传动比驱动的，其转速 n 随发动机转速变化而在很大范围内变化。根据电磁感应原理，交流发电机发出的电压随发电机速度和负载（输出电流）而变化。由于发动机的转速在工程机械行使中是不断变化的，致使交流发电机转速也随之变化，输出电压时高时低。因此，为了使发电机能提供稳定的电压，保护用电设备，工程机械上采用了电压调节器来自动调节、稳定发电机输出电压。

电压调节器是把发电机输出电压控制在规定范围内的调节装置，其功用是：在发电机转速和发电机的负载发生变化时自动控制发电机电压，使其保持恒定，防止发电机电压过高而烧坏用电设备，防止蓄电池过量充电，同时也防止发电机电压过低而导致用电设备工作失常，防止蓄电池充电不足。

2. 电子电压调节器的分类

电子电压调节器是利用晶体三极管的开关特性，使励磁电路接通或断开，来调节励磁电流的。

按结构类型分

晶体管式：由分立元件组成的调节器。

集成电路式：由集成电路（IC）组成的调节器。

按安装形式分

外装式：与交流发电机分开安装的调节器。

内装式：安装在交流发电机上的调节器。一般为集成电路调节器。

按搭铁形式分

内搭铁式：与内搭铁型交流发电机配套使用的电子调节器。

外搭铁式：与外搭铁型交流发电机配套使用的电子调节器。

按功能多少分

单功能型：仅有调压功能，如 JFT106 型调节器。

多功能型：除电压调节功能外，还有其他功能，如充电指示功能、过压控制功能等。

随着电子技术的迅速发展，现代工程机械已广泛使用交流发电机和集成电路调节器装在一起的整体式交流发电机。有的还安装了微处理器，利用微处理器控制交流发电机的输出电压。因此，取消电压调节器已势在必行。

1.3.2　电压调节器的基本工作原理

1. 电压调节器的基本原理

根据电磁感应原理，发电机的感应电动势为 $E_\varphi = Cn\Phi$，即感应电动势 E_φ 与发电机转速 n 和磁通 Φ 成正比；发电机的空载电压 $U = E_\varphi = Cn\Phi$，发电机在工程机械上是按固定的传动比驱动旋转的，其转速 n 随发动机转速变化而在很大范围内变化。如果要在转速 n 变化时维持发电机电压恒定，就必须相应地改变磁极磁通 Φ。因为磁极磁通 Φ 取决于励磁电流的大小，所以在发电机转速变化时，只要自动调节励磁电流，就能使发电机电压保持恒定。电压调节器就是利用自动调节励磁电流使磁极磁通改变这一原理来调节发电机电压的。

在一个电路中调节电流的方法一般有 3 种：一是通过更改电路中的电压；二是更改电路中的电阻值；三是控制电路的通与断。电压调节器采用的是后两种方法。电磁振动式电压调节器调节励磁电流的方法是通过触点开闭，使励磁电路的电阻改变来调节励磁电流；电子式电压调节器调节励磁电流的方法是利用功率管的开关特性，使励磁电流接通与切断来调节励磁电流。

（a）晶体管调节器　　　　　　（b）集成电路调节器

图 1-49　电子电压调节器

电压调节器除了要具有调节励磁电流的功能外，还必须有感知发电机电压变化的装置，也就是说先要感知发电机电压的变化，根据这个变化再决定怎么调节励磁电流。在电磁振动式电压调节器中感知发电机电压变化的元件是电磁线圈。在电子式电压调节器中感知发电机电压变化的元件是稳压管。

目前工程机械使用的电压调节器多为晶体管式电压调节器和集成电路式电压调节器，如图1-49所示。晶体管式电压调节器利用晶体管的开关特性来控制发电机的电压，通常由环氧树脂封装，不可拆，具有质量小、寿命长、电波干扰小、可靠性高等优点。集成电路式电压调节器除具有晶体管电压调节器的优点外，还具有超小型特点，通常与电刷架制成一个整体，组成整体式发电机，减少了外部接线，因此故障率大大降低，现广泛应用。

2. 外搭铁型电子电压调节器基本工作原理

基本电路

各种型号的电子电压调节器内部电路各不相同，下面介绍电子电压调节器的基本电路，实际电路要复杂得多，但工作原理可用基本电路工作原理去理解。

外搭铁型电子电压调节器的基本电路如图1-50所示，主要由3只电阻（R_1，R_2，R_3）、2只晶体管（VT_1，VT_2）、1只稳压二极管（VZ）和1只二极管（VD）组成。

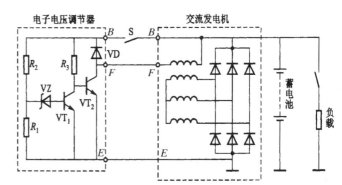

图1-50　外搭铁型电子电压调节器基本电路

电阻 R_1 和 R_2 串联组成一个分压器，接在发电机 B 与 E 之间，用于监测发电机的输出电压 U_B，分压电阻 R_1 两端的电压 U_{R_1} 为：

$$U_{R_1} = \frac{R_1}{R_1 + R_2} U_B$$

由此可见，R_1 两端电压与发电机电压 U_B 成正比关系，U_{R_1} 可反映发电机输出电压 U_B 的变化。

电阻 R_3，既是 VT_1 的分压电阻，又是 VT_2 的偏置电阻。

稳压管 VZ 是感受元件，与 VT_1 的发射结串联后并联于分压电阻 R_1 的两端，组成电压检测电路监测发电机输出电压 U_B 的变化。

VT_1 为小功率晶体管（NPN型），VT_2 为大功率晶体管（NPN型），和发电机的励磁绕组串联，取其开关性能，用来接通与切断发电机的励磁电路。

工作原理

（1）接通点火开关 S，发动机不转，发电机不发电，蓄电池电压加在分压器 R_1、R_2 上，此时因 u_{R1} 较低不能使稳压管 VZ 反向击穿，VT_1 截止，使得 VT_2 导通，发电机磁场电路接通，发电机他励，此时由蓄电池供给磁场电流，励磁电路为：蓄电池正极→发电机励磁绕组→调节器 F 接柱→晶体管 VT_2→调节器 E 接柱→搭铁→蓄电池负极。

（2）起动发动机，发电机定子内感应电动势随转速升高而增大，当其大于蓄电池电压时（发电机转速大约在 900r/min），发电机自励发电并开始对蓄电池充电。如果此时发电机输出电压 U_B 小于调节器调节值，VT_1 继续截止，VT_2 继续导通，此时的磁场电流由发电机供给，励磁电路为：发电机正极→发电机励磁绕组→调节器 F 接柱→晶体管 VT_2→调节器 E 接柱→搭铁→发电机负极。由于励磁电路一直导通，发电机电压随转速升高而迅速增大。

（3）当发电机电压升高到调节值时，调节器开始对发电机输出电压进行控制。此时电阻 R_1 上的分压大于 VZ 稳压管的反向击穿电压，VZ 导通，VT_1 导通，VT_2 截止，发电机磁场电路被切断，磁极磁通下降，发电机输出电压下降。

（4）当发电机输出电压下降到小于调节值时，电阻 R_1 上分压小于 VZ 稳压管的反向击穿电压，VZ 截止，VT_1 截止，VT_2 重新导通，磁场电路重新被接通，发电机电压上升。

发电机输出电压 U_B 上升到调节值时，VT_2 就截止，磁场电路被切断，发电机输出电压 U_B 下降；发电机电压降到小于调节值时，磁场电路被接通，发电机输出电压 U_B 上升，周而复始，发电机输出电压 U_B 被控制在一定范围内。这就是外搭铁型电子电压调节器的工作原理。

实际上，对于电子电压调节器来说，由于晶体管 VT_2 的开关频率很高，U_{B2} 和 U_{B1} 两者之间的差距非常小，所以发电机的输出电压 U_B 波动非常小，再加上电容的滤波，所以发电机的输出电压很稳定。

3. 内搭铁型电子电压调节器基本工作原理

内搭铁型电子电压调节器的基本电路如图 1-51 所示。该电路的特点是晶体管 VT_1、VT_2 采用 PNP 型，发电机的励磁绕组连接在 VT_2 的集电极和搭铁端 E 之间，电路工作原理和结构与前述外搭铁型电子电压调节器类似，故不再赘述。

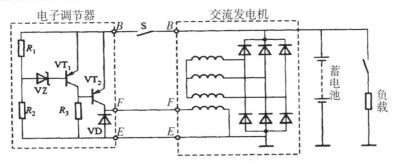

图 1-51　内搭铁型电子电压调节器基本电路

4. 集成电路调节器

集成电路调节器的特点

集成电路调节器是利用集成电路（IC）组成的调节器，可分为全集成电路调节器和混合集成电路调节器两类。前者是将二极管、三极管、电阻、电容等电子元件制作在同一块硅基片上；后者是指由厚膜或薄膜电阻与集成的单片芯片或分立元件组装而成。使用最广泛的是厚膜混合集成电路调节器。

集成电路调节器除具有晶体管调节器的优点外，还有以下更突出的优点：

（1）体积小（仅为分立元件调节器的 1/3～1/5），可以把它组装到发电机内部，构成整体式发电机，从而简化了充电线路，降低了线路上的电能损耗，使发电机实际输出功率有所提高；

（2）调节精度高，使用中不需进行调整；

（3）耐振、耐湿、防潮、防尘，还能耐高温 130℃。

因此，集成电路调节器在工程机械上的使用已越来越广泛。集成电路调节器的基本工作原理与晶体管调节器完全一样，都是利用晶体三极管的开关特性控制发电机的励磁电流来达到稳定发电机输出电压的目的。同样也有内搭铁和外搭铁之分，而且以外搭铁居多。

多功能集成电路调节器简介

多功能调节器除具有电压调节功能以外，还具有控制充电指示灯、检测和指示发电机故障等多种功能。多功能调节器不仅扩展了调节器的功能，更主要的是可以改善发电机的工作性能，提高了发电机和调节器的工作稳定性、可靠性以及自身的保护能力。

如图 1-52 所示，该调节器有 6 个接线柱，其中"B"、"F"、"P"、"E" 4 个接线柱用螺钉直接与发电机相连，接线插座内的"IG"、"L"两个接线柱有导线引出。它具有调节发电机电压、控制充电指示灯、检测发电机故障功能，并在发电机输出端与蓄电池正极连接线断开时，能起保护作用，不致造成电压失控。

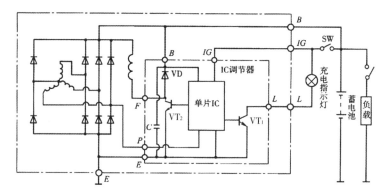

图 1-52　多功能集成电路调节器

调节器内有一单片集成电路，它的"IG"端经点火开关接至蓄电池，用于检测蓄电池和发电机电压，从而控制三极管 VT_2 的导通与截止（原理与晶体管调节器相同）。它的 P 端接至发电机定子绕组某一相上，该点电压为交流发电机直流输出电压的一半。单片集成电路调节器从 P 端检测到交流发电机的电压，从而控制三极管 VT_1 的导通与截止。

（1）接通点火开关，发电机未转动时，蓄电池电压经点火开关加到整体式交流发电机的"IG"端和调节器的"IG"端，单片集成电路检测出这个电压，使 VT_2 导通，于是励磁电路接通。励磁电流的电路为：蓄电池"+"极→发电机"B"端→磁绕组→调节器的"F"端→VT_2 的集电极→VT_2 的发射极→E 端→搭铁→蓄电池"−"极。

此时，交流发电机因未运转不发电，故 P 端电压为零，单片集成电路检测出该电压，使 VT_1 导通，于是充电指示灯亮，指示蓄电池放电。

充电指示灯电路为：蓄电池"+"极→点火开关→充电指示灯→"L"端→VT_1 的集电极→VT_1 的发射极→E 端→搭铁→蓄电池"−"极。

（2）当发电机转速升高，电压超过蓄电池电压时，P 端电压信号使集成电路控制 VT_1 截止，于是充电指示灯熄灭，指示发电机开始向蓄电池充电，并向用电设备供电。

（3）当发电机电压升高，超过调节电压值时，"B"端电压信号使集成电路控制 VT_2 截止，切断了励磁电流，使发电机电压下降。当发电机电压下降到低于调节电压值时，集成电路又控制 VT_2 导通，励磁电流又接通，发电机电压又升高，该过程反复进行，使 "B" 端电压稳定于调节电压值。

（4）当励磁电路断路使发电机不发电时，P 端电压为零，单片集成电路检测出该电压信号后便控制 VT_1 导通，使充电指示灯发亮，从而告知驾驶员充电系统出现故障。

（5）发电机运行中，如发电机输出端"B"与蓄电池正极的连线断开时，单片集成电路仍能检测出发电机"B"端电压，使调节器正常工作，即可防止发电机电压过高的现象。

1.3.3　检修电压调节器

1. 晶体管调节器的检查

晶体管调节器搭铁形式的判断

晶体管调节器搭铁形式的判断方法：用一个 12V 蓄电池和两只 12V、2W 的小灯泡按图 1-53 所示接线。如接"−"与"F"接线柱之间的灯泡发亮，而在"+"与"F"接线柱之间的灯泡不亮，该调节器为内搭铁式。反之，则为外搭铁式。

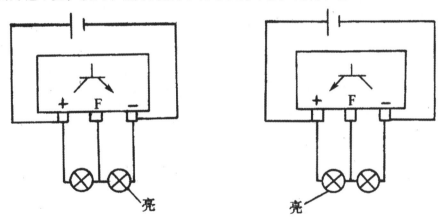

图 1-53　晶体管调节器搭铁形式的判断方法

判断晶体管调节器的好坏

用一电压可调的直流稳压电源（输出电压 0~30V、电流 3A）和一只 12V（24V）、20W 的车用小灯泡代替发电机励磁绕组，按图 1-54 所示接线后进行试验（注意：由于内搭铁和外搭铁式晶体管调节器灯泡的接法不同，在试验接线时应知道调节器的搭铁方式）。

调节直流稳压电源，使其输出电压从零逐渐增大时，灯泡应逐渐变亮。当电压升到调节器的调节电压（14V±0.2V 或 28V±0.5V）时，灯泡应突然熄灭。再把电压逐渐降低时灯泡又点亮，并且亮度随电压降低而逐渐减弱，则说明调节器良好。电压超过调节电压值，灯泡仍不熄灭或灯泡一直不亮，都说明调节器有故障。

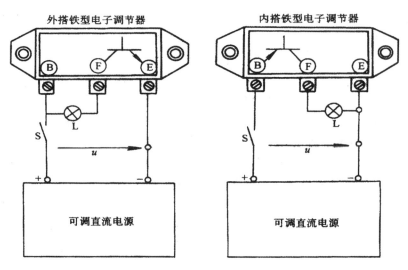

图 1-54 晶体管调节器好坏的检测方法

2. 集成电路调节器的电压检测

集成电路调节器是装在发电机上的，可直接在发电机上检测发电机的输出电压，也可通过连接导线检测蓄电池的端电压变化来调节发电机的输出电压。因而根据其电压检测点的不同，集成电路调节器可分为发电机电压检测法和蓄电池电压检测法两种。

发电机电压检测法

基本线路如图 1-55 所示。加在分压器 R_1、R_2 上的电压是励磁二极管输出端 L 的电压 U_L，其值和发电机 B 端的电压 U_B 相等，检测点 P 的电压为：

$$U_P = U_L R_2 / (R_1 + R_2) = U_B R_2 / (R_1 + R_2)$$

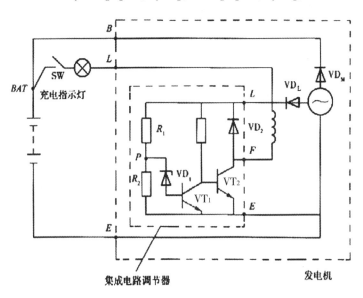

图 1-55 发电机电压检测法

由于检测点 P 加到稳压管 VD_1 两端的反向电压与发电机的端电压 U_B 成正比，所以该线路称为发电机电压检测法。该方法的缺点是：如果在 "B" 到 "BAT" 接线柱之间的电压降较大时，蓄电池的充电电压将会偏低，使蓄电池充电不足。因此，一般大功率发电机宜采用蓄电池电压检测法。

蓄电池电压检测法

基本线路如图 1-56 所示。加到分压器 R_1、R_2 上的电压为蓄电池端电压，由于通过检测点 P 加到稳压管上的反向电压与蓄电池端电压成正比，所以该线路称为蓄电池电压检测法。该方法的优点是可直接控制蓄电池的充电电压。缺点是："B"~"BAT"之间或"S"~"BAT"之间断线时，由于不能检验出发电机的端电压，发电机电压将会失控。为了克服这一缺点，线路上应采取一定措施。图 1-57 为采用蓄电池电压检测法的实例。在分压其余发电机的"B"端之间接入了电阻 R_6 并又增加了一个二极管 VD_2。这样当"B"~"BAT"之间或"S"~"BAT"之间断线时，由于 R_6 的存在，仍能检测出发电机的端电压 U_B，使调节器正常工作，即可防止发电机电压过高的现象。

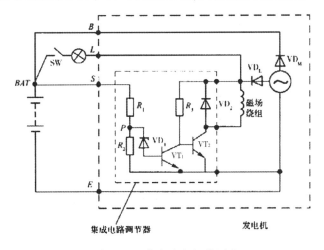

图 1-56　蓄电池电压检测法

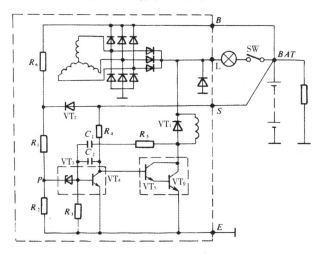

图 1-57　蓄电池电压检测法

3. 调节器的代换

调节器在使用过程中若损坏而又无法买到原配件时，就产生了调节器的代用问题。特别是用国产调节器代换进口发电机的调节器就更有意义。

调节器的代换应遵循以下原则：

（1）标称电压应相同。即14V发电机应配14V的调节器，28V发电机配28V调节器。

（2）代用调节器所配发电机功率应与原发电机功率相同或相近。

（3）搭铁形式应相同。即内搭铁发电机应配内搭铁调节器；外搭铁发电机应配外搭铁调节器。如代用调节器的搭铁形式与发电机的搭铁形式不同，可改变发电机的搭铁形式。

（4）代用调节器的结构形式应尽量与原装调节器相同或相近，这样可使接线变动最小，代换容易成功。

（5）安装代用调节器时，应尽量装在原位或离发电机较近处。

（6）接线应准确无误，否则易造成事故或故障。

1.4　检修电源系统电路

电源系基本上有两大类：一类是交流发电机与调节器各自独立安装，采用的是普通交流发电机；另一类是将集成电路调节器安装在发电机内部，采用的是整体式交流发电机。这样，在进行充电系故障诊断时，首先要明确发电机是哪种类型的，要明确发电机、调节器、充电指示灯及充电系统线路连接的特点，然后查明故障发生的部位。如果确属交流发电机故障，就将发电机从车上拆下，作进一步检查与修理。目前，大部分工程机械都采用整体式交流发电机。

大多数工程机械电源系的电路故障现象都是根据充电指示灯来判断，正常情况是：当打开点火开关时，充电指示灯亮，起动发动机后，充电指示灯应熄灭。

一般充电系的故障现象有以下几种情况：

1. 发动机起动后，充电指示灯仍亮

（1）先检查发电机传动带有无松滑现象（绕度 H：100N力，新带约为 5~10mm，旧带约为 7~14mm，如图 1-58 所示）。再查发电机的外观接线是否脱落。

（2）以上检查正常时，再作进一步诊断：如图 1-59 所示，先闭合点火开关，用万用表测量发电机上的"D+"接线柱有无电压。若有电压，说明发电机有故障，这时可先更换调节器，若发电，故障在调节器，若仍不发电，故障在发电机，应从车上拆下发电机进一步检查；若测量"D+"接线柱没有电压，则说明线路有故障，应检查线路。

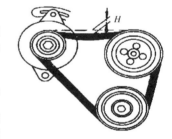

图1-58　发电机的绕度测量

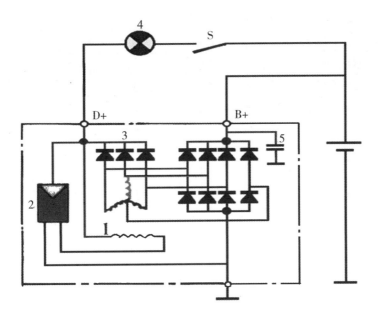

图 1-59　11 管整体式发电机电源电路

1-励磁线圈；2-调节器；3-整流器；4-充电指示灯；5-电容

2. 发动机起动后，充电指示灯亮，发动机高速运行时，充电指示灯熄灭

这种情况说明发电机发电量低。检查时应先检查发电机传动带有无松滑现象、发电机的固定是否牢固。这些情况排除后，故障原因可能是：电刷接触不良、整流器中的个别二极管损坏、定子中的三相绕组或转子中的励磁绕组局部短路等，一般需要将发电机拆下，解体检查。

3. 运行时，经常烧灯泡、熔丝及各种开关等电器设备

这种情况说明发电机发电量高。在诊断时，用电压表测量蓄电池的两个极桩，测量时将发动机的转速控制在 2000r/min 左右，观察电压表的读数。如果读数大于正常值，说明电压调节器有故障，可直接更换调节器。

4. 打开点火开关，充电指示灯不亮

这种情况说明充电指示灯电路有故障。故障可能是：充电指示灯线路有断路的地方，对于整体式发电机来说，也可能是发电机的电刷损坏。

5. 运行时，发电机或传动带有异响

交流发电机异响有可能是发电机轴承或传动带引起的。诊断时先检查传动带状况和张紧力，必要时可更换。检查轴承异响时，利用一段软管，或一把长一字形螺钉旋具，也可以用听诊器，将一端放在靠近轴承的地方，然后将耳朵贴在另一端倾听。在倾听过程中，可提高发动机的转速，随着转速的提高，噪声越来越大，说明异响是轴承引起的，在倾听过程中，应留心发电机周围的风扇、传动带和其他运动件。更换轴承时，发电机需要拆下解体。

对于采用充电指示灯的电源系统，在诊断故障时，除了根据充电指示灯的指示，参照上面介绍的方法外，还要根据充电指示灯的工作原理，结合蓄电池和用电设备的工作情况进行仔细分析，只有这样才能作出正确的判断。

首先，充电指示灯指示正常，充电电路未必正常。因为充电指示灯是由发电机中性点电压（或相电压）或励磁二极管输出电压控制，充电指示灯的亮和灭只能反映发电机是否发电，而无法直接反映蓄电池是否充电和充电电流的大小。所以即使充电指示灯指示正常，充电电路也可能有故障，应注意根据起动机的运转情况和其他用电设备的工作情况及时发现充电电路故障。例如：如果线路连接良好但起动机运转无力，或夜间行车用电设备多

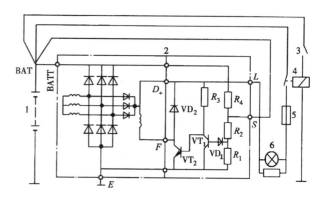

图 1-60　LR160-708 型电源系统原理图
1-蓄电池；2-交流发电机及其调节器；3-点火开关；
4-主继电器；5-熔断器；6-充电指示灯及电阻

一些时灯光变暗，表明蓄电池充电不足或发电机功率不足，应检查是否有不充电或充电电流过小故障；经常补充蓄电池电解液及继电器触点或灯泡容易烧坏，应检查是否有充电电流过大的故障。

另外，发电机发电和蓄电池充电，充电指示灯指示未必正常。例如：如图 1-60 所示的电源系统，充电指示灯烧坏后，蓄电池通过与充电指示灯并联的电阻提供他励电流，发电机和调节器正常工作，蓄电池充电正常，但充电指示灯常灭不亮。

情境一　任务工作单（1）

任务名称				检修蓄电池		
学生姓名		班级			学号	
成　　绩					日期	

一　相关知识

1. 蓄电池是一种可逆的直流电源，它能将_____转换为电能，也能将电能转换为_____储存起来。

2. 蓄电池的结构是由_____、_____、_____、连接条和接线栓等主要部件构成。

3. 极板由_____和_____构成。正极板的活性物质为_____，呈_____色；负极板的活性物质为_____，呈_____色。

4. 蓄电池的电解液是_____与_____按一定比例配制而成的溶液。

5. 静止电动势的大小与电解液的_____和_____有关。

6. 蓄电池的内阻包括_____的电阻、_____的电阻、_____的电阻、_____的电阻和_____的电阻。

7. 蓄电池存电充足时，一个单格蓄电池的静止电动势大约是_____V。

8. 蓄电池的放电特性是指在一定条件下，_____过程中，蓄电池的_____和_____随时间的变化规律。蓄电池的充电特性是指在一定条件下，_____过程中，蓄电池的端电压和_____随充电时间的变化规律。

9. 起动型蓄电池常见性能指标有_____、_____和_____。

10. 极板硫化是指极板上生成一种_____的物质，在正常充电操作下很难转化为_____和_____，使蓄电池的容量降低。

11. 铅蓄电池的充电方法有_____、_____和_____三种。

12. 蓄电池的过充电会引起_____故障。

13. 在冬季放电量超过_____%的蓄电池应补充充电。

14. 带电解液储存的普通蓄电池每_____个月应补充充电一次。

15. 对充足电的蓄电池在 30 天内，每昼夜的电量降低_____%，则为故障放电。

16. 极板短路的特征是：充电电压_____，电解液密度_____，充电中气泡_____。

17. 蓄电池的内部故障有_____、_____、_____、_____、极板拱曲等。

18. 免维护蓄电池有_____、_____、_____、_____等优点。

二　蓄电池的维护

1. 蓄电池加液孔螺塞上的小孔是透气孔，应保持_____和_____。

2. 放完电的蓄电池应在_____h内送到充电室充电；装在车上使用的蓄电池每_____个月至少应补充充电一次，蓄电池的放电程度，冬季不得超过_____，夏季不得超过_____；带电解液存放的蓄电池，每_____月应补充充电一次。

3. 正确使用起动机：不连续使用起动机，每次起动的时间不得超过_____s，如果一次未能起动发动机，应休息_____s以上再作第二次起动，连续_____次起动不成功，应查明原因，排除故障后再起动发动机。

4. 经常检查电解液液面高度，必要时用_____或_____进行调整使其保持在规定范围内。

5. 在冬季补加蒸馏水，应在_____时进行，以使蒸馏水较快地与电解液混合而不致结冰。

6. 蓄电池从车上拆下时，应先拆下_____极接线，以防止扳手和车体相碰造成断路放电。

三　蓄电池技术状况检查

1. 电解液液面高度的检查。

蓄电池型号：_____

格数	第 1 格	第 2 格	第 3 格	第 4 格	第 5 格	第 6 格
测量高度值						
结果分析						

2. 电解液密度的检查。

蓄电池型号：_____

格数	第 1 格	第 2 格	第 3 格	第 4 格	第 5 格	第 6 格
测量密度值						
结果分析						

3. 蓄电池放电程度检查。

蓄电池型号：_____

测量方式	万用表测量蓄电池开路电压	高率放电计测试蓄电池电压
测量电压值		
结果分析		

情境一　任务工作单（2）

任务名称	检修交流发电机、调节器				
学生姓名		班级		学号	
成　　绩				日期	

一　相关知识

1. 交流发电机的功用是_____。

2. 交流发电机主要由_____、_____、_____、端盖及电刷组件等组成。

3. 交流发电机的转子的作用是_____。

4. 交流发电机定子的作用是_____。

5. 交流发电机整流器的作用是_____。

6. 交流发电机输出的是_____（直流/交流）电。

7. 下图中图_____是发电机定子，图_____是发电机转子，图_____是电子整流器。

图 1　　　　　　　　　图 2　　　　　　　　　图 3

8. 交流发电机和电子调节器按搭铁类型分为_____和_____两类。

9. 电子式电压调节器是利用_____使磁场电流接通与断开。

10. 具有内装式调节器交流发电机称为_____式交流发电机。

11. 电子调节器控制发电机电压时的检测电路分为_____和_____。

12. 如图 4 所示，在图上标出 D+、B+、滤波电容及电子调节器的位置。

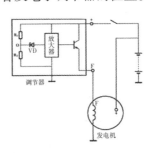

图 4　　　　　　　　　　　　图 5　电子调节器基本原理图

13. 分析图 5 电子调节器基本工作原理。

（1）写出电子调节器各组成及其功用：

（2）写出（图 5）电压调节过程：

14. 画出 6、8、9、11 管发电机整流原理电路：

二　发电机及调节器的检测

1. 简述发电机的拆装顺序：

2. 发电机的检测。

（1）万用表检测发电机各接线柱之间的电阻值。

发电机型号	"F"与"−"之间的电阻	"B+"与"−"之间的电阻		"B+"与"F"之间的电阻		结构分析
		正向	反向	正向	反向	

（2）发电机零部件检查。

发电机型号	转子总成检测记录	定子总成检测记录	整流器检测记录	电刷总成检测记录	轴承、端盖检测记录
结果分析					

3. 电子调节器检测。

调节器型号	调节器搭铁类型检测记录	调节器好坏检测记录
结果分析		

情境一　任务工作单（3）

任务名称	检修电源系统电路				
学生姓名		班级		学号	
成　绩				日期	

一　相关知识

1. 分析下面点火开关原理图 1。

	30	15	50	75
OFF				
ON	●	●		
START	●	●	●	
辅助	●			●

（1）点火开关有_____接线头，分别为_____、_____、_____、_____；电源引入端为_____接线头。

（2）开关有_____挡位，分别为_____、_____、_____、_____，并写出各挡含义_____、_____、_____、_____。

2. 电路分析。

根据电路图 2，回答问题。

（1）写出电源系主要组成元件及作用：

（2）写出电压调节回路：

（3）写出充电回路：

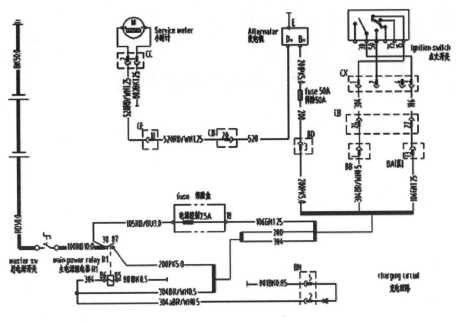

图 2

二　故障检修

不充电的故障诊断：

检测机型：＿＿＿＿＿＿＿＿＿

1. 故障现象为：＿＿＿＿＿＿＿＿＿＿＿＿＿＿＿＿＿＿＿＿＿＿＿＿＿＿＿＿＿＿＿＿＿。

2. 制定检查流程：＿＿＿＿＿＿＿＿＿＿＿＿＿＿＿＿＿＿＿＿＿＿＿＿＿＿＿＿＿＿＿。

3. 故障结果分析：

电路检修要点：（参考）

（1）检查蓄电池电压是否正常；

检查结果与分析为：＿＿＿＿＿＿＿＿＿＿＿＿＿＿＿＿＿＿＿＿＿＿＿＿＿＿＿＿＿＿。

（2）检查保险丝是否完好；

检查结果与分析为：＿＿＿＿＿＿＿＿＿＿＿＿＿＿＿＿＿＿＿＿＿＿＿＿＿＿＿＿＿＿。

（3）检查线束、插头连接是否完好；

检查结果与分析为：＿＿＿＿＿＿＿＿＿＿＿＿＿＿＿＿＿＿＿＿＿＿＿＿＿＿＿＿＿＿。

（4）检查电源继电器是否正常工作；

检查结果与分析为：＿＿＿＿＿＿＿＿＿＿＿＿＿＿＿＿＿＿＿＿＿＿＿＿＿＿＿＿＿＿。

（5）检查点火锁是否完好；

检查结果与分析为：＿＿＿＿＿＿＿＿＿＿＿＿＿＿＿＿＿＿＿＿＿＿＿＿＿＿＿＿＿＿。

（6）检查发电机是否正常输电；

检查结果与分析为：＿＿＿＿＿＿＿＿＿＿＿＿＿＿＿＿＿＿＿＿＿＿＿＿＿＿＿＿＿＿。

情境 2   检修起动系统

知识目标

1. 学习起动机分类、型号；
2. 掌握起动机工作原理、组成结构及功能。

能力目标

1. 能够识读和分析起动系统控制电路原理图；
2. 能够拆装、检测、调整起动机；
3. 能够诊断和排除起动系统常见故障；
4. 能够连接起动系统线路。

任务导入

一台 ZL50 装载机起动钥匙扭到起动挡，起动机不起动。此故障称为起动系不起动，此故障原因有起动机、继电器、保险、导线连接等，要想排除此故障，需掌握起动系统组成元件的构造、原理、拆装、检测，线路连接等内容，我们必须学习下面的知识技能。

相关知识

发动机必须依靠外力带动曲轴旋转后，才能进入正常工作状态，通常把发动机曲轴在外力作用下，从开始转动到怠速运转的全过程，称为发动机的起动。起动系的作用就是供给发动机曲轴足够的起动转矩，以便使发动机曲轴达到必需的起动转速，使发动机进入自行运转状态。当发动机进入自由运转状态后，便结束任务立即停止工作。

起动发动机时，必须克服气缸内被压缩气体的阻力和发动机本身及其附件内相对运动的零件之间的摩擦阻力。克服这些阻力所需的力矩称为起动转矩。保证发动机顺利起动所必需的曲轴转速称为起动转速。车用汽油机在 $0 \sim 20 ℃$ 的气温下，一般最低起动转速为 $30 \sim 100 r/min$。为使发动机能在更低的气温下迅速起动，要求起动转速能达到 $50 \sim 70 r/min$。转速过低时，压缩行程内的热量损失过多，且进气流速过低，将使汽油雾化不良，导致气缸内混合气不易着火。柴油机所要求的起动转速较高，达 $150 \sim 300 r/min$（采用直接喷射式燃烧室时的起动转速较低，采用涡流室或预燃室式燃烧室时的起动转速较高）。一方面是为了防止气缸漏气和热量散失过多，以保证压缩终了时气缸内有足够的压力和温度；另一方面是为了使喷油泵能建立足够高的喷油压力，并在气缸内造成足够强的空气涡流，否则柴油雾化不良，混合气品质不好，也难以着火。

由于柴油机的压缩比较汽油机的大，因而起动转矩也较大，同时起动转速也较汽油机高，所以柴油机所需的起动功率比汽油机大。

转动发动机曲轴使发动机起动的方法很多，现在的工程机械发动机广泛采用电力起动，电力起动系统一般由蓄电池、起动机和起动控制电路构成，起动控制电路包括起动按钮或开关、起动继电器等。

2.1　检修起动机

2.1.1　起动机概述

1. 起动机的组成及作用

起动机俗称"起动马达"，由直流串励式电动机、传动机构和控制装置三大部分组成。

（1）直流串励式电动机：将蓄电池输入的电能转换为机械能，产生电磁转矩。

（2）传动机构（或称啮合机构）：在发动机起动时，使起动机驱动齿轮啮入飞轮齿环，将起动机转矩传给发动机曲轴；而在发动机起动后，使驱动齿轮打滑与飞轮齿环自动脱开。

（3）控制装置（即开关）：用来接通和切断起动机与蓄电池之间的电路。

2. 起动机的分类

按结构特点不同，起动机可分为电磁式、减速式和永磁式起动机

（1）电磁式起动机：起动机的电机磁场为电磁场。电磁场是由绕在电磁铁芯的线圈通电而产生的磁场，如图 2-1 所示。

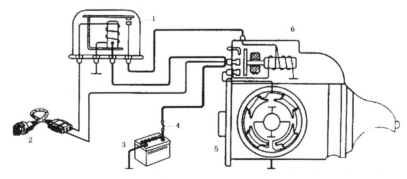

图 2-1　电磁式起动系统的组成

1-起动继电器；2-点火开关；3-蓄电池；4-易熔线；5-起动机；6-电磁开关

（2）减速式起动机：与电磁式起动机比较，这种起动机是传动机构设有减速装置的起动机。减速式起动机解决了直流电动机高转速小转矩与发动机要求起动大转矩的矛盾。增加减速器，可采用高速小转矩的小型电动机，其质量和体积比较小，工作电流较小，可大大减轻蓄电池负载，延长蓄电池的使用寿命。缺点是结构和工艺比较复杂，增加了维修的

难度。

（3）永磁式起动机：与电磁式起动机比较，这种电动机的磁场由永久磁铁产生。由于磁极采用永磁材料制成，无须励磁绕组，因此，这种起动机结构简化、体积小、质量轻。

按传动机构啮入控制方式不同，起动机可分为强制啮合式、电枢移动式、同轴齿轮移动式和惯性啮合式四种类型

（1）强制啮合式起动机在接通电源后利用电磁力拉动杠杆机构，进而使驱动齿轮强制啮入飞轮齿圈，主要优点是工作可靠性高，其结构如图2-2所示。

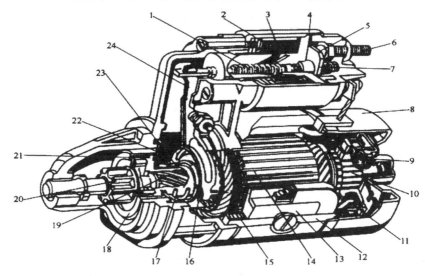

图2-2　强制啮合式起动机的结构

1-回位弹簧；2-保持线圈；3-吸引线圈；4-电磁开关壳体；5-触点；6-接线柱；7-接触盘；8-后端盖；9-电刷弹簧；10-换向器；11-电刷；12-磁极；13-磁极铁芯；14-电枢；15-励磁绕组；16-移动衬套；17-缓冲弹簧；18-单向离合器；19-电枢花键；20-驱动齿轮；21-罩盖；22-制动盘；23-传动套筒；24-拨叉

（2）电枢移动式起动机利用磁极产生的电磁力使电枢产生轴向移动，从而将驱动齿轮啮入飞轮齿圈。其特点是结构比较复杂，主要用于大功率发动机，如太脱拉 T111、T138 等大型工程车辆的起动机。

（3）同轴移动式起动机是利用电磁开关推动电枢轴孔内的啮合推杆移动，使驱动齿轮啮入飞轮齿圈的起动机，主要用于大功率发动机的起动系统。

（4）惯性啮合式起动机是依靠驱动轮自身旋转的惯性力啮入飞轮齿圈的起动机。

3. 起动机的型号规格

根据中华人民共和国汽车行业标准 QC/T73-1993《汽车电气设备产品型号编制方法》规定，起动机型号组成各代号的含义如图2-3所示：

产品代号有 QD、QDJ、QDY 三种，分别表示电磁式起动机、减速式起动机、永磁式起动机。字母"Q"、"D"、"J"、"Y"分别为汉字"起"、"动"、"减"、"永"汉语拼音的第一个大写字母；电压等级代号用一位阿拉伯数字表示，1、2、6 分别表示 12V、24V和 6V；功率等级代号用一位阿拉伯数字表示，含义如表2-1所示；设计序号按产品设计先后顺序，以 1 到 2 位阿拉伯数字组成；在主要电气参数和基本结构不变的情况下，一般电气参数的变化和结构的某些改变称为变型，以汉语拼音大写字母顺序表示变型代号。例如 QD1215 中的"1"表示额定电压为 12V，"2"表示功率为 1~2kW，"15"表示第 15 次设计。

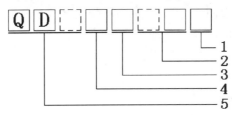

图 2-3　起动机型号的组成

1-变型代号；2-设计序号；3-功率等级代号；4-电压等级代号；5-产品代号

表 2-1　起动机功率等级代号的含义

功率等级代号	1	2	3	4	5	6	7	8	9
功率/kW	0~1	1~2	2~3	3~4	4~5	5~6	6~7	7~8	>8

2.1.2　起动机的工作原理与特性

1. 起动机的工作原理

起动机的工作原理可以通过其主要部件直流电动机的工作原理来说明，直流电动机是将电能转变为机械能的设备，它是以带电导体在磁场中受到电磁力作用这一原理为基础而制成的。

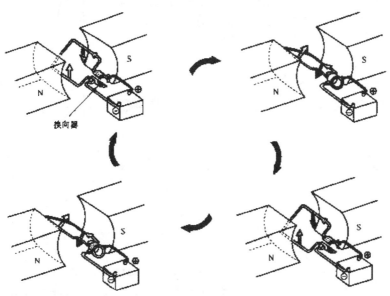

图 2-4　直流电动机的工作原理

直流电动机的基本工作原理是：通电导体在磁场中会受电磁力的作用，电磁力的方向遵循左手定则，如图 2-4 所示，两片换向片分别与环状线圈的两端连接，电刷一端与两片换向器片相接触，另一端分别接蓄电池的正极和负极；在环状线圈中，电流的方向交替变化。用左手定则判断可知，环状线圈在电磁力矩作用下按顺时针方向连续转动，这样在电源连续对电动机供电时，其线圈就不停地按同一方向转动。

为了增大输出力矩并使运转均匀，实际的电动机中电枢采用多匝线圈。随线圈匝数的增多，换向片的数量也要增多。

2. 起动机的工作特性

在直流电动机中，按磁场绕组与电枢绕组的连接方式不同，可分为串励式、并励式和复励式三种。工程机械用的起动机大多为串励式直流电动机，其特点如下：

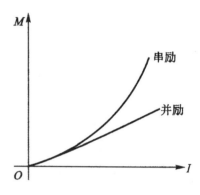

图 2-5　直流电动机转矩特性

> 起动转矩大

串励式直流电动机的电磁转矩在磁路未饱和时与电枢电流的平方成正比。只有在磁路饱和后，磁通几乎不变，电磁转矩才与电枢电流成直线关系，如图 2-5 所示。这是串励式电动机的一个重要特点。可见在电枢电流相同的情况下串励式电动机的转矩要比并励式大得多。

特别在起动的瞬间，由于发动机的阻力矩很大，起动机处于完全制动的情况下，此时电枢电流将达最大值（称为制动电流），产生最大扭矩（称为制动扭矩），从而使发动机易于起动。这是起动机采用串励电动机的主要原因。

> 机械特性软（即轻载转速高、重载转速低）

如图 2-6 所示，由于串励直流电动机具有较软的机械特性，即轻载时转速高、重载时转速低，故对起动发动机十分有利。因为重载时转速低，可使起动安全可靠，这是起动机采用串励式的又一原因。

串励式直流电动机在轻载时转速很高，易造成"飞车"事故。因此，功率较大的串励式直流电动机不允许在轻载或空载下运行。

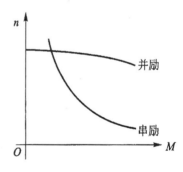

图 2-6　直流电动机机械特性

> 起动机的特性曲线

起动机的转矩、转速、功率与电流的关系称为起动机的特性曲线。如图 2-7 为起动机的特性曲线，从图中可以看出：

（1）当完全制动时，相当于刚接入起动机的情况，此时转矩也达最大值（称为制动扭矩）。

（2）在起动机空转时，电流（称为空转电流）、转速（称为空转转速）达最大值。

（3）在电流接近制动电流的一半时，起动机的功率最大。

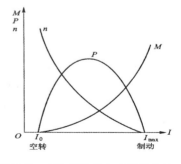

图 2-7　直流串励式电动机的特性

3. 影响起动机输出功率的因素

直流电动机输出功率的下降将直接引起起动机输出功率的下降，导致起动次数增加，甚至不能起动。在实际使用中，影响直流电动机的输出功率的因素主要有：

接触电阻和导线电阻的影响

由电刷弹簧弹力减弱，以及导线与蓄电池接线柱连接不紧等原因造成的接触不良，会使接触电阻增大；导线过长及截面积过小会造成较大的导线电阻，都会引起较大的压降，从而减小了起动功率。因此在电动机使用中，必须保证电刷与换向器接触良好，导线连接紧固。尽可能使用截面积大的导线，以减小导线电阻，缩短起动机与蓄电池间的距离。

温度的影响

环境温度降低时，蓄电池的内阻增大，容量下降，从而影响起动机的输出功率。故冬季应对蓄电池采取有效的保温措施。

蓄电池容量的影响

蓄电池容量越小其内阻越大，放电时产生的内部压降也越大，于是向起动机提供的电流减小，使起动机的输出功率降低。

2.1.3　起动机的组成、结构

1. 普通起动机的组成与结构

电磁式起动机的结构如图 2-8 所示，主要由直流电动机、传动机构和控制装置三部分组成。

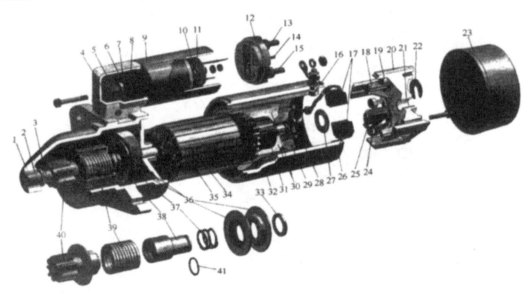

图 2-8　起动机结构

1-驱动端盖；2、21-铜轴套；3-电枢轴；4-铁芯；5-移动叉；6-卡环；7、33-挡圈；8-复位弹簧；9-电磁开关壳体；10-弹簧；11-触盘；12-接线座；13-电源端子"30"（连接蓄电池）；14-接线端子"50"；15-磁场线圈端子"C"；16-磁场线圈引线连接端子；17-负电刷；18-负电刷架；19-电刷弹簧；20-换向器端盖；22-锁片；23-防尘盖；24-正电刷架；25-正电刷；26-密封橡胶圈；27-承推垫圈；28-磁场线圈连接片；29-磁场线圈；30-磁极；31-换向器；32-电动机壳体；34-电枢线圈；35-电枢铁芯；36-滑环；37-弹簧；38-离合器驱动座圈；39-驱动弹簧；40-驱动齿轮；41-卡簧

直流电动机

目前工程机械发动机的起动机主要使用的是直流串励式电动机。这种电动机的组成包括磁极、电枢、换向器、电刷和外壳等部分。

（1）磁极。

磁极又称为定子，其主要作用为在电机内部产生磁场。电磁式直流电动机的磁场为电磁场，其磁极由铁芯和励磁绕组两部分组成。铁芯用低碳钢制成，并固定在电动机壳体的内壁，励磁绕组套装在铁芯上，如图2-9所示。

闭合点火开关，电机通电，有电流通过励磁绕组，在铁芯中就会产生磁场即电磁场。这种直流电动机磁极多（一般为4个，有的大功率起动机为6个），励磁绕组的横截面积大，增大了起动机的电磁转矩。励磁绕组由裸铜线绕制，线的截面一般为矩形，并且匝间绝缘，外部用玻璃纤维带包扎。有的起动机将励磁

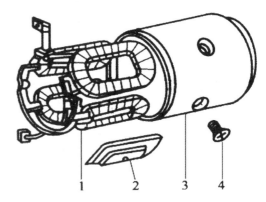

图2-9　电磁式直流起动机磁极的结构
1-励磁绕组；2-铁芯；3-外壳；4-固定螺钉

绕组的各个线圈相互串联后，再与电枢绕组相串联，而多数起动机是将励磁绕组的线圈分为两组，每组内各线圈相互串联，然后两组再并联，最后与电枢绕组串联，如图2-10所示。由于励磁绕组与电枢绕组相串联，因此称之为串励式直流电动机。

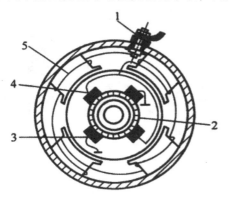

（a）四个绕组相互串联

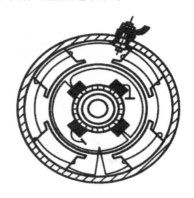

（b）两个绕组串联后再并联

图2-10　励磁绕组的接法
1-绝缘柱；2-换向器；3-搭铁电刷；4-绝缘电刷；5-励磁绕组

（2）电枢。

电枢是电机的转子部分，其主要作用是产生电磁转矩，由电枢铁芯、电枢绕组、电枢轴和换向器组成，结构如图2-11所示。电枢铁芯呈圆柱状，由多片相互绝缘的硅钢片叠装在电枢轴上而成，铁芯的叠片结构可以减小涡流电流。硅钢片的外圆表面中有槽，嵌装

电枢绕组。为了产生较大的转矩，电枢绕组中需要通过较大的起动电流（可达到上百安培），因此电枢绕组一般用很粗的矩形截面的铜线采用波绕法绕制而成，即绕组一端线头接的换向器铜片与另一端线头接的换向器铜片相隔90°或180°。为了避免绕组之间因相互连接造成短路，在铜线和铁芯间、铜线和铜线间用绝缘纸隔开。换向器的结构如图2-12所示，由一定数量的燕尾形铜片组成，通过轴套和压环组装成一体，压装在电枢轴上，相邻铜片之间及铜片与轴套压环之间用云母绝缘，保证电枢绕组产生的电磁转矩的方向保持不变。

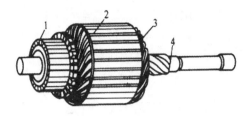

图 2-11　电枢的结构
1-换向器；2-铁芯；3-电枢绕组；4-电枢轴

（3）电刷。

电刷的作用是将电流引入电枢绕组。电刷总成结构如图2-13所示，主要由电刷、电刷架和电刷弹簧组成。电刷用铜粉与石墨粉按一定的比例混合模压而成，一般来讲，起动机电刷的含铜量为80%左右，这样可以减小阻值并增加耐磨性。电刷安装在电刷架内，由电刷弹簧将其紧压在换向器上，电刷弹簧的压力一般为12~15N。电刷架固定在电刷支架或端盖上。负电刷的电刷架直接固定在支架或端盖上，正电刷的电刷架与电刷支架或端盖之间安装有绝缘垫片。

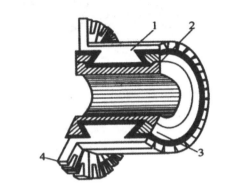

图 2-12　换向器结构
1-换向片；2-轴套；3-压环；4-焊线凸缘

（4）外壳。

壳体用铸铁浇铸或钢板卷焊而成，壳体上设有一个接线端子或引出一根电缆引线，接线端子或电缆引线端子通常称为"C"端子。对电磁式电动机而言，它直接与励磁绕组的一端连接；对永磁式电动机而言，它则直接与正电刷连接。

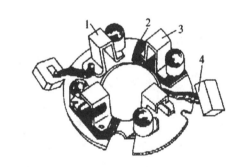

图 2-13　电刷总成结构
1-搭铁电刷架；2-绝缘垫；3-绝缘电刷架；
4-搭铁电刷

传动机构

普通起动机传动机构中的关键部件是单向离合器。其作用是在起动时将电枢产生的电磁转矩传给发动机飞轮，当发动机起动后单向离合器立刻自动打滑，以防止发动机飞轮带动电枢高速旋转，导致电枢绕组从铁芯槽中甩出，造成电枢"飞散"事故。

起动机一般采用的离合器形式有滚柱式、弹簧式和摩擦片式三种。其中滚柱式离合器和弹簧式离合器在功率2kW以下的小功率起动机上被广泛应用。摩擦片式离合器能够传递较大转矩，用于功率在4kW以上的大功率起动机上。虽然各种单向离合器的结构各有不同，但是其工作原理都基本相同，下面介绍其结构原理。

（1）滚柱式单向离合器。

滚柱式单向离合器是利用滚柱在两个零件之间的楔形槽内的楔紧和放松作用，通过滚柱实现扭矩传递和打滑的。

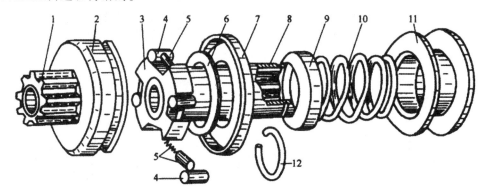

图 2-14　滚柱式单向离合器

1-驱动齿轮；2-外壳；3-十字块；4-滚柱；5-压帽与弹簧；6-垫圈；

7-护盖；8-花键套筒；9-弹簧座；10-缓冲弹簧；11-移动衬套；12-卡簧

滚柱式单向离合器的结构，如图 2-14 所示。驱动齿轮 1 与外壳 2 连成一体，外壳内装有十字块 3，十字块与花键套筒 8 固定连接，在外壳与十字块之间形成的四个楔形槽内分别装有一套滚柱 4、压帽及弹簧 5，外壳的护盖 7 将滚柱和十字块等扣合在外壳内，使十字块和外壳之间只能相对转动而不能相对轴向移动。在花键套筒的外面套有移动衬套 11 及缓冲弹簧 10。为防止移动衬套脱出，在花键套筒的端部装有卡簧 12。整个离合器利用花键套筒安装在电枢轴上，离合器在传动拨叉（插在移动衬套的环槽内）作用下可以在电枢轴上作轴向移动，并随其转动。

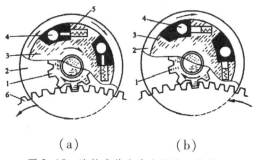

图 2-15　滚柱式单向离合器的工作原理

（a）发动机起动时　（b）发动机起动后

1-驱动齿轮；2-外壳；3-十字块；

4-滚柱；5-压帽与弹簧；6-飞轮齿圈

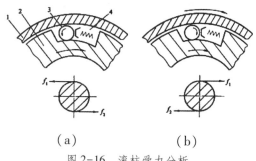

图 2-16　滚柱受力分析

（a）发动机起动时　（b）发动机起动后

1-外壳；2-十字块；3-滚柱；

4-压帽与弹簧

发动机起动时拨叉将离合器沿电枢轴花键推出，使驱动齿轮啮入飞轮齿圈，然后起动机通电，转矩由花键套筒传给十字块。十字块随电枢轴一同旋转时滚柱在摩擦力作用下滚入楔形槽的窄端被卡住，于是将转矩传给驱动齿轮并带动飞轮齿圈转动，从而起动发动机，如图 2-15（a）、图 2-16（a）所示。

发动机起动后曲轴转速升高，飞轮齿圈带动驱动齿轮旋转，其转速大于十字块转速，在摩擦力作用下滚柱滚入楔形槽的宽端而打滑，如图 2-15（b）、图 2-16（b）所示，发动机的转矩便不能经驱动齿轮传给电枢轴，从而防止了电枢超速、飞散的危险。

滚柱式单向离合器结构简单紧凑，在中小功率的起动机上被广泛应用。但在传递较大扭矩时，滚柱容易变形而卡死失效，因此，滚柱式单向离合器不适用于功率较大的起动机上。

（2）弹簧式单向离合器。

弹簧式单向离合器是利用与两个零件关联的扭力弹簧的粗细变化而实现扭矩传递和打滑的。

弹簧式单向离合器的结构如图 2-17 所示。

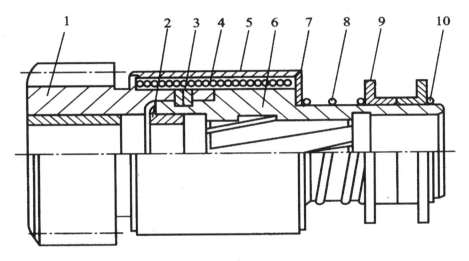

图 2-17　弹簧式单向离合器

1-驱动齿轮；2-挡圈；3-月形圈；4-扭力弹簧；5-护圈；6-连接套筒；

7-垫圈；8-缓冲弹簧；9-移动衬套；10-卡簧

起动机驱动齿轮套在起动机电枢轴的光滑部分上，连接套筒 6 套在电枢轴的螺纹花键上，两者之间由两个月形圈 3 连接。月形圈的作用是使驱动齿轮与连接套筒之间不能作轴向移动，但可相对转动。在驱动齿轮柄和连接套筒 6 上包有扭力弹簧 4，扭力弹簧的两端各有 1/4 圈内径较小，并分别箍紧在齿轮柄和连接套筒上。当起动机带动曲轴旋转时，扭力弹簧扭紧，箍紧齿轮柄与连接套筒。于是电枢的扭矩通过扭力弹簧 4、驱动齿轮 1 传至飞轮齿环，使发动机起动。发动机起动后，驱动齿轮的转速高于起动机电枢，则扭力弹簧放松，这样飞轮齿环的扭力便不能传给电枢，即驱动齿轮 1 只能在电枢轴的光滑部分上空转，从而起到单向离合器的作用。

当发动机起动后，发动机飞轮变为主动部件，驱动齿轮变为从动部件。发动机飞轮就会带动驱动齿轮加速旋转，当驱动齿轮的转速高于花键套筒的转速时扭力弹簧就会放松进而打滑，使驱动齿轮与花键套筒之间的动力联系切断，防止电枢超速运转而损坏。此时驱动齿轮将随发动机飞轮旋转，电枢轴仅由电枢绕组产生的电磁转矩驱动空转。

弹簧式单向离合器有结构简单、成本低廉、工作可靠、使用寿命长等优点。但是，由于扭力弹簧的轴向尺寸较大，因此，一般只应用在大功率起动机上。

（3）摩擦片式单向离合器。

摩擦片式单向离合器是利用与两个零件关联的主动摩擦片和被动摩擦片之间的接触和分离而实现扭矩传递和打滑的。

摩擦片式单向离合器的结构如图2-18所示。花键套筒通过其内部的四线内螺旋花键套装在电枢轴的外螺旋花键上；花键套筒的外圆表面制有三线螺旋花键，内接合毂通过其内三线螺旋花键套在花键套筒的左端。内接合毂上有4个轴向槽，主动摩擦片的内凸齿插在其中，从动摩擦片的外凸齿插在与驱动齿轮成一体的外接合毂的槽中，主、从摩擦片相间排列。在花键套筒的左端拧有调整螺母，它与摩擦片之间装有弹性垫圈、压环和调整垫片。

发动机起动时，起动机电枢带动花键套筒转动，由于惯性作用，内接合毂将随着花键套筒的旋转而左移，使得主、从动摩擦片紧压在一起，利用摩擦力将电枢转矩传递给飞轮。发动机起动后，起动机的驱动齿轮被飞轮带着转动，当驱动齿轮的转速高于电枢的转速时，于是内接合毂又沿着花键套筒的螺旋线右移退出，使主、从摩擦片相互脱离而打滑，从而避免了因电枢高速飞转而造成电枢组"飞散"的事故。

当发动机起动阻力过大时，曲轴不能立刻转动，此时内接合毂在花键套筒作用下将继续左移，使得摩擦片上的压紧力继续增大，弹性垫圈在压环凸缘压力下弯曲程度增大。当弹性垫圈弯曲到和内接合毂的左端相碰时，内接合毂停止左移，于是主、从动摩擦片之间开始打滑，从而限制了起动机的最大输出转矩，避免起动机过载。增减调整垫片的数目可以改变弹性垫圈的最大变形量，从而调整摩擦片式单向离合器所能够传递的最大扭矩。

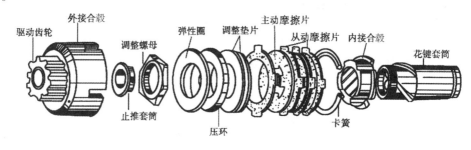

图2-18　摩擦片式单向离合器

摩擦片式单向离合器可以传递较大转矩，工作可靠，超载时能自动打滑，但结构复杂，维修难度较大，为了防止摩擦片磨损而影响起动性能，需要经常检查、调整，多用于大功率起动机。

控制装置

电磁控制装置在起动机上称为电磁开关，它的作用是控制驱动齿轮与飞轮齿圈的啮合与分离，并控制电动机电路的接通与切断。目前工程机械上，起动机均采用电磁式控制电路，电磁式控制装置是利用电磁开关的电磁力操纵拨叉，使驱动齿轮与飞轮啮合或分离。电磁开关主要由吸拉线圈、保持线圈、复位弹簧、活动铁芯、接触片等组成。

如图2-19所示为采用电磁式开关的起动机电路，图中点画线框内为电磁式开关的结构简图。

　　起动发动机时，接通电源总开关，按下起动按钮，吸拉线圈和保持线圈的电路被接通，此时电流通路为蓄电池正极→主接线柱→电流表→电源总开关→起动按钮→起动接线柱。此后分为两条支路，一路为保持线圈→搭铁→蓄电池负极，另一路为吸拉线圈→主接线柱→串励式直流电动机→搭铁→蓄电池负极。这时活动铁芯在两个线圈产生的同向电磁力的作用下，克服复位弹簧的推力而右行，一方面带动拨叉将单向离合器向左推出，使驱动齿轮与飞轮齿圈可以无冲击地啮合，这是因为吸拉线圈与电动机的磁场绕组、电枢绕组相串联，电流较小，产生的转矩也较小，所以驱动齿轮是在缓慢旋转的过程中与发动机飞轮齿圈啮合的；另一方面活动铁芯推动接触盘向右移动，当接线柱被接触盘接通后，吸拉线圈被短路，于是蓄电池的大电流经过起动机的电枢绕组和磁场绕组，产生较大的转矩，带动曲轴旋转而起动发动机。此时，电磁开关的工作位置靠保持线圈的吸力维持。

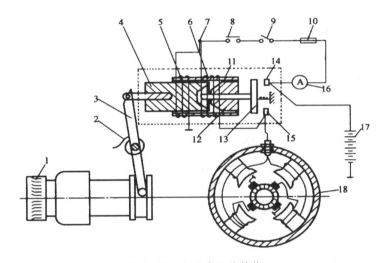

图 2-19　电磁式开关结构

1-驱动齿轮；2-回位弹簧；3-拨叉；4-活动铁芯；5-保持线圈；6-吸拉线圈；7-接线柱；8-起动按钮；9-总开关；10-熔断器；11-黄铜套；12-挡铁；13-接触盘；14、15-主接线柱；16-电流表；17-蓄电池；18-起动机

　　发动机起动后，在松开起动按钮的瞬间，吸拉线圈和保持线圈是串联关系，电流通路为蓄电池正极→主接线柱 14→接触盘→主接线柱 15→吸拉线圈→保持线圈→搭铁→蓄电池负极，两个线圈所产生的磁通方向相反，互相抵消。于是活动铁芯在回位弹簧的作用下迅速回到原位，使得驱动齿轮退出啮合，接触盘在其右端弹簧的作用下脱离接触回位，起动机的主电路被切除，起动机停止运行。

　　电磁开关操纵方便，工作可靠，布置灵活，适于远距离操纵，因此目前已被广泛使用。

2. 减速式起动机的组成与结构

　　在起动机的驱动齿轮与电枢轴之间加装齿轮减速器的起动机称为减速起动机。

　　在功率相同的条件下，减速起动机的重量可以比普通起动机减轻 20%～40%，使单位重量的功率大大增加。由于外形尺寸大大减小，节省原材料，便于在发动机上安装。提高了起动转矩，有利于低温起动。齿轮减速器结构简单、工作可靠、效率高。

减速起动机减速装置的分类

减速起动机的齿轮减速器有三种不同的形式。

（1）外啮合式齿轮减速器。

主动齿轮与从动齿轮轴平行，如图 2-20（a）所示。它结构简单、工作可靠、噪声低，但中心距大，增大了起动机的径向尺寸。

（2）内啮合式减速器。

中心距较外啮合式减速器小，传动比大，工作可靠，但噪声高，如图 2-20（b）所示。

（3）行星齿轮减速器。

减速机构中心距为零，减小起动机的径向尺寸，便于安装，如图 2-20（c）所示。这种减速机构负载平均分布在三个行星齿轮上，可以采用塑料内齿圈和粉末冶金的行星齿轮，以减轻重量和降低噪声。采用行星齿轮减速器，在电动机轴和轴承上无径向负载，而且在轴向位置上的其他结构与普通起动机相同，配件可以通用，这种减速机构已被广泛采用。

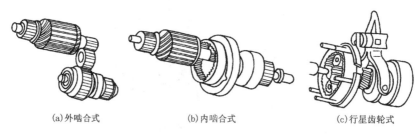

(a)外啮合式　　　　　　(b)内啮合式　　　　　　(c)行星齿轮式

图 2-20　减速起动机的传动方式

行星齿轮式减速起动机

行星齿轮式减速起动机的结构如图 2-21 所示。

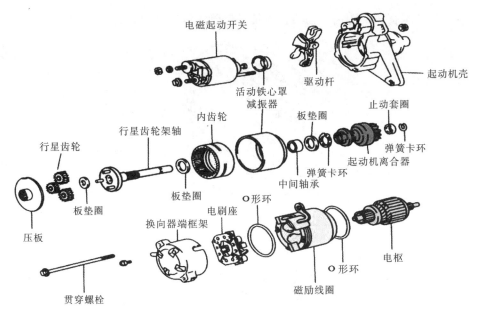

图 2-21　行星齿轮式减速起动机

（1）电动机。

电动机的结构有两类：一类与普通起动机类似，采用励磁线圈产生磁场，此处不再重复。另一类采用永久磁铁磁场代替励磁绕组，减小了起动机的体积，提高了起动性能。

（2）传动机构及减速装置。

起动机的传动机构采用单向离合器，拨叉拨动驱动齿轮移动，其结构与工作过程和普通起动机类似。只是在电枢轴的动力传递过程中通过了减速机构。

行星齿轮减速装置中设有三个行星轮、一个太阳轮（电枢轴齿轮）及一个固定的内齿圈，其结构如图 2-22 所示。

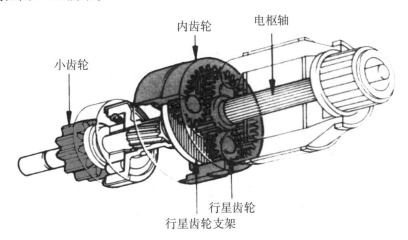

图 2-22　行星齿轮减速装置结构

内齿圈固定不动，行星齿轮支架是一个具有一定厚度的圆盘，圆盘和驱动齿轮轴制成一体。三个行星齿轮连同齿轮轴一起压装在圆盘上，行星齿轮在轴上可以边自转边公转。

驱动齿轮轴一端制有螺旋键齿，与离合器传动导管内的螺旋键槽配合。

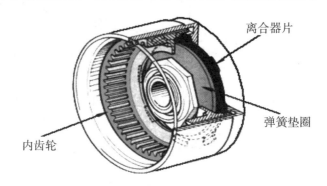

离合器片

弹簧垫圈

内齿轮

图 2-23 减速装置中内齿圈的结构

如图 2-23 所示，为了防止起动机中过大的扭力对齿轮造成损坏，弹簧垫圈把离合器片压紧在内齿轮上，这样当内齿圈受到的扭力过大时离合器片和弹簧垫圈可以吸收过大的扭力。

该起动机的控制装置和普通起动机相似，此处不再作分析。

2.1.4 起动机的检修

1. 起动机的正确使用

在使用起动机时应当注意以下几点：

（1）为确保发动机可靠地起动，蓄电池应经常保持充足电状态，应保证起动机正常工作时所需的电压和容量，减少起动机重复工作时间。

（2）起动时，蓄电池、起动开关、搭铁线等连接可靠。

（3）起动机是按短时间工作要求设计的，起动机工作时，电枢绕组电流很大，所以必须控制起动机的工作时间。每次起动时间不得超过 5s，两次起动间隔时间不得小于 15s。当连续三次起动失败时，应查明不能使用起动机的原因并排除故障后再使用起动机。

（4）冬季起动发动机时，应对发动机预热后，再使用起动机起动。

（5）使用起动机时，应挂空挡或踏下离合器踏板。

（6）应定期对起动机进行全面保养和检修，使起动机始终保持完好的技术状态。

2. 起动机的试验

性能检测试验

新生产的起动机在装车前必须在专用试验台上进行空载性能和全制动性能试验确定起动机的性能是否达到标准。修复后的起动机，也要进行性能试验确定起动机的性能是否达到标准。

（1）空载性能试验。

起动机空载试验的目的是检验起动机是否有电气故障和机械故障。其主要是通过测量空转转速和空转电流来判断起动机有无故障。

将起动机固定在试验台上，按照如图 2-24 所示的方法接线。在试验过程中起动机不带负载，接通电源，测量起动机在空载时的电流值、转速，并与相对应型号起动机的标准值进行比较。如电流和转速均低于标准值，而蓄电池电充足，表明导线连接点内部有接触不良或换向器接触不良及电刷接触面、电刷弹簧压力过小。若电流大于标准值而转速低于标准值，表明起动机装配过紧或电枢绕组、磁场绕组内有短路或搭铁故障。

空载试验时，起动机应该运转均匀平稳，换向器上无火花。同时应注意每次试验时间不得超过 1min，以免电枢绕组过热而损坏。

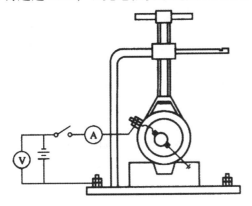

图 2-24　起动机空载试验

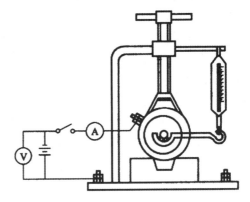

图 2-25　起动机全制动试验

起动机制动试验的目的是测出起动机在完全制动工况下所消耗的电流（制动电流）及所产生的制动转矩，以判断起动机是否有电气故障和机械故障。主要是通过测量全制动时的电流和转矩来判断起动机有无故障。

全制动试验如图 2-25 所示。起动机装在试验台上，杠杆的一端夹紧起动机的驱动齿轮，另一端挂在弹簧秤上。试验时接通起动机电路，观察在制动状态下单向离合器是否打滑，并记下电流表和弹簧秤的读数，正常情况下，其值应符合标准值。如测得转矩小于标准值而电流大于标准值，则表明磁场绕组和电枢绕组中有短路或搭铁故障。若转矩和电流都小于标准值，表明起动机内部线路中有接触不良故障。如驱动齿轮锁止而电枢轴仍缓慢转动，说明单向离合器有打滑现象。

注意：全制动试验每次通电时间不能超过 5s，以免损坏起动机和蓄电池。

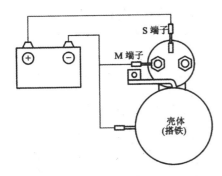

图 2-26　吸拉动作试验线路

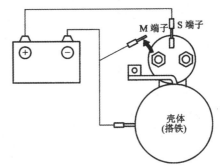

图 2-27　保持动作试验线路

（2）起动机全制动试验。

电磁开关试验

（1）吸拉动作试验。

将起动机固定在台虎钳上，把电动机与电磁开关的连接电缆从主接线柱（端子 M）上断开，按图 2-26 进行线路连接，如果驱动小齿轮被拨出，说明电磁开关正常；驱动小齿轮不动，说明电磁开关有故障。

（2）保持动作试验。

在吸拉动作试验的基础上，当驱动小齿轮在拨出位置时，拆下主接线柱（端子 M）上的电缆夹，如图 2-27 所示。此时驱动小齿轮应保持在拨出位置不动，如果驱动小齿轮回位，说明保持线圈有故障。

（3）回位动作试验。

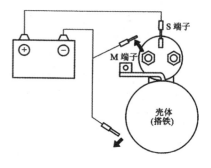

图 2-28　回位动作试验线路

在保持动作试验的基础上，再拆下起动机壳体上的负极电缆夹，如图 2-28 所示。此时驱动小齿轮应迅速回位，如果驱动小齿轮不能回位，说明回位弹簧失效。

3. 起动机部件的检修

起动机的解体与装复

（1）电磁式起动机的拆解。

①清除起动机外部的油垢；

②拆下电磁开关固定螺钉，取下电磁开关总成；

③拆下电动机轴承盖、穿通螺栓和电刷架固定螺钉，取下换向器端盖；

④适当移动电刷架位置，以便检测电刷弹簧压力，并拆下电刷总成；

⑤拆下励磁线圈与电动机壳体总成；

⑥拆下拨叉支点螺栓，取下移动叉、电枢总成和离合器；

⑦拆下电枢轴上的限位卡环，将电枢总成与离合器分离。

⑧将解体后的部件清洗干净，仔细观察各部件的结构，用手正、反向扭转离合器，观察、体会其单向传力性；注意电枢绕组、励磁绕组、离合器与电刷等部件，只能用棉纱蘸少量汽油擦拭，其余部件可用汽油清洗。

（2）起动机的组装。

起动机的组装程序随其形式不同而不尽相同，但基本原则都是按分解时的相反顺序进行组装。

组装起动机的一般步骤是：先将离合器和拨叉装入后端盖内，再装轴中间的支撑板，将电枢轴插入后端盖内，装上电动机壳体和电刷端盖，并用长螺栓结合连紧，然后装上电刷和防尘罩；电磁开关的组装顺序可先亦可后。

起动机的检修

（1）励磁绕组的检修。

励磁绕组的检修主要是检查有无断路、搭铁和短路故障。

①励磁绕组断路的检修。

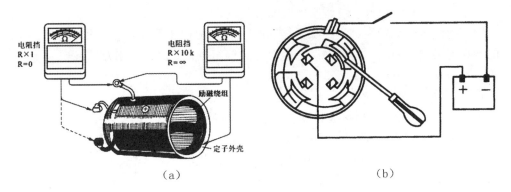

图 2-29 起动机磁场绕组的检修

（a）磁场绕组断路及搭铁的检查　（b）磁场绕组短路的检查

断路故障一般都是励磁绕组与电刷引线连接部位焊点松脱或虚焊所致，用万用表进行测量，方法如图 2-29（a）所示。用两只表笔分别连接励磁绕组的正极引线端头和正电刷，正常情况下，万用表指示的阻值应当接近于零。阻值为无穷大，说明励磁绕组断路。维修此类故障时先用钢丝钳夹紧连接部位，然后用 200W/220V 电烙铁将连接点焊牢即可。

②励磁绕组搭铁的检修。

起动机励磁绕组搭铁故障可用万用表进行检查，方法如图 2-29（a）所示。用两只表笔分别连接励磁绕组引线端头和起动机壳体，正常情况下，万用表应不导通，如万用表导通，说明励磁绕组绝缘损坏而搭铁，需要更换励磁绕组或起动机。

③励磁绕组短路的检修。

可将直流电源与励磁绕组串联，如图 2-29（b）所示。电路接通后，将改锥放在每个磁极上，检查磁极对改锥的吸引力是否相同。若某一磁极吸力太小，就表明该励磁绕组有匝间短路故障存在。

（2）电枢的检修。

电枢的检修主要是检查电枢绕组有无断路、搭铁和短路故障以及电枢轴是否有弯曲现象。

①电枢绕组断路的检修。

起动机电枢绕组采用截面积较大的矩形导线绕制，因此一般不易发生断路故障。若有断路发生，通过外观检查即可判断。发现断路时，可用 200W/220V 电烙铁焊接进行修复。

②电枢绕组搭铁的检修。

电枢绕组搭铁故障可用万用表或 220V 交流试灯进行检查，测量电枢铁芯与换向片之间的导通情况，方法如图 2-30 所示。用两只表笔分别连接电枢铁芯与换向片，正常情况下，万用表应不导通，或试灯应不发亮。如万用表导通或试灯发亮，说明电枢绕组搭铁，需要更换电枢总成。

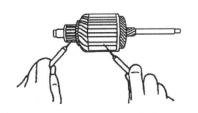

图 2-30 检查电枢绕组搭铁

③电枢绕组短路的检修。

电枢绕组流过电流较大，当绝缘纸烧坏时就会导致绕组匝间短路。除此之外，当电刷磨损的铜粉将换向片间的凹槽连通时，也会导致绕组短路。电枢绕组短路故障只能利用电枢检验仪进行检查，方法如图 2-31 所示。

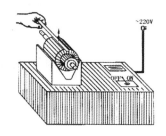

图 2-31　检查电枢绕组短路

先将电枢放在检验仪的"U"形铁芯上，并在电枢上部放一块钢片（如锯条），然后接通检验仪电源，再缓慢转动电枢一周，正常情况下，钢片应不跳动。如钢片跳动，说明电枢绕组有短路故障。由于绕制电枢绕组的导线截面积较大，因此绕线形式均采用波形绕法，所以当换向器有一处短路时，钢片将在四个槽上出现跳动现象。当同一个线槽内的上、下两层线圈短路时，钢片将在所有槽上出现跳动现象。当短路发生在换向器片之间时，可用钢丝刷清除换向器片间的铜粉即可排除。当短路发生在电枢线圈之间时，只能更换电枢总成。

④电枢轴弯曲度的检查。

起动机的电枢轴较长，如果发生弯曲，电枢旋转时就会出现与磁极发生摩擦"扫堂"的现象，从而影响起动机的正常工作。因此在检修起动机时，应当使用百分表检查电枢轴的弯曲度，方法如图 2-32 所示，其径向圆跳动应不大于 0.15mm，否则应校正或更换电枢总成。

（3）换向器的检修。

换向器工作表面应平整光滑，当换向器表面有轻微烧伤时，用细砂纸打磨即可，严重烧蚀，圆度误差大于0.025mm 时，应车削。换向器片的径向厚度须大于等于2mm，云母片应低于换向器片 0.4～0.8mm。

（4）传动机构的检修。

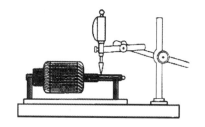

图 2-32　检查电枢轴的弯曲度

拨叉应无变形、断裂和松旷等现象。缓冲弹簧应无锈蚀，弹力正常。检查单向离合器时应一手捏住离合器壳体，另一手转动驱动齿轮，沿顺时针方向转动驱动齿轮时能被锁止；沿逆时针方向转动齿轮时正常情况下应能灵活自如地转动，否则应予更换新品。

（5）衬套间隙的检修。

电枢轴的各轴径与衬套的配合间隙和衬套与机壳孔的配合应符合表 2-2 的规定，若间隙过小应用铰刀铰孔；若间隙过大，应更换衬套后再绞销配合。

表 2-2　一般起动机轴与铜套的配合间隙

名　　称	标准间隙/mm	允许最大间隙/mm	铜套外圆与孔的过盈/mm
前端盖铜套	0.04～0.09	0.18	0.08～0.18
后端盖铜套	0.04～0.09	0.18	0.08～0.18
中间轴承支撑板铜套	0.085～0.15	0.25	0.08～0.18
驱动齿轮铜套	0.03～0.09	0.25	0.08～0.18

（6）电刷与电刷架的检修。

电刷的高度应符合技术要求，新电刷的高度一般为 14mm，其使用的极限高度为标准高度的 2/3，小于极限值时，应更换电刷。电刷在刷架内不应有卡住现象，电刷与换向器的接触面积不应小于其表面积的 75%，否则需要对其进行研磨。

电刷架的绝缘情况用万用表欧姆挡检查如图 2-33（a）所示。如绝缘电刷架搭铁，则应更换绝缘垫后重新铆接。

用弹簧秤测量电刷架弹簧的弹力如图 2-33（b）所示。正常情况下，一般为 11.7~14.7N。如果弹力不够，可以向螺旋相反的方向扳动，以增加弹力，若此法无效，应更换弹簧。

（7）电磁开关的检修。

①接触盘表面和触点的检修。

检查电磁开关接触盘与触点之间接触是否良好，可将活动铁芯的引铁推到极限位置，用万用表的欧姆挡测量电动机开关两主接线柱之间的电阻值，正常情况下，其阻值应为零，如不符合要求，应分解电磁开关进行修复。如果接触盘表面和触点有轻微烧蚀，可用砂纸打磨，严重烧蚀应予以修复和更换。

②吸拉线圈和保持线圈的检修。

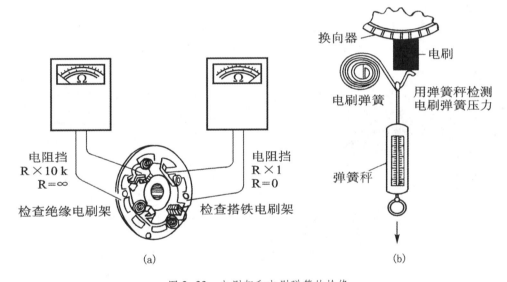

图 2-33　电刷架和电刷弹簧的检修

用万用表的欧姆挡检查其电阻值，如果电阻为无穷大，说明线圈断路。如果线圈已经断路或短路，应该重新绕制，重绕时导线的直径、匝数及绕线方式应与原来相同。

③电磁开关断电能力的检查。

当起动机处于制动状态时，切断电源，正常情况下，其主触点应可靠断开，否则说明电磁开关有故障，应予以检修。

（8）起动继电器的检修。

继电器触点不应烧蚀，并接触良好，否则应打磨或调整。

2.2　起动熄火电磁阀

　　柴油发动机的熄火方式经过了不断改进，从拉线式发展到目前的点火开关电控式，无论怎么发展，都是以切断发动机的供油来使发动机停止工作。目前工程机械柴油发动机的断油熄火和供油起动着火，主要利用点火开关来控制。点火开关通过控制熄火电磁阀来开闭喷油泵供油油道。如果这一电路发生故障，就会导致发动机不能熄火或起动不了。

　　熄火电磁阀也称为断油阀，常见外形如图 2-34 所示。熄火电磁阀一般安装在柴油机喷油泵上，用以控制低压油路的通断。熄火电磁阀的基本电路如图 2-35 所示。熄火电磁阀内部有两个线圈，当点火开关扭到"ON"挡时保持线圈电路接通，产生的电磁吸力不能吸动阀芯；当点火开关扭到"START"挡（起动挡）时保持线圈和吸拉线圈电路同时接通，同时产生电磁吸力，吸动阀芯，油路接通。发动机起动后，点火开关回到"ON"挡，阀芯吸动位置由保持线圈维持。点火开关断电时，磁场消失，阀芯在弹簧的作用下回位，关闭油路。因而一般情况下，如果熄火电磁阀的电路熔丝熔断或电路断路，发动机则不能起动。同样，如果熄火电磁阀线圈断路，发动机也不能起动。如果熄火电磁阀线圈匝间短路，发动机也可能不能起动，或者起动后易熄火。

　　如果在行驶途中出现熄火，电磁阀损坏或电路故障暂时不能恢复，可以拧进控制螺钉，强迫阀芯打开油路；如果要发动机熄火，则退回螺钉，关闭油路。

图 2-34　熄火电磁阀外形图

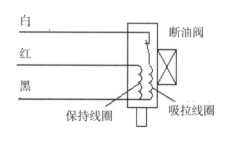

图 2-35　熄火电磁阀基本电路

2.3　起动预热装置

　　在寒冷的冬季，由于气温低，燃油雾化困难，因此，工程机械发动机特别是大型运输车辆的柴油发动机起动十分困难。在大型运输车辆上采用了各种装置对进入气缸的空气、可燃混合气、冷却水或润滑油（机油）进行预热，保证发动机冬季能够迅速起动，下面介绍几种常见的预热装置。

2.3.1　电热塞

电热塞又称为电预热塞。在采用涡流室式或预燃室式燃烧室的柴油发动机上，一般都在每个气缸的涡流室或预燃室中安装一只电热塞，以便在起动发动机时对燃烧室内的空气进行预热。

1. 结　构

电热塞的结构主要由发热体钢套、电阻丝、绝缘体和壳体等组成，如图 2-36 所示。

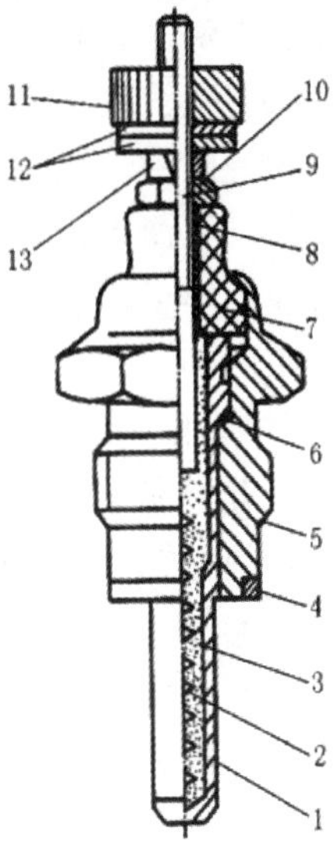

螺旋形电阻丝用铁镍铝合金制成，一端焊接在中心螺杆上，另一端焊接在用耐高温不锈钢制成的发热体钢套的下部。中心螺杆用高铝水泥胶合剂黏接固定在陶瓷绝缘体上。绝缘体与壳体之间采用旋压工艺封装，并借旋压预紧力将陶瓷绝缘体、发热体钢套、密封垫圈和壳体互相压紧在一起。在发热体钢套内，还填充有绝缘性能和导热性能好，而且耐高温的氧化铝填充剂。热塞壳体上带有一个密封垫圈，能够起到密封作用。电热塞的中心螺杆用导线并通过专门设置的预热开关连接到蓄电池上。

2. 使　用

在寒冷季节起动发动机之前，先接通预热开关使电热塞的电阻丝电路接通，发热体钢套很快就会红热，使气缸内空气的温度升高，从而提高压缩终了时气缸内的空气温度，使喷入气缸的柴油容易点燃。

电热塞通电时间应不超过 1 分钟。发动机起动后，为了延长电热塞的使用寿命，应立即断开预热开关将电热塞电路切断。如果发动机起动失败，应在停止 1 分钟后，再接通电热塞电路进行第二次起动。否则，也会缩短电热塞的使用寿命。

密封式电热塞的电阻丝安装在发热体钢套内部。这种电热塞结构牢固，寿命较长。因此，柴油发动机应用广泛。

图 2-36　电热塞的结构
1-发热体钢套；2-电阻丝；
3-填充剂；4、6-密封垫圈；
5-壳体；7-绝缘体；
8-胶合剂；9-螺杆；
10、11-螺母；12、13-垫圈

2.3.2　火焰预热塞

火焰预热塞又称为火焰预热器，安装在进气管内，其功用是预热进气的气流，从而提高压缩终了时空气的温度。

1. 结　构

火焰预热塞分为热胀式和电磁式两种。其中，热胀式火焰预热塞应用较广，结构如图 2-37 所示。

阀体由线膨胀系数较大的金属材料制成。其内部为空腔结构，空腔的一端为进油孔，另一端设有内螺纹，阀芯下端的外螺纹旋在阀体的内螺纹中，上端的锥形尖端在预热塞不工作时将进油孔堵死。

2. 工作原理

当起动柴油发动机时，接通预热塞开关，蓄电池便对电阻丝供电，炽热的电阻丝加热阀体，使其受热伸长，并带动阀芯向下移动，进油孔开启，由油箱送来的柴油经进油孔流入阀体的内腔而受热汽化。当汽化后的柴油从阀体的内腔喷出时，就会被炽热的电阻丝点燃形成火焰，火焰使进气气流预热后，压缩终了的气流温度就会升高，以便发动机顺利起动。当预热塞开关断开时，电路切断，电热丝变冷，阀体冷却收缩，阀芯上移而堵住进油孔，火焰熄灭，预热停止。

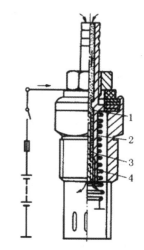

图2-37　热胀式火焰预热塞
1-进油孔；2-阀体；
3-阀芯；4-电阻丝

3. 使　用

（1）接通预热系统电源开关（该开关设置在保险丝盒旁边），此时仪表盘上的预热指示灯发亮。

（2）接通电源约50s后，预热指示灯由发亮转为闪烁，此时即可接通起动开关起动发动机。

（3）当起动机带动发动机旋转时，预热指示灯将由闪烁变为常亮。当发动机起动成功且起动机停止工作时，预热控制器将再一次向预热器供电，预热指示灯再次由常亮变为闪烁状态，发动机进入暖机状态。暖机结束后，预热系统将自动停止工作。

（4）如果起动失败，预热系统将自动间隔至少5s后，再次投入预热状态。

4. 使用注意事项

（1）当发动机冷却液温度超过23℃±5℃时，火焰预热系统将不会投入工作。

（2）如果在预热指示灯尚未进入闪亮时就进行起动操作，火焰预热系统将自动退出工作。如果在预热指示灯闪烁30s以上仍未开始进行起动操作，火焰预热系统将自动停止工作。若需再次使用预热系统预热，必须在先断开预热系统电源开关，再接通电源开关之后，预热系统才能重新投入工作。

（3）在正常工作时，为保护整个预热装置，一定要断开预热装置的电源开关。环境温度低于零下25℃时，火焰预热装置辅助起动性能达不到最佳状态。可用起动液喷射装置辅助起动，但严禁同时使用起动液喷射装置和进气预热装置。

2.3.3　起动液喷射装置

起动液喷射装置包括起动液压力喷射罐和喷嘴两个部分，如图2-38所示。起动液压力喷射罐内充有压缩氮气和易燃气体（乙醚、丙酮、石油醚等），罐口设有一个单向阀，喷嘴

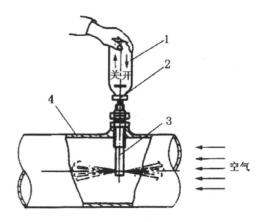

图2-38　起动液喷射装置
1-起动液喷射罐；2-单向阀；
3-喷嘴；4-进气管

安装在发动机的进气管内。

当低温起动柴油发动机时，将喷射罐倒立，使罐口对准喷嘴上端的管口。轻压起动液喷射罐，即打开喷射罐口处的单向阀，起动液通过单向阀、喷嘴喷入发动机的进气管，并随进气管内的空气一起被吸入燃烧室。由于起动液是易燃燃料，故其可在较低的温度和压力环境下迅速着火，从而点燃喷入燃烧室的柴油。

2.3.4　PTC 预热器

PTC 陶瓷预热器是利用陶瓷半导体材料的电阻值随温度变化而变化的特性制成的。根据热敏电阻的特性不同，热敏电阻可分为正温度系数 PTC 热敏电阻、负温度系数 NTC 热敏电阻和临界温度热敏电阻 CTR 三种类型。正温度系数 PTC 热敏电阻的电阻值随温度升高而增大；负温度系数 NTC 热敏电阻的电阻值随温度升高而减小；临界温度热敏电阻 CTR 的阻值以某一温度（称为临界温度）为界，高于此温度时阻值为某一水平，低于此温度时阻值为另一水平。

1. 结　构

PTC 陶瓷预热器安装在进气歧管的进气口上，在起动发动机之前，接通预热器电阻电路，预热器发热，加热进入气缸前的空气，从而改善发动机的起动性能。PTC 陶瓷预热器结构如图 2-39 所示。

2. 使　用

PTC 陶瓷预热器预热系统的使用方法基本相同，如下：

（1）预热器在 -40℃~5℃ 之间的环境温度下起动柴油发动机时使用。

（2）接通仪表盘上的预热开关，预热绿色指示灯发亮，表示预热开始。

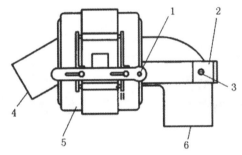

图 2-39　PTC 陶瓷预热器结构
1-节气门拉杆；2-节气门拉线支架；
3-搭铁螺栓；4-进气端；5-预热器；
6-出气端

（3）预热时间设定为 6min，当预热时间达到 6min 时，绿色指示灯开始闪烁，蜂鸣器也开始鸣叫，此时就可以接通起动开关起动发动机。

（4）若发动机起动成功，则应立刻断开预热开关。如一次起动不成功，可在 15s 后重复进行起动操作。

（5）预热器断电保护时间设定为 12min。当预热结束 12min 时，无论发动机是否起动，只要驾驶员未断开预热开关，预热控制器自动切断预热器电源，蜂鸣器也将停止鸣叫，预热指示灯将由闪烁转为常亮，提示驾驶员及时断开预热开关。

3. 使用注意事项

（1）应避免进气预热器与冷起动液同时使用。

（2）车辆每天工作时间较短导致蓄电池充电不足时，应根据蓄电池存电情况谨慎使用进气预热器。

（3）在预热系统工作正常的情况下，如发动机多次起动未能成功，则应检查起动转速

和供油系统工作是否正常。

（4）若在环境温度极低的情况下使用预热器起动发动机时，不要将油门踏板踩到底，以防发动机起动后转速迅速升高造成油路系统供油不足而熄火。

2.4　检修起动系统电路

2.4.1　常见起动机的控制电路

1. 带有起动继电器的起动系统控制电路

起动机的控制可以以由点火开关 ST 挡直接来控制。但是，由于起动机的电磁开关工作电流较大，若直接由点火开关控制起动机的电磁开关，点火开关会因此而经常烧坏。为此，在一些工程机械上的起动机控制电路中加装了起动继电器，避免起动机电磁开关的电流直接通过点火开关，起到保护点火开关的作用。

如图 2-40 所示的起动控制电路采用了起动继电器。起动继电器的作用是接通或切断起动机电磁开关线圈的电路，该起动系统电路图包括控制电路和起动主电路。

控制电路

控制电路包括起动继电器控制电路和起动机电磁开关控制电路。当接通点火开关起动挡时，蓄电池经点火开关给起动继电器中的磁化线圈供电（电流很小），使起动继电器中的常开触点闭合，这样蓄电池电流经起动机主接线柱 3、起动继电器的触点开关到起动机电磁开关上的起动接线柱 4，接通起动机电磁开关控制电路，即保持线圈和吸拉线圈电路。

主电路

电磁开关电路接通后，保持线圈和吸拉线圈产生的电磁吸力将起动机主电路接通。

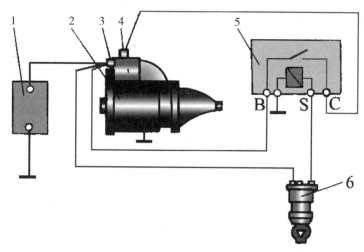

图 2-40　带有起动继电器的起动系统电路

1-蓄电池；2-起动机；3-主接线柱（B）；4-起动接线柱（S）；5-起动继电器；6-点火开关

2. 带安全保护控制的起动电路

工程机械起动时负载过大，易造成起动困难，起动机和蓄电池损伤；发动机起动后，如果不能及时释放起动开关，起动机将长时间空转，增加单向离合器磨损和蓄电池能量损耗；发动机正常运转中，如果误将起动开关接通，就会造成起动机驱动齿轮与飞轮齿圈的撞击，从而降低齿轮与齿圈的使用寿命。

为了解决以上问题，工程机械大部分起动控制电路都实现保护功能。如图2-35所示是一种采用空挡开关和安全继电器保护的起动电路。

电路特点

（1）空挡保护控制。

如图2-41所示，空挡保护指在发动机起动前必须将操作手柄处于空挡，如手柄处于行走或工作位置电路不通，不能起动。加空挡保护，减少起动机的负载，保证起动的可靠性。

（2）安全继电器保护控制。

采用安全继电器保护，发动机起动后，能使起动机自动停止工作；发动机工作时，即使误使点火开关接通起动挡，起动机也不会工作。

起动控制电路工作原理

空挡开关在工程机械操作手柄置于空挡时开关闭合；操作手柄未在空挡位置时，开关断开。安全继电器的触点是常闭的，它的磁化线圈一端搭铁，另一端接至发电机三相定子绕组的中性点，承受硅整流发电机中性点电压。

起动时，点火开关置于起动挡，起动继电器线圈电流通过空挡开关和安全继电器的常闭触点导通，有电流通过，其电路为：蓄电池正极→起动机"B"→熔断丝→点火锁（B→C）→电磁开关线圈→空挡开关→安全继电器触电开关→搭铁→蓄电池负极。

起动继电器线圈得电产生电磁吸力使触电开关闭合，起动机电磁开关保持线圈、吸拉线圈电路接通，使电磁开关动作，起动机开始工作，发动机起动。

发动机起动后，发电机开始发电，中性点电压提高，使安全继电器线圈通电，其电路为：发电机中性点→安全继电器线圈→搭铁→发电机负极，当线圈电磁吸力使安全继电器的常闭触点断开时，切断了起动继电器线圈电路，使起动继电器的触点分开，电磁开关的线圈断路，起动机停止工作。只要发动机在运转过程中，即使驾驶员误将点火开关置于起动挡，发电机中性点电压使安全继电器的触点已经分开，起动继电器触点开关不会闭合，起动机的主电路也不会接通，从而防止了驱动齿轮与飞轮齿圈撞击，起到了保护作用。

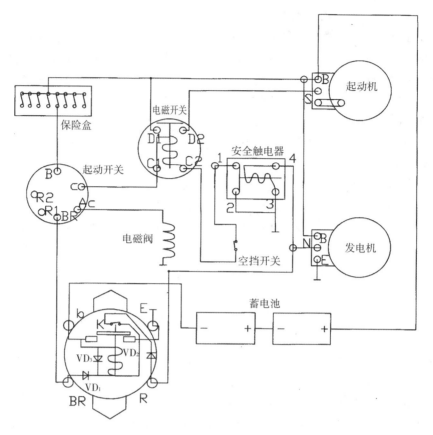

图 2-41 带有安全保护装置的起动电路

2.4.2 起动系统电路检修

工程机械起动系统常见故障有起动机不转、起动机空转、起动机运转无力和驱动齿轮与飞轮齿圈不能啮合而发出撞击声。

1. 起动机不转

现象

当点火开关打到 ST 挡时，起动机不转动。

常见原因

（1）蓄电池严重亏电或蓄电池正、负极柱上的电缆接头松动或接触不良，甚至脱落。

（2）起动继电器的触点不能闭合或烧蚀、沾污而接触不良或线圈断路。

（3）电动机电磁开关的吸拉线圈和保持线圈有搭铁、断路、短路现象；主触点严重烧蚀或触点表面不在同一平面内，使接触盘不能将两个触点有效地接通。

（4）直流电动机内部的励磁绕组或电枢绕组有断路、短路或搭铁故障；换向器严重烧蚀或电刷弹簧压力过小或电刷在电刷架中卡死而导致电刷与换向器接触不良；电刷引线断路或绝缘电刷（即正电刷）搭铁。

（5）外部线路有短路、断路或接头松脱。

故障诊断与排除方法

各型工程机械起动系统故障的诊断与排除方法基本相同，仅具体线路有所不同。出现起动机不转故障时，检查与判断方法如下：

（1）接通工程机械前照灯或喇叭，若前照灯发亮或喇叭响，说明蓄电池存电较足，故障不在蓄电池；若前照灯灯光变暗或喇叭声音变小，说明蓄电池亏电，应拆下充电或更换一个电量充足的蓄电池；若灯不亮或喇叭不响，说明蓄电池或电源线路有故障，应检查蓄电池搭铁电缆和正极电缆的连接有无松动脱落，如电缆松动脱落，拧紧即可；如蓄电池有故障，需更换或修理。

（2）如蓄电池正常，故障可能发生在起动机、电磁开关或外部电路中。可用螺丝刀将起动机的两个主接线柱接通，使起动机空转。若起动机不转，则确定电动机有故障；若起动机空转正常，说明电磁开关或控制电路有故障。

（3）如确定电动机存在故障时，可根据螺丝刀搭接两个主接线柱时产生火花的强弱来进一步判别电动机的故障情况。若搭接时无火花，说明励磁绕组、电枢绕组或电刷引线等有断路故障；若搭接时有强烈火花而起动机不转，说明起动机内部有短路或搭铁故障。一般要将起动机从车上拆下将其解体后进一步检修。

（4）诊断是电磁开关还是外部电路故障时，可用导线将蓄电池正极与电磁开关的输入接线柱接通（时间不超过 3~5s），如接通时起动机不转，说明电磁开关有故障，应拆下检修或更换电磁开关；如接通时起动机转动，说明电磁开关的输入接线柱至蓄电池正极之间外部线路或点火开关有故障。这部分故障可用万用表或试灯逐段进行诊断，找到故障后，更换相应的导线或开关。

（5）现代工程机械的故障判断常采用电压点检测法来判断，以图 2-42 所示的起动系统电路为例来说明。

在检测蓄电池电量充足的情况下，按图 2-43 所示的顺序进行故障诊断。

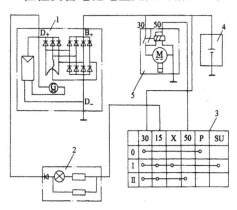

图 2-42　电源与起动系统电路

1-发电机及调节器；2-发电机充电指示灯；

3-点火开关；4-蓄电池；5-起动机

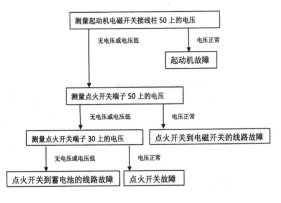

图 2-43　不起动的故障诊断图

2. 起动机运转无力

现象

将点火开关置于起动挡或起动按钮接通，起动机转速太慢而不能使发动机起动。

常见原因

（1）蓄电池存电不足或有短路故障使其供电能力降低或蓄电池极柱松动、氧化或腐蚀而使其不能正常供电。

（2）电磁开关故障，如接触盘与主接线柱烧蚀或有油垢造成接触不良。

（3）直流电动机内部故障，如换向器脏污或烧蚀、电刷磨损严重造成接触不良；励磁绕组或电枢绕组局部短路使起动机输出的功率降低。

故障诊断与排除方法

（1）检查蓄电池的技术状况是否良好。如果存电不足，应及时充电；如内部故障，更换或进一步检修。

（2）检查蓄电池极柱是否松动、氧化或腐蚀。如极柱松动，拧紧即可；如极柱氧化或腐蚀，拆下清除干净后重新拧紧。

（3）如果蓄电池和主电路连接正常而起动机仍转动无力，用足够粗的导线将起动机的两个主接线柱短接，如果起动机运转正常，说明主接线柱与接触盘接触不良，应进行除垢、打磨、调整或更换直至排除故障；如果起动机仍转动无力，说明故障在电动机内部，应进行拆解检修或更换。

3. 起动机空转

现象

将点火开关置于起动位置后，起动机高速转动，而发动机不转动。

常见原因

（1）单向离合器打滑；

（2）飞轮齿圈或驱动齿轮损坏；

（3）拨叉折断或连接处脱开。

故障诊断与排除方法

（1）检查拨叉连接处是否脱开或折断。如果拨叉连接处脱开，装复即可；如果拨叉折断，更换拨叉。如果拨叉正常，进行下一步检查。

（2）将发动机飞轮转过一个角度，重新进行起动。如果空转现象消失，说明飞轮齿圈有缺齿，应更换飞轮齿圈。如果空转现象仍在，说明是单向离合器打滑，应更换单向离合器或拆解修理。

4. 起动机异响

现象

起动机工作时发出不正常的响声。

常见原因

（1）主电路接通过早。当驱动齿轮与飞轮齿圈尚未啮合或刚刚啮合时，电动机主电路就已接通，由于驱动齿轮在高速旋转过程中与静止的飞轮齿圈撞击，因此会发出强烈的打齿声。

(2) 飞轮齿圈或驱动齿轮损坏。

(3) 蓄电池严重亏电或内部短路。

(4) 电磁开关中的保持线圈断路或搭铁。

故障诊断与排除方法

接通起动开关，仔细辨别起动时的声响。根据不同声响，再作进一步检查，查出故障原因后采取相应措施。

(1) 如果起动时发动机不转，而起动机发出"打机枪"似的"哒、哒……"声，可用万用表检测 12V 蓄电池电压，其电压不得低于 9.6 V。如电压过低，说明蓄电池严重亏电或内部短路，应予更换新蓄电池。如蓄电池技术状况良好，则说明电磁开关保持线圈搭铁不良而断路或起动继电器断开电压过高，应分别检修或更换电磁开关、起动继电器，即可排除故障。

(2) 如果起动时发出强烈的打齿声，可能是主电路接通过早或飞轮齿圈、驱动齿轮损坏。首先检查和调整电磁开关的接通时间，若故障无法消除，说明飞轮齿圈或驱动齿轮损坏，更换飞轮齿圈或驱动齿轮。

情境二　任务工作单（1）

任务名称	检修起动机				
学生姓名		班级		学号	
成　　绩				日期	

一　相关知识

1. 起动机的结构由_____、_____、_____三部分组成。

2. 直流电机磁场绕组和电枢的连接形式一般采用_____式，但大功率起动机多采用_____。

3. 起动机磁场的一端接于_____接柱上，另一端与_____电刷相接后再与_____串联。

4. 图 1 中各标号分别指的是起动机的 1-_____、2-_____、3-_____和 4-_____。

图 1　电枢的结构　　　　　　　　　图 2　换向器结构

5. 起动机电枢绕组各端头均焊于_____上，通过该结构与_____相连，将蓄电池的电能引入绕组。

6. 起动机的电枢轴和传动装置采用螺旋槽花键连接，采用的目的是_____。

7. 起动机的换向器（图 2）由 1-_____和 2-_____、3-_____、4-_____组成。

8. 直流电动机有_____、_____、_____的工作特性。

9. 起动机控制机构中有两个线圈，即：_____和_____。

10. 减速起动机减速装置有三种结构形式，即：_____、_____和_____。

11. 起动机的性能试验包括_____和_____。

12. 起动机连续工作时间不能超过_____s，若第一次不能起动，应停歇_____，再进行第二次起动。

二　起动机的检修

1. 起动机的拆装步骤为：

2. 起动机的检测。

起动机型号			
检查项目		检测记录	结果分析
电磁开关检测	保持线圈		
	吸拉线圈		
电枢总成检测	电枢绕组		
	换向器		
定子总成检测	磁极绕组		
电刷总成	电刷		
传动机构检测	单向离合器		
轴承、端盖检测			

情境二 任务工作单（2）

任务名称	检修起动系统电路			
学生姓名		班级		学号
成　　绩			日期	

一　相关知识

根据电路图：

1. 写出起动系统的电路组成元件及其作用：

2. 分析起动控制电路过程。

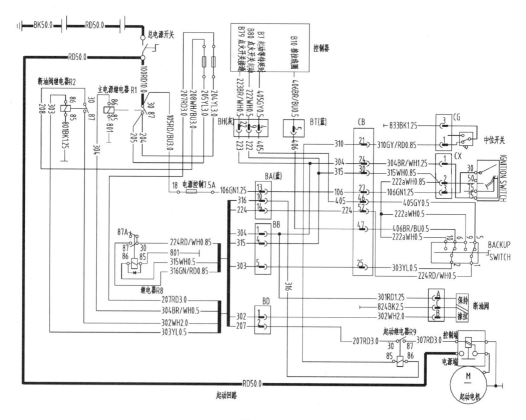

图 1

二　故障检修

起动系统不起动故障检修：

检修机型：＿＿＿＿＿＿＿

1. 故障现象为：＿＿＿＿＿＿＿＿＿＿＿＿＿＿＿＿＿＿＿＿＿＿＿＿＿＿＿＿＿＿＿＿＿。

2. 制定检查流程：

3. 故障结果分析：

电路检修要点：（参考）

（1）检查蓄电池电压是否正常；

检查结果与分析为：＿＿＿＿＿＿＿＿＿＿＿＿＿＿＿＿＿＿＿＿＿＿＿＿＿＿＿＿＿＿。

（2）检查保险丝是否完好；

检查结果与分析为：＿＿＿＿＿＿＿＿＿＿＿＿＿＿＿＿＿＿＿＿＿＿＿＿＿＿＿＿＿＿。

（3）检查线束、插头连接是否完好；

检查结果与分析为：＿＿＿＿＿＿＿＿＿＿＿＿＿＿＿＿＿＿＿＿＿＿＿＿＿＿＿＿＿＿。

（4）检查起动继电器是否正常工作；

检查结果与分析为：＿＿＿＿＿＿＿＿＿＿＿＿＿＿＿＿＿＿＿＿＿＿＿＿＿＿＿＿＿＿。

（5）检查点火锁是否完好；

检查结果与分析为：＿＿＿＿＿＿＿＿＿＿＿＿＿＿＿＿＿＿＿＿＿＿＿＿＿＿＿＿＿＿。

（6）检查起动机电磁开关是否完好；

检查结果与分析为：＿＿＿＿＿＿＿＿＿＿＿＿＿＿＿＿＿＿＿＿＿＿＿＿＿＿＿＿＿＿。

（7）检查起动电机是否正常工作。

检查结果与分析为：＿＿＿＿＿＿＿＿＿＿＿＿＿＿＿＿＿＿＿＿＿＿＿＿＿＿＿＿＿＿。

情境 3　检修点火系统

☞**知识目标**

1. 学习点火系统的功能、分类；
2. 学习各种点火系统的基本组成、工作原理及各部分功用；
3. 掌握磁感应式电子点火系统的工作原理；
4. 掌握磁电机点火系统的工作原理。

☞**能力目标**

1. 能够识读点火系统基本工作电路原理图；
2. 能够检测点火系统主要部件；
3. 能够诊断和排除点火系统常见故障；
4. 能够连接点火系统线路。

☞**任务导入**

一台 120 系列打夯机，汽油机不起动。将火花塞旋出，套在火花塞帽上，摆在汽缸头上，接通点火开关，起动，火花塞不跳火。此故障原因有分电器、火花塞、点火线圈、导线连接等，要想排除此故障，需掌握点火系统组成元件的构造、原理、拆装、检测，线路连接等内容，我们必须学习下面的知识技能。

☞**相关知识**

现代工程机械一般都采用柴油发动机，但也有部分工程机械采用汽油机，如沥青洒布车、洒水车及工程运输车辆等。汽油机气缸内的混合气需由电火花点燃，而电火花是由点火系统提供的。

1. 点火系统的作用。

在汽油发动机中，气缸内的可燃混合气是靠高压电火花点燃的，而电火花是由点火系统来产生的。点火系统的作用就是将蓄电池供给的低压电转变为高压电，并按照发动机的做功顺序与点火时刻的要求，适时准确地将高压电送至各缸的火花塞，使火花塞跳火，点燃气缸内的混合气。

2. 对点火系统的要求。

（1）能产生足以击穿火花塞间隙的电压。

使火花塞电极间产生火花的电压称为击穿电压。击穿电压的大小与火花塞间隙的大小、气缸内混合气体的压力和温度、电极的温度和极性以及发动机的工作状况有关。

为了保证可靠点火，点火系统必须有足够的电压储备，以确保其在任何工况下都能点火成功，但过高的电压又会带来绝缘困难，成本升高。一般将击穿电压限制在30000V以内。

（2）电火花应具有足够的能量。

要使发动机气缸内的混合气可靠点燃，火花塞产生的火花必须具有足够的能量。正常情况下，发动机在气缸压缩冲程结束时，其内部混合气的温度已接近自燃温度，所需要的点火花能量很小，一般有1~5mJ即可。发动机在怠速、加速时，则需较大的点火能量，一般应大于50mJ，且火花持续时间约500μs。当发动机起动时需要的点火能量更高，一般要大于100mJ。

（3）点火时间应与发动机各种工况下的要求相适应。

不同缸数发动机都有相应的点火顺序，点火系统应按发动机的工作顺序进行点火。一般六缸发动机的点火顺序为1-5-3-6-2-4或1-4-2-6-3-5；一般四缸发动机的点火顺序为1-2-4-3或1-3-4-2；V型八缸发动机的点火顺序为1-8-4-3-6-5-7-2。

另外，为了获得最大输出功率，点火系统应在气缸内的最佳条件下点火，也就是选择一个最佳时刻点火，一般用活塞到达上止点之前的曲轴转角表示，称为最佳点火提前角。不同发动机有不同的最佳点火提前角，同一台发动机的最佳点火提前角还与其转速、负荷、压缩比、汽油的辛烷值、气缸内混合气成分、进气压力、起动和怠速等工况有关。

3. 点火系统的分类。

点火系统的种类按其构成及工作原理可分为蓄电池点火系统（传统点火系统）、磁电机点火系统、电子点火系统、微机控制点火系统，其中磁电机点火系统一般用于二冲程发动机，如摩托车、柴油机起动用汽油机等。

发动机点火系统从最初的传统触点式点火系统，发展到电子（晶体管）点火系统，又发展到微机控制点火系统，点火时间越来越精确，点火可靠性越来越高，装置越来越复杂，但其维修工作量越来越少，电子元件的可靠性越来越高。

3.1 检修电子点火系统

电子点火系统主要由电源、点火开关、信号发生器、点火控制器、点火线圈、分电器、火花塞等部件组成，如图3-1。

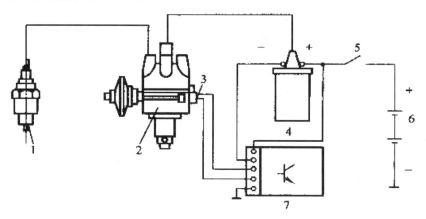

图3-1 电子点火系统的基本组成

1-火花塞；2-分电器；3-点火信号发生器；4-点火线圈；5-点火开关；
6-蓄电池；7-点火控制器

3.1.1 电子点火系统组成、结构

1. 分电器

分电器的形式很多，主要由配电器、信号发生器、点火提前机构等组成，如图3-2所示。

<u>配电器</u>

（1）作用：按发动机的点火顺序，将高压电分配到各缸火花塞上。

（2）组成：分电器盖和分火头。

①分电器盖：由耐高温、高压的胶木制成，上有中央高压线插孔、分缸高压线插孔、炭柱、弹簧等。

②分火头：包括绝缘体和导电片。导电片距旁电极间有0.2~0.8mm间隙。

<u>信号发生器</u>

（1）类型：电磁感应式、霍尔式及光电式。

（2）作用：以电磁感应式为例。当分电器轴转动时，带

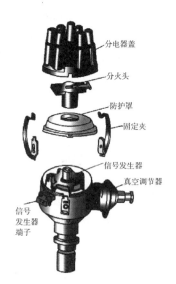

图3-2 分电器结构

动转子旋转，这样在信号发生器的感应线圈中便产生电磁脉冲信号，此信号传送给点火控

制器。

关于信号发生器的结构、原理等内容将在后面的内容中详细介绍。

机械式点火提前角调节机构

点火提前角：从开始点火到活塞到达上止点这段时间，用曲轴转角来表示，这个曲轴转角称为点火提前角。或者说，在活塞到达上止点前，提前点火的时间用曲轴转角来表示，这个曲轴转角称为点火提前角。

对点火时刻的要求：实践证明，气缸内气体最高压力出现在活塞到达上止点后 $10° \sim 15°$ 时，发动机的功率最大，热能利用率最高。所以，最佳点火时刻是在活塞到达上止点前的某一时刻。

影响可燃混合气燃烧速度的因素：

①当气缸内的温度、压力高时，混合气燃烧速度就快，点火提前角就应该小。

②当转速一定时，随着负荷的增大，进入气缸的可燃混合气的增多，压缩终止时的压力和温度增高，燃烧速度加快，点火提前角应适当减小；反之，发动机负荷减少时，点火提前角应当增大。

③当负荷一定，发动机转速升高时，相同时间内曲轴将转过较大的转角，应适当增大点火提前角。否则，点火过晚，燃烧会延续到做功过程的后期，燃烧热能利用率低，使发动机功率下降，因此点火提前角应随发动机转速的提高而增大。

（1）离心提前机构。

离心提前机构是随发动机转速的变化而自动改变点火提前角的装置。转速高，点火应早，但此时混合气压力和温度高，扰流能力增强，燃烧速度快。故低速时提前角增量应大，高速时增量应小。

离心提前机构通常装在断电器固定底板的下部，其结构如图3-3所示。在分电器轴4上固定有托板7，两个离心块5分别套在托板的柱销9上，可绕柱销转动。离心块的另一端由弹簧6拉向轴心。信号发生器转子轴2及拨板3是一体，活络地套装在分电器轴上，其拨板的矩形孔套在离心块的销钉8上，受离心块驱动。当分电器轴转动时，离心块上的销钉即通过拨板带动信号发生器转子轴。

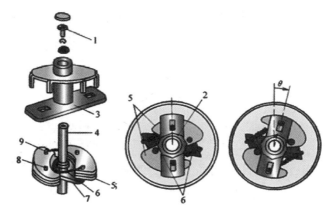

图3-3   离心式调节器的结构

1-固定螺栓；2-信号发生器转子轴；3-拨板；4-分电器轴；
5-离心块；6-弹簧；7-托板；8-销钉；9-柱销

离心提前机构的工作情况如图3-3所示。当发动机转速升高时，离心块的离心力便逐渐增大，自某一转速开始，离心块的离心力即克服弹簧拉力，使离心块向外甩开。离心块上的销钉便推动拨板带着信号发生器转子沿轴旋转的方向转过一个角度，使信号发生器提前发出信号，点火便提前一个角度。转速越高，离心块的离心力越大，离心块甩开的程度就越大，点火提前角也就越大，满足了点火提前角随转速的提高而增大的要求。反之，当转速降低时，离心力减小，弹簧便拉动离心块，拨板和信号发生器转子沿轴旋转的相反方向退回一个角度，使点火提前角自动减小。转速越低，退回的角度越大，点火提前角便越小。

两个离心块上的弹簧是由直径不同的钢丝绕成的，其弹性也不一样。粗而强的一根弹簧，安装后成自由状态。细而弱的一根安装后略略拉紧，松动量很小。在低速范围内，只有细弹簧起作用，而当转速提高到一定程度后，两根弹簧同时起作用，以便点火提前角开始成正比增大，以后又趋向平缓，即点火提前角与转速不是线性关系，使之更符合发动机转速变化时对点火提前角的要求。

（2）真空提前机构。

真空提前机构是随发动机负荷的变化而自动改变点火提前角的装置。在同一转速下，随着发动机负荷的增大，最佳点火提前角将随之减小。这是由于发动机负荷大即节气门开度大时，吸入气缸的混合气量增多，压缩行程终了时的压力和温度增高，残存废气量相对减小，使燃烧速度加快（即火焰传播速度加快），因此最佳点火提前角应随负荷增大而减小。

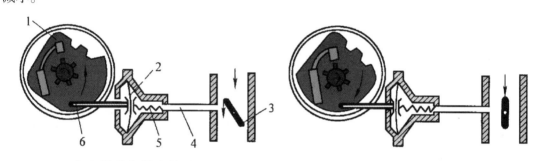

(a) 点火提前角增大情景结构图　　　(b) 点火提前角减小情景结构图

图3-4　真空式提前机构

1-活动板 ；2-膜片；3-节气门 ；4-真空管 ；5-弹簧 ；6-驱动连杆件

发动机负荷小时，节气门开度也小，节气门下方及管道的真空度增大，真空吸力吸引膜片向右弯曲，通过拉杆拉动活动板（信号发生器的电子组件位于活动板上）逆着分电器轴旋转的方向相对转子转动一个角度，实现提前点火，即点火提前角增大。反之，当负荷增大时，点火提前角减小，如图3-4所示。

2. 点火控制器

点火控制器控制点火系初级电路的导通与截止，内部为集成电路，全密封结构。关于点火控制器工作原理将在后面的内容中详细介绍。

3. 点火线圈

蓄电池或发电机提供的电压一般只有

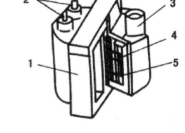

图3-5　闭磁路点火线圈

1-"日"字形铁芯；2-初级绕组接柱；

3-高压接柱；4-初级绕组；5-次级绕组

12（24）V，如此低的电压很难击穿火花塞电极的间隙产生电火花。点火线圈的作用是将蓄电池低压转变为 15~20kV 的点火高压，其工作原理类似自耦变压器，所以也称为变压器。

电子点火系统采用闭磁路式点火线圈，其结构如图 3-5 所示，初级线圈为低电阻、低电感、高匝比的高能点火线圈。这样的点火线圈初级线圈电流大，变化快，能有效提高次级线圈电压。磁路如图 3-6 所示。

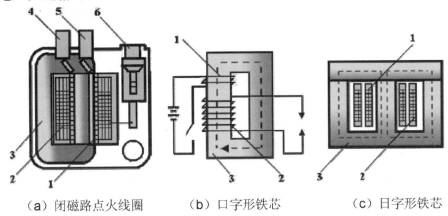

（a）闭磁路点火线圈　　　（b）口字形铁芯　　　（c）日字形铁芯

图 3-6　闭磁路点火线圈磁路

1-初级绕组；2-次级绕组；3-铁芯；4-正接线柱 ；5-负接线柱；6-高压插孔

4. 火花塞

（1）作用：火花塞的作用是将点火系统产生的高压引入气缸燃烧室，产生电火花，点燃混合气。

（2）火花塞的结构：

①组成：壳体、金属杆、绝缘体、中央电极、侧电极和垫片，如图 3-7 所示。

②电极间隙：指的是中心电极与侧电极之间的间隙。

电极间隙过小：火花微弱，并且容易因产生积炭而漏电；电极间隙过大：所需的击穿电压增高，发动机不易起动，且在高速时易发生"缺火"。一般的电极间隙为 0.6~0.8mm，电子点火的汽油机车采用 1.0~1.2mm，可以改善排气净化。

3.1.2　典型电子点火系统

1. 磁感应式电子点火系统

磁感应式电子点火系统如图 3-8 所示。该点火系统主要组成部分有磁感应式信号发生器、点火控制器、分电器、火花塞及点火线圈。

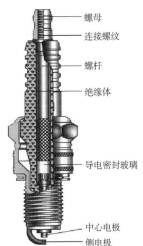

螺母
连接螺纹
螺杆
绝缘体

导电密封玻璃

中心电极
侧电极

图 3-7　火花塞结构

磁感应式信号发生器

磁感应式信号发生器由信号转子、传感线圈、铁芯、永久磁铁等组成。其作用是产生信号电压，送给点火系统控制器，通过点火控制器来控制点火系统的工作，其工作过程如图 3-9 所示。

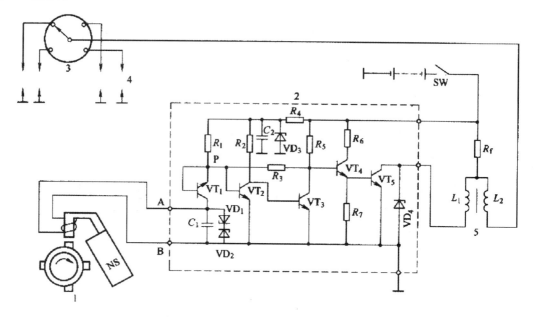

图 3-8　磁感应式电子点火系统

1-磁感应式点火信号发生器；2-点火控制器；3-分电器；4-火花塞；5-点火线圈

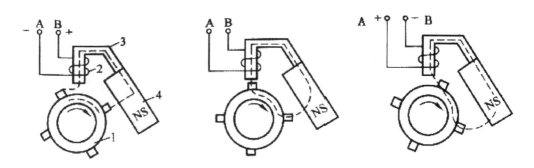

图 3-9　磁感应式信号发生器的组成和工作原理

1-信号转子；2-传感线圈；3-铁芯；4-永久磁铁

永久磁铁和铁芯固定在分电器内，传感线圈绕在铁芯上，信号转子由分电器轴带动，其上的凸齿数与发动机缸数相同。当信号转子随分电器轴一同转动时，其中某凸齿靠近永久磁铁时磁路磁阻减小，传感线圈中的磁通增加；当该凸齿离开永久磁铁时，磁路磁阻增大，传感线圈中的磁通减少。由于传感线圈中的磁通随凸齿转动不断变化，于是有感应电动势产生，其大小与磁通变化率成正比。

点火控制器

点火控制器的内部电路如图 3-8 中 2 所示。图中的三极管 VT_2 构成点火信号检出电路，三极管 VT_3、三极管 VT_4 及三极管 VT_5 构成开关放大电路。

　　点火开关 SW 闭合后，蓄电池经 R_4、R_1 为三极管 VT_2 提供基极电流，使三极管 VT_2 导通。三极管 VT_2 的导通导致三极管 VT_3 截止，蓄电池经 R_5 为三极管 VT_4 提供基极电流，使三极管 VT_4 导通，随后三极管 VT_5 导通。于是点火线圈初级绕组中有电流流过。

　　点火信号发生器的输出电压在 P 点与该点的直流电位叠加。当点火信号发生器的输出电压为正值时，两者叠加后仍维持三极管 VT_2 导通。若点火信号发生器的输出电压为负值，两者叠加后不能维持三极管 VT_2 导通时，则其截止。此后，连锁反应使三极管 VT_5 截止。点火线圈初级绕组断电，次级绕组产生很高的感应电压，经分电器分配至各缸火花塞点火。转子每转一圈，各缸依次按点火顺序点火一次。三极管 VT_1 与 VT_2 型号相同，其基极与发射极短路，相当于一个二极管，其作用是为 VT_2 进行温度补偿。当温度升高时，VT_2 的导通电压会降低，导致其提前导通，滞后截止，因此，导致点火滞后。由于温度特性基本相同的 VT_1 与 VT_2 并联，所以当温度升高时，VT_1 的管压降也下降，则 P 点的电位下降，正好补偿了温度升高对 VT_2 的影响，保证 VT_2 的导通、截止时间基本不变，点火时间也与常温时相同。

　　反向串联的稳压二极管 VD_1、VD_2 并接在传感线圈两端，其作用是"削平"高速时传感线圈产生的大信号波峰，保护三极管 VT_1 与 VT_2。

　　稳压二极管 VD_3 的作用是稳定 VT_1 与 VT_2 的电源电压。稳压二极管 VD_4 则是保护 VT_5。

　　电容 C_1 用来消除传感线圈输出电压波形中的毛刺，防止误点火。电容 C_2 则使电源电压更平稳，防止误点火。

　　电阻 R_3 是正反馈电阻，可加速 VT_2、VT_4 与 VT_5 翻转，缩短它们的翻转时间，减少发热量，降低温升。

感应式电子点火系统的特点

　　优点为结构简单、便于批量生产、工作性能稳定、适应环境能力强。目前几乎全部用专用集成电路及少量外围元件生产点火组件，体积小、重量轻。其缺点为点火信号发生器输出的点火信号电压幅值和波形，都受发动机转速影响很大，可在 $0.5 \sim 100V$ 之间变化；低速，特别是起动时，由于点火脉冲信号较弱，若与之配套的电子点火组件灵敏度较低，则点火性能变差，影响起动性能；转速变化时，点火信号波形的变化会使点火提前角和闭会角发生一定程度的变化，且不易精确控制。

2. 霍尔效应式点火系统

霍尔效应

　　将半导体基片置于磁场中，磁场中磁通 B 的方向与半导体基片垂直，如图 3-10 所示。当半导体基片通入电流 I，且 I 与磁通垂直时，半导体基片的相应端面会有电压产生。称该电势为霍尔电压，用 U_H 表示，U_H 的大小与 B 和 I 成正比。

$$U_H = \frac{R_H}{d} IB$$

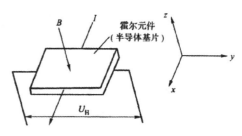

图 3-10　霍尔效应原理图
I-电流；B-磁感应强度；U_H-霍尔电压

式中：R_H——霍尔系数；

$\qquad$ d——半导体基片厚度；

$\qquad$ I——通过基片的电流；

$\qquad$ B——磁感应强度。

电子点火控制器

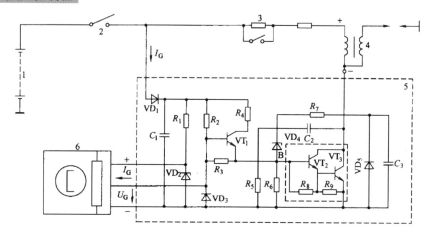

图 3-11　德国 BOCSH 公司的霍尔式电子点火系统电路

1-蓄电池；2-点火开关；3-附加电阻；4-点火线圈；5-电子点火控制器；

6-霍尔式点火信号发生器

如图 3-11 中的 5 所示是 BOCSH 公司早期用在霍尔信号发生器上的电子点火控制器，由三极管 VT_1、VT_2、VT_3 和一些电阻、电容组成。当霍尔信号发生器输出高电平时，VT_1 导通，VT_2 和 VT_3 组成的复合管也饱和导通，点火线圈初级电路接通。若霍尔信号发生器输出的为低电平，则 VT_1 截止，VT_2 和 VT_3 也截止，点火线圈初级电流被切断，则次级绕组产生点火高电压。

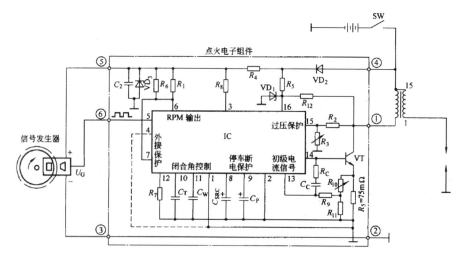

图 3-12　以 L497 为核心组成的电子点火控制器电路

目前，上述单一功能的分立元件的点火电子组件已被集成电路点火电子组件所取代。意大利 SGS 公司的 L497 专用点火集成电路，其功能较全、性能优越、工作可靠、价格低廉，被广泛采用。图 3-12 所示是以 L497 专用点火集成电路为核心的电子点火控制器，基本点火功能与前述分立元件电子点火控制器基本相同。该电子点火控制器还有许多附加功能，有点火线圈限流保护功能、闭合角控制功能、电流上升率控制电路功能、停车慢断电保护电路功能、过电压保护电路功能以及其他保护电路功能。

霍尔效应式电子点火系统的特点

由于霍尔式点火信号发生器输出的点火信号幅值、波形不受发动机转速影响，因而低速时点火性能好，利于发动机的起动；点火正常时精度高，易于控制；另外，不需调整，不受灰尘、油污影响，工作性能更可靠、耐久，使用寿命长，所以霍尔效应式电子点火系统在欧洲应用较为广泛。

3.1.3 电子点火系统的检修

1. 电子点火系统的使用注意事项

（1）电源极性不可接错，部件安装必须牢固且接线必须正确。

（2）发动机运转时，严禁拆线或安装和拆卸仪器，严禁用导线或螺丝刀直接擦火法检查发电机的发电情况。

（3）专用点火线圈严禁使用普通点火线圈代替。

（4）各电子元件应安装在干燥、通风良好的部位，并保持清洁以利散热。

（5）洗车时应切断电源，并避免将水溅到电子元件及分电器上。

（6）当需摇转发动机而又不需要发动机着车时，应将中央高压线可靠搭铁，绝不允许点火线圈在开路状态下工作，否则极易损坏点火线圈和电子元件。

（7）点火信号线应远离高压线，以免干扰点火电子元件的正常工作。

2. 电子点火系统的检修

若发动机不能起动而怀疑点火装置有问题时，可从分电器盖上拔下中央高压线，使其端部和机件保持 5~7mm 距离，然后起动发动机，若高压线与机件间有电火花产生，表明点火装置无问题，否则点火装置有问题，应予检查。点火装置有关的接线发生故障的可能性远比点火装置本身发生故障的可能性要大，因此首先应对它们进行检查，当确认接线无故障后，再检查点火装置本身。相关接线故障的检查方法与传统点火装置基本相同。

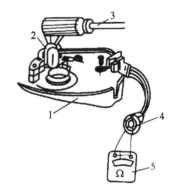

图 3-13 测量传感线圈的电阻值
1-分电器；2-传感线圈；3-螺丝刀；4-插接器；5-万用表

点火信号发生器的检修

（1）磁感应式点火信号发生器的检修。

将分电器与线束间的插接器拔开，用万用表测量与分电器相连的两根导线间的电阻，如图 3-13 所示。同时还可用改锥等工具轻敲传感器线圈或分电器外壳，以检查其内部有无接触不良的故障。若测量值与传感线圈标准电阻值（不同车型标准值是不同的，一般为几百至一千欧姆不等）相差较大，表明传感线圈可能损坏；若阻值为无穷大，说明线圈断路，一般断点大多在导线接头处，如焊点松脱等，这时可将传感线圈拆下进一步检查，若有松脱，将其焊牢。

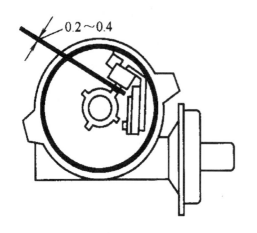

图 3-14　测量信号转子凸轮与
传感线圈之间的间隙示意

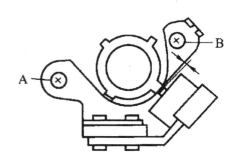

图 3-15　信号转子凸轮与传感线圈
铁芯间的间隙示意

对转子凸齿与线圈铁芯间的间隙的检查，可按图 3-14 所示的方法，用厚薄规测量间隙值。其标准值一般为 0.2~0.4mm，若超出该范围，可按图 3-15 所示，松开紧固螺钉 A、B，调整间隙到规定值后拧紧紧固螺钉。

检查信号发生器输出电压时，转动分电器轴，用万用表交流电压挡测量信号发生器输出，若有输出电压，且电压值与转速成正比，表明无故障；否则信号发生器有故障。

（2）霍尔式点火信号发生器的检修。

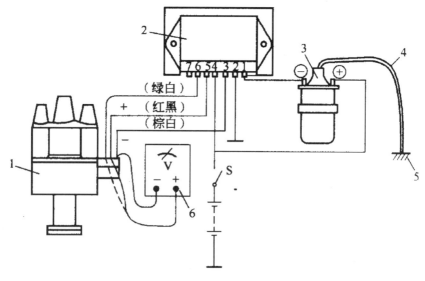

图 3-16　霍尔信号发生器的检查
1-分电器；2-点火控制器；3-点火线圈；4-高压线；5-搭铁；6-直流电压表

霍尔式点火信号发生器为有源器件，检修时需要接通电源。霍尔式点火信号发生器的检查方法如图 3-16 所示。首先检查点火信号发生器的电源电压是否正常。将直流电压表表笔正确接于分电器插接器"+"、"-"接线柱，接通点火开关，电压表的示值应接近蓄电池电压，约为 11~12V；否则，说明点火控制器没有提供正常工作电压，应检查点火控制器。若电压表示值正常，可进一步检查信号发生器的输出电压。此时应将点火开关接通，用电压表测量分电器信号输出线的电压。当触发叶轮的叶片在霍尔信号发生器的空气隙中时，电压表的示值应接近电源电压，约为 11~12V；触发叶轮的叶片不在霍尔信号发生器的空气隙中时，电压表示值应接近于零，约为 0.3~0.4V。若测量结果与上述相符，表明无故障；否则有故障。对其他类型的霍尔式点火信号发生器也可参照该方法检修。

点火控制器的检修

（1）干电池检测法。

对于单功能、磁感应式点火控制器，可采用干电池检修法。

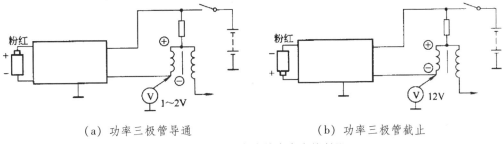

　　（a）功率三极管导通　　　　　　　　（b）功率三极管截止
图 3-17　用干电池检查点火控制器

找一节干电池，用其电压作为点火控制器的点火输入信号，然后，用万用表或试灯来大致判断点火控制器的好坏。拆开分电器上的线路接插器，闭合点火开关。将干电池正极与点火信号输入线的粉红色线相接，负极与白色线相接，用万用表检测点火线圈"-"接线柱与搭铁间的电压，见图 3-17（a）。然后将干电池正负极反接，重新用万用表检测点火线圈"-"接线柱与搭铁间的电压，见图 3-17（b）。

正常情况下，两次测量的结果应分别为 1~2V 和 12V，如与该结果不符，表明点火控制器有故障。若无万用表，也可用 12V 灯泡试验，灯泡接线方法与万用表相同，正常情况下，两次试验结果应是灯灭和灯亮，否则，点火控制器有故障。该法每次检测时间不要超过 10s。

（2）跳火试验法。

对于磁感应式电子点火系统，可将分电器盖拆下，然后拔出中央高压线，使其线端与机体保持 5~10mm 的距离。然后用螺丝刀类的导磁材料工具碰刮定子爪，若每次碰刮高压线端都跳火，说明点火控制器完好；否则，说明点火控制器有故障。

对于霍尔式电子点火装置，可打开其分电器盖，拆下分火头和防尘罩，转动曲轴，使触发叶轮的叶片不在点火信号发生器的空气气隙中。拔出分电器盖上的中央高压线，使其与机体保持 5~10mm 距离。闭合点火开关后，用适当形状的导磁材料迅速插入空气气隙后迅速拔出，若高压线端部跳火，说明点火控制器正常；否则，点火控制器有故障。还可以断开点火开关，拔出分电器盖上的中央高压线，使其与机体保持 5~10mm 的距离。拔下信

号发生器的插接器，用跨接导线接在插头上。闭合点火开关后，将跨接线的另一端反复搭铁，若高压线端部跳火，说明点火控制器完好；否则，说明点火控制器有故障。

（3）替换法。

该方法是最简单的方法。即用相同型号的点火控制器替换怀疑有问题的点火控制器，若替换后一切正常，说明原点火控制器有问题。

3.2　检修微机控制点火系统

3.2.1　微机控制点火系统的概述

1. 微机控制点火系统的发展

传统点火系统在车上的应用虽然历史悠久，但存在较多缺点，最终被电子点火系统所代替。普通电子点火系采用了先进的多功能点火专用芯片为核心组成的点火电子组件，配以专用的高能点火线圈，因此，点火电压高、点火能量大，并具有点火恒流控制、闭合角（一次侧电路导通时间）控制等多种控制功能，有利于改善发动机的动力性、经济性和起动性，减少了排气污染。

但随着时代的发展，车辆对发动机的功率、油耗、排气净化等提出了越来越高的要求，特别是对点火时刻（点火提前角）的控制，已明显不能适应现代发动机的需要，随着电子技术的发展，在20世纪70年代初，一些发达国家将微机技术应用到发动机上以后，才找到了控制点火时刻的最有效手段。在车上应用微机技术，首先是从点火时刻控制开始的，接着不断扩大各种控制功能，如汽油喷射控制、废气再循环控制、怠速控制等，形成了一种综合性控制。在发达国家，发动机的微机控制技术已十分成熟，在汽油车上的应用十分普及，我国自20世纪90年代开始将微机控制技术应用在汽车上，目前汽油车上已普遍应用微机控制点火系统。

2. 微机控制点火系统的分类

微机控制点火系统按照是否保留传统的分电器（实质上指配电器），可分为有分电器点火系统和无分电器点火系统两大类。

有分电器点火系统（非直接点火系统）

仍保留分电器的微机控制点火系统称为非直接点火系统，该系统中，点火线圈产生的高压电是经过分电器中的配电器进行分配的，即由分火头和分电器盖组成的配电器依照点火顺序适时地将高压电分配至各气缸，使各缸火花塞依次点火，如图3-18所示。

有分电器点火系统工作时，分火头与分电器盖之间有一定间隙，在高压电跳过这个间隙时必然要产生火花，它不但浪费电能，也是干扰电脑工作的干扰源之一。

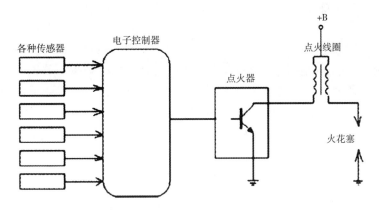

图 3-18　有分电器点火系统组成

无分电器点火系统

无分电器点火系统去掉了传统的分电器（主要指配电器），称为直接点火系统。该系统中点火线圈上的高压线直接与火花塞相连，工作时，点火线圈产生的高压电直接送到各火花塞，由微机根据各传感器输入的信息，依照发动机的点火顺序，适时地控制各缸火花塞点火，如图 3-19 所示。

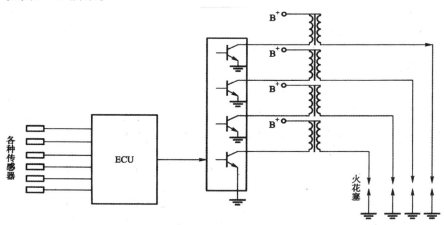

图 3-19　无分电器点火系统组成

无分电器点火系统按照目前常见的形式又大致可分为两种类型：同时点火方式和单独点火方式。

（1）同时点火方式点火系统。

同时点火方式是指两个气缸共用一个点火线圈，即一个点火线圈有两个高压输出端，分别与一个火花塞相连，对两个气缸同时点火。

（2）单独点火方式点火系统。

单独点火方式是指在每个气缸的火花塞上配用一个点火线圈，单独对本缸进行点火，这种点火系统点火线圈的高压输出端直接和火花塞相连接，不需要高压线。

无分电器点火系统显得更优越些，除具有一般微机控制点火系统的优点外，还具有以下优点：

①由于无机械分电器，不存在分火头和旁电极间跳火问题，同时减少了高压导线，因而能量损失明显减小，其机械磨损和发生故障的机会也同时减少。特别是单独点火方式已不设高压导线，各缸的点火线圈和火花塞一般均由金属包掩，其电磁干扰大大减小。

②由于废除了分电器，因此节省了安装空间，特别是单独点火方式，又恰当地将点火线圈安装在双凸轮轴中间，充分利用了有限空间，这对小轿车发动机室的合理布置有着特别重要的意义。

③单独点火方式采用了与气缸数相同的特制点火线圈，由于该点火线圈充电速率快，线圈充电时间短，因而能在高达 9000r/min 的宽广转速范围内提供足够的点火能量和高电压。

3.2.2　微机控制点火系统的组成

目前，微机控制点火系统在设计和结构上，随着生产厂家、生产年代的不同都有所不同，但基本结构大同小异，它主要由传感器、微机控制单元（发动机电子控制器 ECU）、点火控制器（有些发动机无点火器，点火控制电路在 ECU 内）、点火线圈、配电器等组成，如图 3-20 所示。

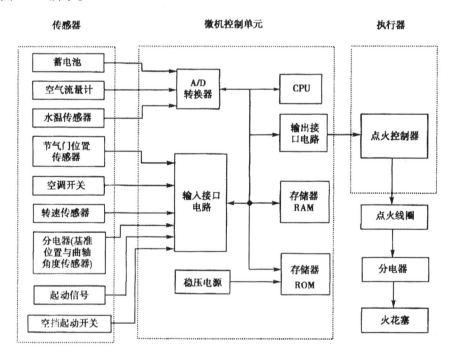

图 3-20　微机控制点火系统

1. 微机控制单元的组成及其作用

微机控制单元，简称 ECU。一般由中央处理器 CPU、只读存储器 ROM、随机存储器

RAM、模拟/数字转换器（A/D）、输入/输出接口（I/O）等组成。

微机控制单元的作用：根据各传感器输入的信号，计算确定最佳点火提前角和初级电路导通角，并将点火控制信号输送给点火控制器，通过点火控制器快速、准确地控制点火线圈工作。

2. 传感器及其作用

微机控制点火系统的传感器主要包括发动机曲轴位置、转速传感器、判缸信号传感器、节气门位置传感器、空气流量传感器、进气歧管绝对压力传感器、水温传感器、爆震传感器、进气温度传感器、氧传感器等。

传感器是将电信号或非电信号整理或转变为电信号的装置，为微机控制单元提供转速、节气门开度、负荷、冷却水温度、进气温度和流量、起动开关状态、蓄电池电压、废气中氧的含量等有关发动机工况和使用条件的各种信息。

各种车型点火系统所用的传感器的类型、数量各不相同。

发动机曲轴位置、转速传感器和判缸信号传感器

发动机曲轴位置、转速传感器和判缸信号传感器可以装于曲轴前端或中部、凸轮轴前端或后端、飞轮上方或分电器内。常见的结构类型有光电效应式、磁感应式和霍尔效应式三种。

曲轴位置传感器用来反映活塞在气缸中的位置，提供活塞上止点信号，以便确定各缸的点火时刻。

转速传感器向微机控制单元提供发动机转速（曲轴转角）信号，作为微机控制点火提前角、初级电路导通角与燃油喷射系统计算喷油量的主要依据。

判缸信号传感器用来区别到底是哪一个气缸的活塞到达压缩行程上止点。

由于微机采样速度和运算速度非常快，所以可以使曲轴位置和转速传感器的采样间隔大大缩短，提高了转速的测量精度和对发动机控制的实时性。

多数车型的曲轴位置传感器、转速传感器和判缸信号传感器装在一起，采用一个或两个同轴的信号转子触发。也有的车辆曲轴位置传感器、转速传感器和判缸信号传感器分装在不同的位置。

发动机负荷传感器

发动机负荷传感器主要包括节气门位置传感器、空气流量传感器或进气歧管绝对压力传感器，另外还包括空调开关和动力转向开关等。

节气门位置传感器，又称为节气门开度传感器，位于节气门处，用来检测发动机节气门的开度和状态，以电信号的形式输入微机控制单元，该信号是控制发动机怠速和大负荷点火提前角及计算喷油量的主要依据之一。

空气流量计位于进气管中的空气滤清器与节气门之间，主要有阀门式、热线式和卡门涡流式三种类型，用来检测进入气缸的空气量；进气歧管绝对压力传感器装在进气歧管上，用来检测进气压力的高低；空气流量计或进气歧管绝对压力传感器将空气流量转变为电信号输入微机控制单元，是控制点火提前角和计算喷油量的主要依据之一。

空调开关和动力转向开关等，向微机控制单元输入发动机负荷变化的信号，以便调整提前角。

其他传感器

为改善发动机的工作性能，还增加了其他传感器，以修正点火正时。

水温传感器，安装在发动机水套上，多为负温度系数热敏电阻式，用来检测发动机冷却水的温度，水温信号是电脑修正点火正时的依据之一。

爆震传感器，用来将气缸体的振动信号转变为电信号给微机控制单元，以便发生爆震时推迟点火时间；无爆震现象时，微机控制单元维持点火提前角在接近爆震的数值，既可防止爆震，又可最大限度地发挥发动机的功率。爆震传感器有三类：一类为利用装于每个气缸内的压力传感器检测爆震引起的压力波动，称为压力传感器型；一类为把一个或两个加速度传感器装在发动机缸体或进气管上，检测爆震引起的振动，称为壁振动型；再一类为燃烧噪声频谱分析型。压力传感器型对爆震的鉴别能力较强，检测精度较高，但制造成本也较高，可靠性较差，安装较困难，应用较少；燃烧噪声频谱分析型为非接触式，其耐久性也较好，但检测精度和灵敏度偏低，目前应用也较少；壁振动型虽然对爆震的鉴别能力低一些，但因其制造成本低、可靠性好、维修容易等优点而应用较广。

氧传感器，装在发动机排气管上，主要用于空燃比反馈控制，在为反馈控制空燃比提供依据的同时，还用于对点火提前角进行间接的反馈控制。

进气温度传感器，用来将空气的温度转变为电信号，以便微机控制单元准确计算空气质量，修正点火提前角（特别是大负荷时）和喷油量。

起动开关，向微机控制单元输入发动机起动信号，以便调整提前角。另外，微机控制单元还不断检测蓄电池电压信号，作为控制初级电路导通角的主要依据之一。

3. 执行器及其作用

执行器由点火控制器、点火线圈、分电器、火花塞等组成。

执行器的作用是根据微机控制单元发出的点火信号，点火控制器接通或切断点火线圈的初级电路，使相应气缸的火花塞产生火花。

3.2.3　微机控制点火系统工作原理

发动机工作时，CPU通过上述传感器把发动机的工况信息采集到随机存储器RAM中，并不断检测凸轮轴位置传感器（即标志信号），判定是哪一缸即将到达压缩上止点。当接收到标志信号后，CPU根据反映发动机工况的转速信号、负荷信号以及与点火提前角有关的传感器信号，从只读存储器中查询出相应工况下的最佳点火提前角。在此期间，CPU一直对曲轴转角信号进行计数，判断点火时刻是否到来。当曲轴转角等于最佳点火提前角时，CPU立即向点火控制器发出控制指令，使功率三极管截止，点火线圈初级电流切断，次级绕组产生高压，并按发动机点火顺序分配到各缸火花塞跳火点着可燃混合气。

上述控制过程是指发动机在正常状态下点火时刻的控制过程。当发动机起动、怠速或车辆滑行工况时，设有专门的控制程序和控制方式进行控制。

3.2.4　微机控制点火系统的检修事项

微机控制点火系统在使用及维护过程中，除了电子控制点火系统的使用维护注意事项外，还应注意以下几点：

1. 不能在发动机运转时或接通点火开关的情况下拆掉蓄电池的连线，也不允许发动机工作时不接蓄电池，否则易产生瞬间过电压而损坏电子元器件。

2. 在检修时，绝对不允许在接通点火开关的情况下拆除连接导线或插拔集成电路芯片。

3. 在对微机控制点火系统进行检修时，禁止使用搭铁或擦火的方法检查电路通、断；尽量不用试灯检测，应采用高阻抗的检测仪表检测，防止电流过大损坏电子元件。

4. 检测微机或更换芯片时，操作人员应采取防护措施。

5. 在进行焊接操作时，必须断开微机控制系统的电源。

3.3　检修磁电机点火系统

一些肩背手提操作的小型工程机械上广泛采用小型汽油机作为动力装置，同时要求汽油机的结构尽可能体积小、重量轻。为了适应这种要求，小型汽油机的点火系统主要采用了磁电机点火系统，因此学习磁电机的使用和维护基本常识很有必要。

3.3.1　磁电机点火系统概述

在点火系统中，磁电机点火系统具有结构简单、轻便、点火准确、可靠、维修方便等优点，主要是为小型汽油机设计配套的点火系统。20 世纪 80 年代以后，磁电机点火系统的发展很快。首先它经历了从有触点点火系统到目前普遍使用的无触点点火系统的技术革新。因为在有触点点火系统中，其触点因机油污损或烧蚀等原因常引起触点接触不良和断电不良等故障，可靠性差，所以需要经常进行检查和保养。无触点点火系统由于保养简化，成本不高，技术上也不复杂，所以很快被推广使用，现在的小型汽油机几乎全部都使用这种无触点点火系统。我们主要介绍磁电机无触点点火系统。

1. 磁电机点火系统的种类

根据转子形式的不同，分为单体磁电机、飞轮磁电机和内转子磁电机 3 类。

2. 磁电机的结构组成

磁电机点火系统主要由永磁发电机、电子点火器、点火线圈和火花塞组成。为了满足小型动力机械的结构要求，有的磁电机把永磁发电机、电子点火器、点火线圈做成了一体。磁电机是一种点火装置，其点火系统不需要外来电源。

磁电机由飞轮组件和定子组件组成。飞轮组件由飞轮壳、轴套、磁瓦、磁瓦罩和磁瓦架组成。磁电机飞轮装有多极（4、8、12 极）磁瓦，产生永磁磁场。磁电机飞轮由发动机主轴带动旋转，形成的旋转磁场使定子铁芯的照明、充电、点火电源线圈感应出电势和电流。

定子组件由铁芯、线圈（照明、充电、点火电源）触发器、引出线组成。铁芯为固定线圈和导磁用。照明、充电线圈为照明、蓄电池充电用。点火电源线为给电子点火器电容器充电用。触发器用来控制气缸点火。其结构如图 3-21 所示。

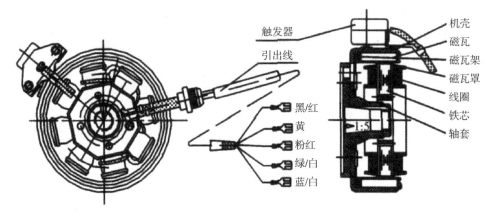

图 3-21 磁电机结构

3.3.2 磁电机无触点点火系统

磁电机无触点点火系统，常采用电容放电式无触点点火系统，简称 CDI 电子点火系统，这种点火系统具有点火电压高、火花塞火花能量大、火花持续时间长、点火正时准确、发动机转速变化时能自动改变点火提前角、起动性能好、工作稳定可靠等优点。

1. 电容放电式无触点点火系统线路的组成

如图 3-22 所示，CDI 电子点火系统是由磁电机 1 中的点火充电线圈 L_3，触发线圈 L_4，飞轮磁铁，CDI 电子点火组件 2，点火线圈 3，高压线，高压帽（火花塞帽），火花塞 4，点火开关 5 组成。

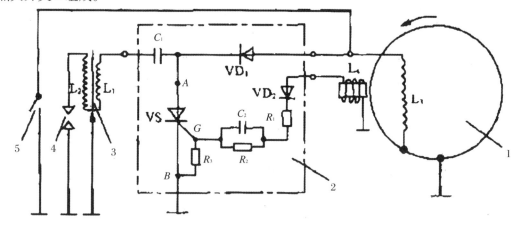

图 3-22 CDI 电子点火系统线路

2. 电容放电式无触点点火系统工作原理

经脚蹬、手拉或电起动，磁电机飞轮旋转，由于飞轮内侧嵌装有永久磁铁，所以线圈 L_3 产生感应电动势，由于磁电机是一个单相交流发电机，发出的是交流电，当感应电动势

为正半周即 L_3 上端为正、接地端为负时。电容 C 充电电路接通，电流经二极管 VD_1→电容器 C_1→点火线圈的初级线圈 L_1→搭铁。电容器充电后即成为一个电源，极性为右正左负，电压 U_c 约为 100～400V。随发动机转速变化，充电线圈 L_3 的感应电动势过到负半周，由于二极管 VD_1 的反向截止，不能导通，所以，电容器 C_1 的电压不会因 L_3 的电动势变成负半周而放电，只要电容器 C_1 不漏电，电容器 C_1 充好的电压一直保持着。

电容器 C_1 的电压放电过程，是火花塞跳火花的过程。但电容器要放电，必须使晶闸管 VS 导通。在以电容器 C_1 为电源的回路中，负载是点火线圈的初级线圈 L_3，控制元件是晶闸管 VS，只要 VS 从截止变为导通（相当于开关从断开到闭合），电路就从断路变通路。要使晶闸管 VS 导通，从图 3-26 中看出，晶闸管 VS 阳极 A 接电容器 C_1 正极，阴极 B 接地，电容器 C_1 的放电回路的导通已具备了初步条件。只要有触发电压，即可使晶闸管 VS 从截止变为导通。触发电压来自磁电机的触发线圈 L_4。在需要点火时，触发线圈产生感应电动势经二极管 VD_2 整流后，经限流电阻 R_1 和阻容并联电路 R_2、C_2，送到晶闸管 VS 的触发极 G，使晶闸管由截止变为导通。晶闸管触发的回路是：触发线圈 L_4 上端→二极管 VD_2→限流电阻 R_1→阻容并联电路 R_2、C_2→VS 的触发极 G→VS 的阴极 B→搭铁。触发电路导通，电容器 C_1 放电电路导通，其放电回路是：从电容器的正极→晶闸管 VS 的阳极→晶闸管 VS 的阴极→点火线圈的初级线圈 L_1→电容器的负极。使点火线圈初级线圈产生磁场，根据法拉第电磁感应定理和变压器变压原理，在点火线圈次级线圈 L_2 上产生高电压，经高压线和火花塞，火花塞间隙跳火，点燃汽缸中的可燃混合气体。

在电路中，R_1 是限流电阻，R_3 是分流电阻，其作用是限制晶闸管触发极电流，防止电流过大，烧坏晶闸管触发极。R_2、C_2 并联电路，作用是使触发电流波形陡峭，提高点火时刻的准确度。提前点火角是由触发线圈安装的位置确定的，但在发动机转速变化时点火提前角应自动改变。在 CDI 电子点火系统中，是由触发电流的波形实现的。R_2、C_2 并联电路可以修正在不同转速下的触发电压波形，从而优化了点火电路，提高了点火电路的品质。

在需要点火时，点火开关 5 断开，使 CDI 中的电容器 C_1 充电。当需要熄火时，将点火开关接通，使磁电机 L_3 产生的感应电动势经点火开关到地，电源被短路，不能给电容充电，电容器无电压，点火线圈上无高压，火花塞不跳火，发动机熄火。

3.3.3　检修磁电机无触点点火系统

1. 磁电机的使用及维护

（1）由于汽油机振动大，磁电机底板部分安装位置要准确，固定螺钉要经常检查和拧紧，以免错开位置影响点火角大小。飞轮总成装配时要用手盘转检查转动是否正常，不许底板总成与飞轮摩擦。

（2）磁电机防护罩要装好，不能外露工作，要防止尘土、水汽、药雾、油污进入。

（3）火花塞间隙要根据使用说明书的要求调整好。飞轮总成在维修时重新充磁，应保持极性不变。装卸时防止铁屑进入飞轮内部。

（4）机具存放时应注意防潮，尽量上架存放，以免线圈受潮，致使工作时击穿。

（5）电容器被击穿后要及时更换，以免烧坏其他零件。

2. 故障分析及排除方法

主要故障归纳起来有四个，即火花塞无火，火花塞火花弱，点火不正时，发动机不能熄火。

火花塞无火

（1）故障现象：发动机不起动，将火花塞旋出套在火花塞帽上，摆在汽缸头上，接通点火开关，起动，火花塞不跳火。

（2）故障原因分析：①火花塞损坏或者间隙过大。如果坏了，应更换一只同型号的火花塞。间隙不对，应调整火花塞间隙。②无高压电输出。

火花塞火花弱

（1）故障现象：发动机起动困难，将火花塞旋出，套在火花塞帽上，摆在汽缸头上，接通点火开关，起动，火花塞火花弱，出现红火（正常时应为蓝火）。从火花塞帽上取出高压线对汽缸头上打火（起动），距离在10cm以上能跳火者为好火，5cm打火者为弱火。

（2）故障原因分析：火花塞火花弱的原因有五个。①磁电机点火充电线圈匝间短路；②点火线圈初级线圈匝间短路；③点火线圈次级线圈匝间短路；④电子点火组件中电容器漏电；⑤磁电机飞轮有失磁现象。

发动机不能熄火

（1）故障现象：是指断开点火开关后，发动机仍在工作。

（2）故障原因分析：这个故障是点火开关接不通，使磁电机点火充电线圈发出的电不能对地短路，而继续向电容器充电。

情境三 任务工作单

任务名称	检修点火系统电路			
学生姓名		班级	学号	
成 绩			日期	

一 相关知识

（一）填空题

1. 电子点火系统主要由_____、_____、_____、_____、点火线圈、分电器、火花塞等部件组成。

2. 电子点火系统是利用_____或_____作为_____，接通或断开初级电流的点火系统。

3. 无触点晶体管点火系统的信号发生器有_____、_____和_____三种。

4. 影响点火提前角的主要因素：_____和_____的变化，还与选用汽油_____有关。

5. 电子点火系统采用_____式点火线圈。

6. 发动机转速加快时，点火提前角应_____；发动机负荷减小时，点火提前角应_____。

7. 微机控制点火系统按照是否保留传统的分电器，可分为有_____和_____两大类。

8. 微机控制点火系统主要由_____、_____、点火控制器（有些发动机无点火器，点火控制电路在 ECU 内）、点火线圈、配电器等组成。

（二）判断题

（ ）1. 次级电压的高低与初级电流的大小有关，而与初级电流的变化快慢无关。

（ ）2. 发动机转速越高，次级电压就越大。

（ ）3. 点火提前角随发动机负荷而变化是靠离心式调节装置。

（ ）4. 磁感应式信号发生器所产生的脉冲信号主要是应用电磁振荡原理。

（ ）5. 点火信号线应远离高压线，以免干扰点火电子元件的正常工作。

二 电路分析

根据图1，回答问题。

1. 指出图中 1-_____；2-_____；3-_____；4-_____；5-_____。

2. 分析点火控制电路：

_____

_____

_____

_____

_____

_____

_____

_____

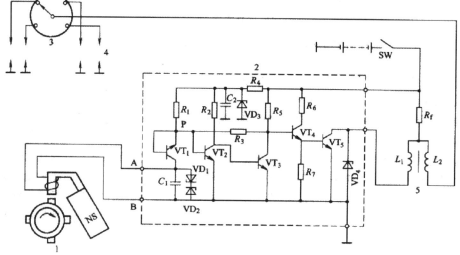

图 1　磁感应式电子点火系统

三　故障检修

不点火的故障诊断：

检测机型：＿＿＿＿＿＿

1. 故障现象为：＿＿＿＿＿＿＿＿＿＿＿＿＿＿＿＿＿＿＿＿＿＿＿＿＿＿＿＿＿＿＿。

2. 制定检查流程：

3. 故障结果分析：

电路检修要点：（参考）

（1）检查低压电路是否正常；

检查结果与分析为：＿＿＿＿＿＿＿＿＿＿＿＿＿＿＿＿＿＿＿＿＿＿＿＿＿＿。

（2）检查高压电路是否正常；

检查结果与分析为：＿＿＿＿＿＿＿＿＿＿＿＿＿＿＿＿＿＿＿＿＿＿＿＿＿＿。

情境 4   检修照明与信号系统

☞**知识目标**

掌握照明与信号系统的组成结构及工作原理。

☞**能力目标**

1. 能够正确识读和分析照明与信号系统电路；
2. 能够拆装、检测、调整照明、信号系统各主要电气元件；
3. 能够诊断与排除照明、信号系统常见故障；
4. 能够连接照明与信号系统线路。

4.1   检修照明系统

☞**任务导入**

一台 ZL50 装载机开电锁，打开大灯开关，大灯不亮。此故障原因有大灯、继电器、开关、保险、导线连接等，要想排除此故障，需掌握照明系统组成元件的构造、原理、拆装、检测，线路连接等内容，我们必须学习下面的知识技能。

☞**相关知识**

工程机械照明系统主要由照明设备、电源（蓄电池或发电机）、控制电路（车灯开关、变光开关、雾灯开关、灯光继电器）和连接导线等组成。其作用是为了保证工程机械夜间行车或作业安全，提高工作效率。

按其安装位置分为外部照明设备和内部照明设备。外部照明设备包括前照灯、雾灯、牌照灯等。内部照明设备包括顶灯、仪表灯等。

各种照明设备的作用及安装位置：

1. 前照灯：俗称大灯，用来照亮前方的道路或场地。装在工程机械头部的两侧，有两灯制和四灯制之分。

2. 雾灯：在有雾、下雪、暴雨或尘埃弥漫等情况下，用来改善照明情况。每车一只或两只，安装位置比前照灯稍低，一般离地面约 50cm，射出的光线倾斜度大，光色为黄色或橙色（黄色光波较长，透雾性能好）。

3. 牌照灯：安装在车尾牌照的上方，用来照亮工程机械牌照号码。牌照灯灯光为白色。

4. 顶灯：作为内部照明使用，装在驾驶室内顶部。

5. 仪表灯：装在仪表板上，用来照明仪表。

4.1.1　检修前照灯

照明设备中，前照灯具有特殊的光学结构，而其他灯在光学方面则无严格要求。故只着重讨论前照灯。

1. 前照灯应满足的要求

由于工程机械前照灯的照明效果直接影响着夜间作业安全和工作效率，故应满足如下要求：

（1）前照灯应保证车前有明亮而均匀的照明，使驾驶员能看清车前 100m 以上路面或场地上的障碍物。

（2）前照灯应能防止眩目，以免夜间两车相会时，使对方驾驶员眩目而造成事故。

图 4-1　半封闭式前照灯的反射镜

2. 前照灯的结构

前照灯主要由反射镜、配光镜、灯泡和灯壳等组成，其中反射镜、配光镜和灯泡三部分称为前照灯的光学系统。

反射镜

反射镜结构：一般用 0.6~0.8mm 的薄钢板冲压而成，近年来已有用热固性塑料制成的反射镜。反射镜的表面形状呈旋转抛物面，如图 4-1 所示。其内表面镀银、铝或镀铬，然后抛光。由于镀铝的反射系数可以达到 94% 以上，机械强度也较好，故现在一般采用真空镀铝。

反射镜的作用：将灯泡的光线聚合并导向前方，使光度增强几百倍，甚至上千倍。由于前照灯的灯泡功率仅 40~60W，发出的光度有限。如无反射镜，只能照亮灯前 6m 左右的路面。而有了反射镜之后，前照灯照距可达 150m 或更远。如图 4-2 所示。

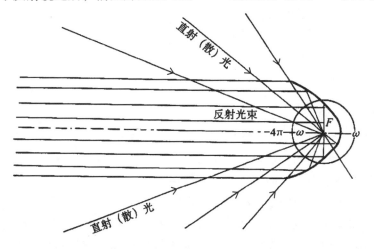

图 4-2　反射镜的聚光作用

配光镜

配光镜又称散光玻璃，用透光玻璃压制而成，是很多块特殊的棱镜和透镜的组合，其几何形状比较复杂，外形一般为圆形和矩形，如图4-3所示。近年来已开始使用塑料配光镜，不但重量轻且耐冲击性能好。

配光镜的作用：将反射镜反射出的平行光束进行折射，使前方有良好而均匀的照明。

灯泡

目前工程机械前照灯的灯泡有下列三种：

（1）白炽灯泡。

灯丝用钨丝制成（钨的熔点高、发光强）。但由于钨丝受热后会升华，将缩短灯泡的使用寿命。因此制造时，要先从玻璃泡内抽出空气，然后充以约86%的氩和约14%的氮的混合惰性气体。在充气灯泡内，由于惰性气体受热后膨胀会产生较大的压力，这样可减少钨的升华，故能提高灯丝的温度，增强发光效率，从而延长灯泡的使用寿命。

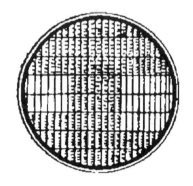

图4-3　配光镜

为了缩小灯丝的尺寸，常把灯丝制成紧密的螺旋状，这对聚合平行光束是有利的，白炽灯泡的结构如图4-4（a）所示。

（2）卤钨灯泡。

白炽灯泡的灯丝周围抽成真空并充满了惰性气体，但是灯丝的钨仍然要升华，使灯丝损耗。而升华出来的钨沉积在灯泡上，将使灯泡发黑。近年来，国内外已使用了一种新型的电光源——卤钨灯泡（即在灯泡内所充惰性气体中渗入某种卤族元素），其结构如图4-4（b）所示。卤族元素（简称卤素）是指碘、溴、氯、氟等元素。

卤钨灯泡是利用卤钨再生循环反应的原理制成的。卤钨再生循环的基本作用过程是：从灯丝上升华出来的气态钨与卤素反应生成了一种挥发性的卤化钨，它扩散到灯丝附近的高温

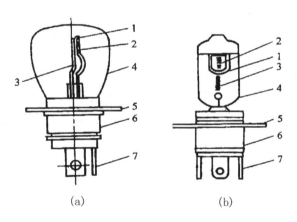

图4-4　前照灯的灯泡
1-配光屏；2-近光灯丝；3-远光灯丝；
4-灯壳；5-定焦盘；6-灯头；7-插片

区又受热分解，使钨重新回到灯丝上，被释放出来的卤素继续扩散参与下一次循环反应，如此周而复始地循环下去，从而防止了钨的升华和灯泡的黑化现象。

卤钨灯泡尺寸小，灯壳用耐高温、机械强度较高的石英玻璃或硬玻璃制成，所以充入惰性气体的压力较高。且因工作温度高，灯内的工作气压将比其他灯泡高很多，故钨的升华也受到更为有力的抑制。在相同功率下，卤钨灯的亮度为白炽灯的1.5倍，寿命长2~3倍。

现在使用的卤素一般为碘或溴，称为碘钨灯泡或溴钨灯泡。我国目前生产的是溴钨灯泡。

（3）高压放电氙灯。

高压放电氙灯的组件系统由弧光灯组件、电子控制器、升压器三部分组成。图 4-5 是其外形及原理图。

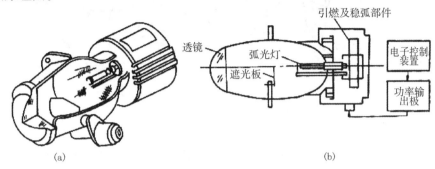

图 4-5　高压放电氙灯外形及原理示意图

（a）外形　（b）原理示意图

灯泡发出的光色和日光灯非常相似，亮度是卤钨灯泡的 3 倍左右，使用寿命是卤钨灯泡的 5 倍。高压放电氙灯克服了传统灯泡的缺陷，几万伏的高压使得其发光强度增加，完全满足工程机械夜间作业的需要。这种灯的灯泡里没有灯丝，取而代之的是装在石英管内的两个电极，管内充有氮气及微量金属元素（或金属卤化物）。在电极加上数万伏的引弧电压后，气体开始电离而导电，气体原子即处于激发状态，使电子发生能级跃迁而开始发光，电极间蒸发少量水银蒸气，光源立即引起水银蒸气弧光放电，待温度上升后再转入卤化物弧光放电工作。

3. 前照灯防眩目措施

前照灯的灯泡功率足够大而光学系统设计得又十分合理时，可明亮而均匀地照明车前 150m 甚至 400m 以内的路面。但是前照灯射出的强光会使迎面来车驾驶员眩目。所谓"眩目"，是指人的眼睛突然被强光照射时，由于视神经受刺激而失去对眼睛的控制，本能地闭上眼睛，或只能看到亮光而看不见暗处物体的生理现象。这时很容易发生事故。

为了避免前照灯的眩目现象，保证工程机械夜间作业安全，工程机械常采用以下措施防眩目。

采用双丝灯泡

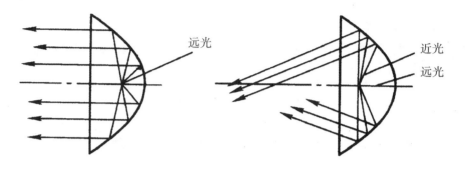

图4-6 近、远光灯丝光束

灯泡的一根灯丝为"远光"，另一根为"近光"。远光灯丝功率较大，位于反射镜的焦点；近光灯丝功率较小，位于焦点上方（或前方）。当夜间行驶无迎面来车时，接通远光灯丝，使前照灯光束射向远方，便于提高工作效率。当两车相遇时，接通近光灯丝，使光束倾向路面，从而避免迎面来车驾驶员的眩目，并使车前50m内的路面也照得十分清晰，如图4-6所示。

采用带遮光罩的双丝灯泡

双丝灯泡中，近光灯丝射向反射镜下部的光线经反射后，将射向斜上方，仍会使对方的驾驶员轻微眩目。为了克服上述缺陷，在近光灯丝的下方装有遮光罩。当使用近光灯时，遮光罩能将近光灯丝射向反射镜下部的光线遮挡住，无法反射，提高防眩目效果，目前广泛使用这种双丝灯泡，如图4-7所示。

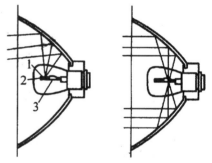

图4-7 带遮光罩的双丝灯泡
1-近光灯丝；2-遮光罩；3-远光灯丝

采用非对称形配光（ECE方式）

这种防眩目前照灯，安装时将遮光罩偏转一定的角度，使其近光的光形分布不对称。将近光灯右侧光线倾斜升高15°，不仅可以防止驾驶员眩目，还可以防止迎面而来的行人眩目，并且照亮同方向的人行道路，更加保证了行驶的安全，如图4-8所示。Z型光形是目前较先进的光形。它不仅可防止对面驾驶员眩目，也可防止非机动人员眩目。

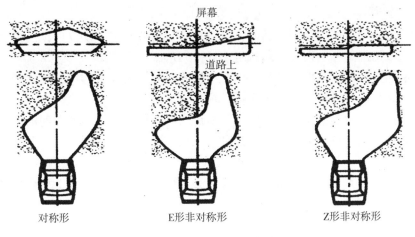

图 4-8　前照灯配光光形

4. 前照灯的分类

按照结构不同，前照灯可分为半封闭式和封闭式两种。

半封闭式前照灯

其配光镜与反射镜用粘结剂等粘成一体，灯泡可以从反射镜后端装入，结构如图 4-9 所示。

半封闭式前照灯的优点是灯丝烧断只需更换灯泡，缺点是密封较差。

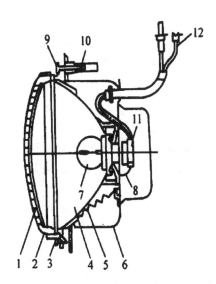

图 4-9　半封闭式前照灯结构图
1-配光镜；2-固定圈；3-调整圈；4-反射镜；
5-拉紧弹簧；6-灯壳；7-灯泡；8-防尘罩；
9-调节螺栓；10-调整螺母；11-胶木插座；
12-接线片

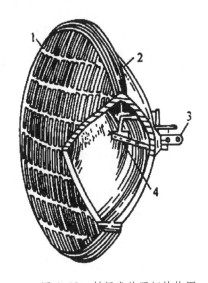

图 4-10　封闭式前照灯结构图
1-配光镜；2-反射镜；3-插头；4-灯丝

封闭式前照灯

其反射镜和配光镜熔焊为一个整体，灯丝焊在反射镜底座上。反射镜的反射面经真空镀铝，灯内充以惰性气体与卤素。结构见图4-10所示。

封闭式前照灯的优点是密封性能好，反射镜不会受到大气的污染，反射效率高，使用寿命长。缺点是灯丝烧坏后，需整体更换，成本较高。

前照灯如按形状的不同又可分为圆形、矩形与异形前照灯；如按发射的光束类型不同又可分为远光灯、近光灯与远、近光灯几种；如按安装方式的不同，又可分为内装式和外装式。

现代工程机械为了加强流线型，极力避免突出部分，因此大多数工程机械选用内装式前照灯。

5. 前照灯的检修

前照灯的使用和维护

前照灯的使用和维护应注意以下几点：

（1）前照灯要根据商标的标示方向来安装，不得倾斜、倒置，否则灯光不能按需要照射路面。

（2）配光镜保持清洁，若有污垢应擦拭干净。

（3）反射镜应保持清洁，若有灰尘应该用压缩空气吹净。若有脏污，镀铬、镀铝的反射镜，可用清洁的棉纱沾酒精，由反射镜内部向外部或螺旋形擦拭干净；镀银的反射镜，由于镀层比较娇嫩，不能擦拭，只能用热水清洗。

（4）应保持前照灯良好的密封性，以防潮气侵入。故配光镜和反射镜之间的密封垫圈应固定好，如有损坏应及时更换。

（5）灯的接线应该正确、牢靠。

（6）换用封闭式前照灯时，应注意搭铁极性，透过灯罩可以看见两根灯丝共同连接的灯脚为搭铁，粗灯丝为远光，细灯丝为近光；如果装错，灯就不能正常发光。

前照灯的检查与调整

为了使在夜间行驶时，路面有明亮而又均匀的照明并且不使对面来车的驾驶员眩目以保证行车安全，应定期检查前照灯的照明情况，必要时应根据工程机械使用说明书要求予以调整。前照灯光束调整可采用屏幕调整和仪器调整方法进行。但无论采用何种方式，检验调整前都应做到轮胎气压应符合规定，前照灯配光镜表面应清洁，车空载，驾驶室只准许乘坐一名驾驶员，场地平整，对装用远近光双丝灯泡的前照灯以调整近光光束为主。

前照灯检测仪和前照灯的检测

前照灯的检测可采用屏幕检测或检测仪器检测。屏幕检测法简单易行，但只能检测前照灯光束的照射方向，而无法检测其发光强度。前照灯检测仪既能检测前照灯光束的照射位置又能检测其发光强度。这里只对仪器检测法作介绍。国产QD-2型前照灯检验仪主要用于非对称眩目前照灯工程机械检验，也可兼作对称式前照灯工程机械的检验。检验仪前端装有透镜，前照灯光束通过透镜投射到仪器内的屏幕上成像，再通过仪器箱上方的观察窗，目视其在屏幕上光束照射方向是否符合规定值。与此同时，读出光束表的指示值。QD-2型前照灯检验仪如图4-11所示。

（1）国产 QD-2 型前照灯检测仪的主要参数。

该仪器的仪器箱升降高度的调节范围为 50~130cm。能够检测工程机械前照灯照射方向光束偏移范围为（0~50cm）/10m。能够检验工程机械前照灯的最大发光强度为 0~40000cd。

（2）国产 QD-2 型前照灯检验仪的结构。

总体结构如图 4-11 所示，检验仪由车架、行走部分、仪器箱部分、仪器升降调节装置和对正器等部分组成。行走部分装有三个固定的车轮，它可以沿水平地面直线行驶，以便在检测完其中一只前照灯后，平移到另一只前照灯前。仪器箱是该仪器的主要检验部分，其上装有前照灯光束照射方向选择指示旋钮和屏幕，前端装有透镜，前照灯光束通过透镜投影到屏幕上成像，再通过仪器箱上方的观察窗口，目视其在屏幕上的光束照射方向是否符合检测要求。转动仪器的升降手轮，可在 50~130cm 范围内任意调节仪器箱的中心高度，由副立柱上的刻线读数和高度指示标指示其高度值。检测仪器箱的中心高度值应与被检工程机械前照灯的安装中心高度保持一致。在仪器箱的后端顶盖上装有对正器，用以观察仪器与被检工程机械的相对正确位置。

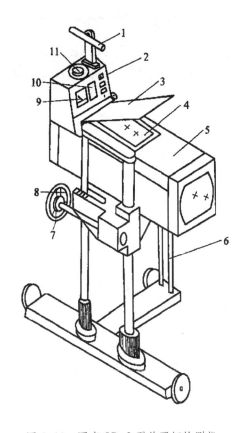

图 4-11　国产 QD-2 型前照灯检测仪

1-对正器；2-光度选择按键；3-观察窗盖；
4-观察窗；5-仪器箱；6-仪器移动手柄；
7-仪器箱升降手轮；8-仪器箱高度指示标；
9-光度计；10-光束照射方向参考表；
11-光束照射方向选择指示旋钮

（3）前照灯的检测。

①将检测仪移至被检工程机械前方，使仪器的透镜镜面距前照灯配光镜面（30±5）cm，并使仪器轴高度与前照灯中心离地高度一致。仪器应对正工程机械的纵轴线，然后将仪器移至任意一只前照灯前开始检验。

②接通被检测前照灯的近光灯，光束则通过仪器箱的透镜照到仪器箱内的屏幕上，从观察窗口目视，并旋转光束照射方向指示旋钮，使光形的明暗截止线左半部水平线段与屏幕上的实线重合。此时，光束照射方向选择指示旋钮上的读数，即为前照灯照射到距离为 10m 的屏幕上的光束下倾值，应调整近光光束的下倾值，使其符合要求。

③近光光束照射方向检测后，按下光度选择按键的近光Ⅲ按键 5，如图 4-12 所示检测近光光束暗区的光度，观查光度表，光度应在合格区（绿色区域）。

④检验远光光束。接通前照灯的远光灯，远光光束照射到屏幕上的最亮部分，应当落在以屏幕上的圆孔为中心的区域，说明远光光束照射方向符合要求，如有上、下或左、右偏移，均应调整。

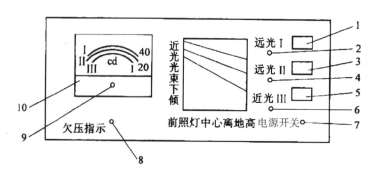

图 4-12 光度指示装置

1-远光Ⅰ按键；2-远光Ⅰ调零旋钮；3-远光Ⅱ按键；4-远光Ⅱ调零旋钮；
5-近光Ⅲ按键；6-近光Ⅲ调零旋钮；7-电源开关；8-电源电压指示灯；
9-光度表调零按钮；10-光度表

⑤检验远光灯的发光强度。按下远光Ⅰ按键，观察光度表，若亮度不超过 20000cd，应按下远光Ⅱ按键，检测远光灯最小亮度是否符合规定。亮度超过 15000cd 为绿色区域，即为合格区域；在红色区域说明亮度低于 15000cd，则不合格。亮度大于 20000cd 时，光度表以远光Ⅰ读数为准；亮度低于 20000cd 时，以远光Ⅱ计数为准。然后以同样方法检查另一只前照灯。

前照灯的调整

当前照灯光束照射方向偏斜时，应根据前照灯的安装形式进行调整。可用工具转动前照灯上下、左右的调整螺钉，调节前照灯的光束位置。半封闭式前照灯的调整方法，如图 4-13 所示，调整前应先拆下前照灯罩板，然后拧转

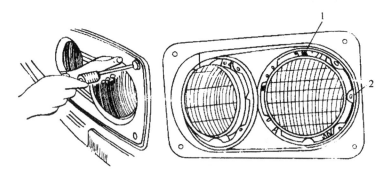

(a) 拆下前照灯灯罩　　　(b) 前照灯调整部位

图 4-13 半封闭前照灯调整
1-上下方向调整螺钉；2-左右方向调整螺钉

正上方螺钉 1，可调整光束的上、下位置，拧转侧面螺钉 2，可调整光束的左、右位置。

6. 前照灯的控制

为保证夜间作业的安全与方便，减轻驾驶员的劳动强度，近年来，出现了多种新型的灯光控制系统，常用的有自动变光、自动点亮、延时控制等。

前照灯自动变光电路

在夜间行驶时，为了防止迎面来车的驾驶员眩目，影响行车安全，驾驶员必须频繁使用变光开关。前照灯自动变光装置可以根据迎面来车的灯光强度，调节前照灯的远光自动变为近光。图 4-14 所示为前照灯自动变光电路原理图。其工作原理如下：

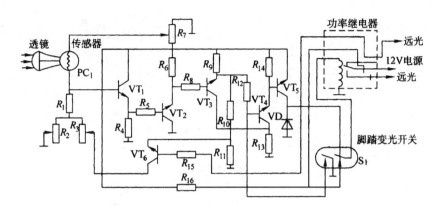

图 4-14　前照灯自动变光电路原理图

当迎面来车的前照灯光线照射到传感器时，通过透镜将光线聚集到光敏元件上，通过放大器信号触发功率继电器，继电器将前照灯自动从远光变为近光。当迎面来车驶过后，传感器不再有灯光照射，于是放大器不再向功率继电器输送信号，继电器触点又恢复到远光照明。

光敏电阻 PC_1 用来传感光照情况，其电阻值与光强成反比。在受到光线照射前，其电阻值较高，但受光照后，其电阻值迅速下降，PC_1 和 R_1、R_2、R_3、R_7 以及 VT_6 组成 VT_1 的偏压电路。当远光接通时，VT_6 导通，PC_1 受到光照作用，电阻减小到一定值时，VT_1 基极上偏压刚好能产生光束转换，即从远光变为近光；近光接通后，VT_6 截止，这时偏压电路中只有 R_7、PC_1、R_1 和 R_2，因而灵敏度增加，当迎面来车驶过后，PC_1 电阻增大，VT_1 截止，前照灯立即由近光变为远光。

射极输出器 VT_1 的输出，由 VT_2 放大并反相，VT_2 的输出加在施密特触发器 VT_3 和 VT_4 上，VT_4 的集电极控制继电器激励极 VT_5。当 VT_2 集电极电压超过施密特触发器的阈值时，VT_3 导通，VT_4 截止，VT_5 加偏压截止，继电器的触点接通远光灯，当 PC_1 受到迎面来车的光线照射时，其电阻下降，放大器 VT_1 和 VT_2 的输出低于施密特触发器的阈值，VT_3 截止，VT_4、VT_5 导通，继电器线圈有电流通过，从而接通近光灯丝，直到迎面来车驶过后继电器又接通远光灯丝。

当脚踏变光开关 S_1 踏下时，继电器断电，VT_4 基极搭铁，前照灯始终使用远光灯丝。

自动点亮系统

自动点亮系统的控制电路如图 4-15 所示。

当前照灯开关位于 AUTO 位置时，由安装在仪表板上部的光传感器检测周围的光线强度，自动控制灯光的点亮。其工作原理如下：

当车门关闭，点火开关处于 ON 状态时，触发器控制晶体管 VT_1 导通，为灯光自动控制器提供电源。

（1）周围环境明亮时。

当周围环境的亮度比夜幕检测电路的熄灯照度 L_1（约 550Lx）及夜间检测电路的熄灯照度 L_2（约 200Lx）更亮时，夜幕检测电路与夜间检测电路都输出低电平，晶体管 VT_2 和 VT_3 截止，所有灯都不工作。

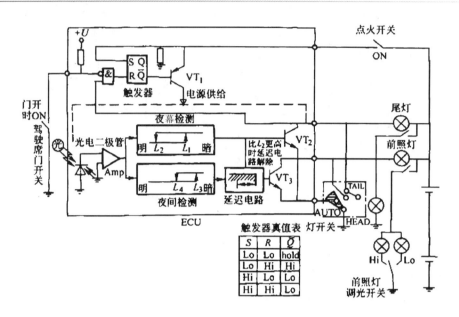

图 4-15　前照灯自动点亮系统的控制电路

（2）夜幕及夜间时。

当周围环境的亮度比夜幕检测电路的点灯照度 L_1（约 130Lx）暗时，夜幕检测电路输出高电平，使 VT_2 导通，点亮尾灯。当变成更暗的状态，达到夜间点灯电路的点灯照度 L_3（约 50Lx）以下时，夜间检测电路输出高电平，此时，延迟电路也输出高电压，使晶体管 VT_3 导通，点亮前照灯。

（3）接通后周围亮度变化时。

在前照灯点亮时，由于路灯等原因使得周围环境变为明亮的情况下，夜间检测电路的输出变为低电平。但在延迟电路的作用下，在时间 T 期间，VT_3 仍保持导通状态，所以前照灯不熄灭。在周围的亮度比夜幕检测电路的熄灯照度 L_1 更亮的情况下（如白天工程机械从隧道中驶出来），夜幕检测电路输出低电平，从而解除延迟电路，尾灯和前照灯都立即熄灭。

（4）自动熄灯。

点火开关断开，使发动机停止工作时，触发器 S 端子断电处于低电平。但是，触发器由 +U 供电，VT_2 仍是导通状态，因为触发器 R 端子上也是低电平，不能改变触发器的输出端 Q 的状态。在这种状态下打开车门时，触发器 R 端子上就变成高电平，Q 端子输出就反转成为高电平，向电路供应电源的晶体管 VT_1 截止，VT_2 及 VT_3 也截止。所有灯都熄灭。上述情况，在夜间黑暗的车库等处下车前，因为有车灯照亮周围，所以给下车提供了方便。

前照灯延时控制

前照灯延时控制电路可使前照灯在电路被切断后，仍继续照明一段时间后自动熄灭，为驾驶员离开黑暗的停车场所提供照明。

美国德克萨斯仪表公司研制的前照灯延时控制电路如图 4-16 所示。

其工作原理如下：当工程机械停驶切断点火开关时，晶体管 VT_3 处于截止状态。此时电容 C_1 立即经 R_4、R_3 开始充电；当 C_1 上的电压达到单结晶体管 VU_2 的导通电压时，C_1 则通过其发射极、基极和电阻 R_7 放电；于是在 R_7 上产生一个电压脉冲，使晶体管 VT_3 瞬时导通，消除加在晶闸管 VT 上的正向电压，使晶闸管 VT 截止；随后，VT_3 很快恢复截止，晶闸管还来不及导通，前照灯继电器失电而使其触点 K′ 打开（如图示位置），将前照灯电路切断，实现自动延时关灯的功能。

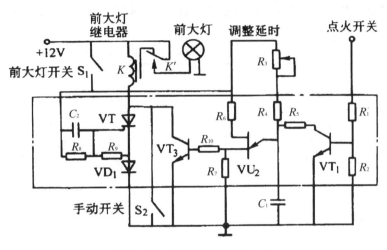

图 4-16　前照灯延时控制电路

7. 车灯型号

外照灯型号

外照灯的型号由 6 部分组成。

（1）产品代号。按产品的名称顺序适当选取两个单字，并以这两个单字的汉语拼音的第一个字母组成产品代号，见表 4-1。

表 4-1　外照灯产品代号的组成

产品名称	外装式外照灯	内装式外照灯	四制灯	组合式前照灯
代号	WD	ND	SD	HD

（2）透光尺寸。圆形灯以透光直径（mm）表示，方形灯以透光面长×宽（mm）表示。

（3）结构代号。结构代号分为半封闭式和全封闭式两种，全封闭式用"封"字的汉语拼音的第一个字母"F"表示，半封闭式不加标注。

（4）分类代号。外照灯按其适用车型分类，如拖拉机用"T"表示，摩托车用"M"表示，而车用外照灯不加标注。

（5）设计序号。按产品设计的先后顺序，用阿拉伯数字表示。

（6）变型代号。外照灯兼雾灯使用时，其代号用"雾"字汉语拼音的第一个字母"W"表示。

内照灯和信号灯型号

内照灯和信号灯的型号由 3 部分组成。

（1）产品代号。内照灯以"内"和"照"两个字的汉语拼音第一个字母"NZ"表示；信号灯以"信"和"号"两个字的汉语拼音第一个字母"XH"表示。

（2）用途代号。用途代号以一位阿拉伯数字表示，其含义见表 4-2。

（3）设计序号。按产品设计的先后顺序，用阿拉伯数字表示。

例如 ND228×148-2，表示汽车内装式前照灯，方形灯的透光面长 228mm、宽 148mm，灯光组为半封闭式，第二次设计。

表 4-2　内照灯和信号灯用途代号

用途代号	0	1	2	3	4	5	6	7	8	9
内照灯	其他	厢灯	仪表灯	门灯	阅读灯	踏步灯	牌照灯	工作灯		
外照灯	其他	前转向灯	示廓灯	尾灯	制动灯	倒车灯	反射灯	组合式前信号灯	组合式后信号灯	指示灯

4.1.2　检修照明系统电路

工程机械前照灯电路是照明系统各类型灯电路比较复杂的电路之一，在这里以前照灯电路故障的检测为例，介绍其检测方法和步骤，其他照明灯电路可以借鉴前照灯电路的检测方法进行检测。

1. 前照灯远光和近光都不亮故障诊断

故障原因

（1）灯泡烧坏；

（2）熔丝熔断；

（3）灯开关及其导线连线不良、断路；

（4）变光开关有故障。

故障诊断方法

（1）检查灯丝是否烧断。

（2）用万用表检测灯丝电阻是否正常；检测灯泡供电电压。

（3）检测熔丝两端的对地电压，两端均为电源电压，熔丝正常；若一端为电源电压，另一端无电压，应更换熔丝。

（4）用万用表检测灯开关在不同挡位时各端子导通是否正常。若不导通，说明灯开关及其导线连接不良或断路。

（5）用万用表检测变光开关在不同挡位时各端子导通是否正常。若不导通，说明变光开关有故障。

2. 仪表板上的远光指示灯不亮故障诊断

故障原因

（1）指示灯烧坏；

（2）中央线路板插接器及其导线连接不良、断路；

（3）仪表板上的电路断路。

故障诊断方法

（1）检查灯丝是否烧断或用万用表检测灯丝电阻是否正常；

（2）检测灯泡供电电压，如果供电电压正常，应更换灯泡；

（3）用万用表检查中央线路板插接器及其导线连接情况，找出断点部位；

（4）用万用表检查仪表板上的电路，找出断点部位。

3. 一侧远（近）光灯亮，另一侧远（近）光灯不亮故障诊断

故障原因

（1）灯泡烧坏；

（2）熔丝熔断；

（3）单侧供电或接地线路断路。

故障诊断方法

（1）检查灯丝是否烧断。

（2）万用表检测灯丝电阻是否正常，检测灯泡供电电压，如果供电电压正常，应更换灯泡。

（3）检测熔丝两端的对地电压，两端均为电源电压，熔丝正常；若一端为电源电压，另一端无电压，应更换熔丝。

（4）用万用表电压挡分别检测单侧不亮灯光电路供电或接地线路，若供电、接地端子对地电压均为电源电压时，说明接地线断路；若供电、接地端子对地电压均无电压时，说明供电线断路。

4. 一侧远（近）光灯亮，另一侧远（近）光灯暗故障诊断

故障原因

（1）插接器接触不良；

（2）灯泡接地不良；

（3）灯泡功率不足。

故障诊断方法

（1）断开灯泡插接器，检查灯泡插接器是否有烧蚀、松动现象。

（2）检查灯泡接地线是否松动，若松动，说明灯泡接地不良。

（3）将两侧灯泡对调，观察亮度变化。若灯暗一侧随灯泡调换位置而移动，说明该灯泡功率不足，应更换新灯泡；否则，应进行线路检查。

4.2 检修信号系统

任务导入

一台 ZL50 装载机开电锁，按电喇叭开关，电喇叭不响。此故障原因有电喇叭、继电器、开关、保险、导线连接等，要想排除此故障，需掌握喇叭系统组成元件的构造、原理、拆装、检测，线路连接等内容，我们必须学习下面的知识技能。

相关知识

信号系统的作用是通过声、光向其他工程机械的驾驶员或行人发出警告，以引起注意，确保工程机械行驶和作业安全。

工程机械信号系统由信号装置、电源和控制电路等组成。信号装置分为灯光信号装置和声响信号装置两类。灯光信号装置包括转向信号灯、倒车灯、制动信号灯和示廓灯；声响信号装置包括喇叭、报警蜂鸣器和倒车蜂鸣器等。

4.2.1 检修转向信号装置

转向信号灯的作用是在工程机械转弯、变换车道或路边停车时，接通转向开关，发出明暗交替的闪光信号，用以指示工程机械的转向方向，提醒周围工程机械的驾驶员或行人注意，保证交通安全。一般安装在前后左右四角，有些工程机械两侧中间也安装有转向信号灯。转向信号灯的灯光颜色一般为橙色。工程机械在遇危险或紧急情况时，常用转向信号灯作为危险报警灯，当接通危险警报开关时，工程机械的前后左右转向灯同时闪烁作为危险报警信号。

1. 闪光继电器

闪光继电器又称闪光器。转向信号灯和转向指示灯的闪烁由闪光继电器控制。

闪光器按结构和工作原理可分为电热丝式（俗称电热式）、电容式、翼片式、电子式等多种。目前电子式闪光器由于性能稳定、价格低廉、工作可靠等优点得到广泛应用。电子式闪光器又分为晶体管式和集成电路式。

晶体管式闪光器

晶体管式闪光器可分为有触点式和无触点式。

（1）带继电器的有触点晶体管式闪光器。

带继电器的有触点晶体管式闪光器如图 4-17 所示。它由一个晶体管的开关电路和一个继电器组成。

当工程机械向右转弯时，接通电源开关 SW 和转向开关 K，电流由蓄电池正极→电源开关 SW→接线柱 B→电阻 R_1→继电器 J 的常闭触点→接线柱 S→转向开关 K→右转信号灯→搭铁→蓄电池负极，右转向信号灯亮。当电流通过 R1 时，在 R1 上产生电压降，晶体管 VT 因正向偏压而导通，集电极电流通过继电器 J 的线圈，使继电器常闭触头立即断开，右转向信号灯熄灭。

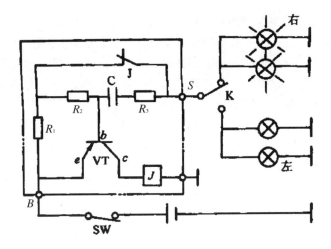

晶体管 VT 导通的同时，VT 的基极电流向电容器 C 充电。充电电路是：蓄电池正极→电源开关 SW→接线柱 B→VT 的发射极 e→VT 的基极 b→电容器 C→电阻 R_3→接线柱 S→转向开关 K→右转向信号灯→搭铁→蓄电池负极。在充电过程中，电容器两端的电压逐渐增高，充电电流逐渐减小，

图 4-17　带继电器的有触点晶体管式闪光器

晶体管 VT 的集电极电流也随之减小，直至晶体管 VT 截止，继电器 J 的线圈断电，常闭触点 J 又重新闭合，转向信号灯再次发亮。这时电容器 C 通过电阻 R_2、继电器的常闭触点 J、电阻 R_3 放电。放电电流在 R_2 上产生的电压降为 VT 提供反向偏压，加速了 VT 的截止，使继电器 J 的常闭触点 J 迅速断开。当放电电流接近零时，R_1 上的电压降又为 VT 提供正向偏压使其导通。这样，电容器 C 不断地充电和放电，晶体管 VT 也就不断地导通与截止，控制继电器的触点反复地闭合、断开，使转向信号灯闪烁。

（2）无触点式闪光器。

图 4-18 所示为国产 SG131 型全晶体管式（无触点）闪光器的电路图。它是利用电容器充放电延时的特性，控制晶体管 VT 的导通和截止，来达到闪光的目的。

接通转向开关后，晶体管 VT_1 的基极电流由两路提供，一路经电阻 R_2，另一路经 R_1 和 C，使 VT_1 导通。VT_1 导通时，则 VT_2、VT_3 组成的复合管处于截止状态。由于 VT_1 的导通电流很小，仅 60mA 左右，故转向信号灯暗。与此同时，电源对电容器 C 充电，随着 C 的端电压升高，充电电流

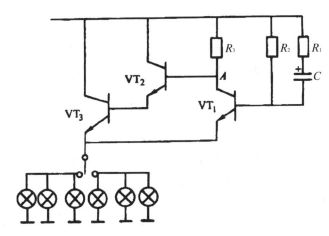

图 4-18　全晶体管式（无触点）闪光器
R_1-4.7kΩ；R_2-10kΩ；R_3-200kΩ；C-22μF/15V；
VT_1、VT_2-晶体管 3DG12；VT_3-3DD12

减小，VT_1 的基极电流减小，使 VT_1 由导通变为截止。这时 A 点电位升高，当其电位达到 1.4V 时，VT_2、VT_3 导通，于是转向信号灯亮。此时电容器 C 经过 R_1、R_2 放电，放电时间为灯亮时间。C 放完电，接着又充电，VT_1 再次导通使 VT_2、VT_3 截止，转向信号灯又熄灭，C 的充电时间为灯灭的时间。如此反复，使转向信号灯闪烁。改变 R_1、R_2 的电阻值和 C 的大小以及 VT_1 的值，即可改变闪光频率。

集成电路闪光器

集成电路闪光器是用集成 IC 取代晶体管电路，也分为有触点式和无触点式。

（1）集成块和小型继电器组成的有触点集成电路闪光器。

U243B 是专为制造闪光器而设计制造的，标称电压为 12V，实际工作电压范围为 9V～18V，采用双列 8 脚直插塑料封装，其引脚及电路原理图如图 4-19 所示。内部电路主要由输入检测器 SR、电压检测器 D、振荡器 Z 及功率输出级 SC 四部分组成。它的主要功能和特点为：当一个转向灯损坏时闪烁频率加倍；抗瞬时电压冲击为 ±125V，0.1ms；输出电流可达到 300mA。

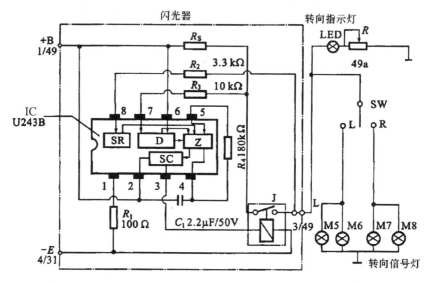

图 4-19　U243B 型集成电路式电子闪光器

SR-输入检测；D-电压检测；Z-振荡器；SC-功率输出级；RS-取样电阻；J-继电器

输入检测器用来检测转向开关是否接通。振荡器由一个电压比较器和外接 R_4 及 C_1 构成。内部电路给比较器的一端提供了一个参考电压，其值的高低由电压检测器控制；比较器的另一端则由外接 R_4 及 C_1 提供一个变化的电压，从而形成电路的振荡。

振荡器工作时，输出级的矩形波便控制继电器线圈的电路，使继电器触点反复开、闭，于是转向信号灯及其指示灯便以 80 次/min 的频率闪烁。

如果一只转向信号灯烧坏，则流过取样电阻 R_s 的电流减小，其电压降随之减小，经电压检测器识别后便控制振荡器电压比较器的参考电压，从而改变振荡（即闪烁）频率，则转向指示灯

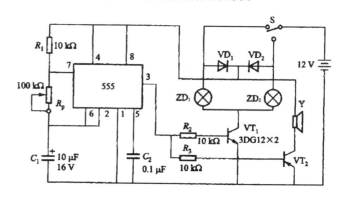

图 4-20　无触点式集成电路闪光器工作原理图

的闪烁频率加快一倍，以提示操作人员转向信号灯线路出现故障，需要检修。

（2）带有蜂鸣器无触点式集成电路闪光器。

如图 4-20 所示为带有蜂鸣器无触点式集成电路闪光器。它是用大功率晶体管 VT_1 代替了有触点闪光器的继电器，利用晶体管的开关作用，实现对转向灯开、关的控制，同时还增设了声响功能，构成了声光并用的转向信号装置，以引起人们对转向的注意，提高安全性。

当转向开关 S 接通时，电源便通过 VD_1（或 VD_2）、R_1、电位器 R_P 向电容器 C_1 充电，使 555 集成定时器的管脚 6、2 的电位逐渐升至高电平，由 555 定时器的逻辑功能得知，管脚 6、2 为高电平时，输出端 3 为低电平，同时管脚 7 和 1 导通；反之输出端 3 转为高电平，管脚 7 和 1 截止。所以此时输出端 3 为低电平，该低电平加到 VT_1 和 VT_2 的基极上，因而 VT_1 和 VT_2 截止，所以转向灯不亮，蜂鸣器无声。同时管脚 7 和 1 导通，电容器 C_1 便通过电位器 R_P、管脚 7 和 1 放电，使管脚 6、2 逐渐降为低电平，输出端转为高电平，因而 VT_1 和 VT_2 导通，接通了转向灯及蜂鸣器的电路，转向灯亮，蜂鸣器发出声响。同时由于管脚 7 和 1 截止，电源又向电容器 C_1 充电，结果使管脚 6、2 变为高电平，输出端 3 变为低电平，VT_1 和 VT_2 又截止，转向灯和蜂鸣器的电路被切断，所以转向灯熄灭，蜂鸣器停止鸣响。同时由于管脚 7 和 1 导通，电容又开始放电，使管脚 6、2 降为低电平，输出端 3 又变为高电平，VT_1 和 VT_2 又导通，转向灯又亮，蜂鸣器又响，如此反复，发出转向灯音响信号。若闪光频率不符合要求，可用电位器进行调整。

2. 闪光继电器的型号

闪光继电器的型号表示如下：

1	2	3	4	5

1 表示产品代号，SG 表示闪光器，SGD 表示电子闪光器；

2 表示电压等级代号，1 表示 12 V，2 表示 24 V，6 表示 6 V；

3 表示结构代号，闪光器的结构代号见表 4-3；

4 表示设计序号，按产品的先后顺序，用阿拉伯数字表示；

5 表示变型代号。

表 4-3 闪光器结构代号

	1	2	3	4	5	6	7	8	9
闪光器	电容式	电热丝式	翼片式						
电子闪光器				无触点式	有触点式	无触点复合式	有触点复合式	带蜂鸣无触点复合式	带蜂鸣有触点复合式

3. 闪光继电器的检修

闪光继电器的就车检查

以无触点电子闪光器为例且在转向灯及转向指示灯完好时进行。

（1）在点火开关置于"ON"位时，将转向灯开关打开，观察转向灯的闪烁情况：如果闪光继电器正常，那么相应转向灯及转向指示灯应随之闪烁；如果转向灯不闪烁（常亮或不亮），则为闪光继电器自身或线路故障。

（2）此时，用万用表检测闪光继电器电源接线柱 B 与搭铁之间的电压，正常值为蓄电池电压；如果无电压或电压过低，则为闪光继电器电源线路故障。

（3）用万用表 R×1 挡检测闪光继电器的搭铁接线柱 E 的搭铁情况，正常时电阻为零，否则为闪光继电器搭铁线路故障。

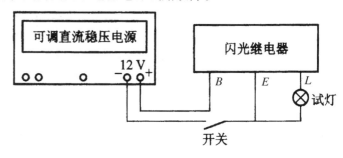

（4）在闪光继电器灯泡接线柱 L 与搭铁之间接一个二极管试灯，正常情况下，灯泡应闪烁；否则为闪光继电器内部晶体管元件故障。

图 4-21　闪光继电器试验电路

闪光继电器的独立检测

将稳压电源、闪光继电器、试灯按照图 4-21 接入试验电路，检测闪光继电器工作情况。

将稳压电源的输出电压调至闪光继电器的工作电压，接通试验电路，观察灯泡闪烁情况。如果灯泡能够正常闪烁，则闪光继电器完好；如果灯泡不亮则表明闪光继电器损坏。

4. 转向信号灯电路检修

危险报警灯和转向灯都不工作

（1）故障原因：

①搭铁不良；

②熔丝熔断；

③危险报警灯和转向灯共用继电器损坏。

（2）故障诊断方法：

①检修导线；

②检测更换熔丝；

③检修继电器。

危险报警灯和转向灯工作正常，但仪表板上的指示灯不亮

（1）故障原因：

①转向信号灯导线断路、接触不良；

②指示灯损坏。

（2）故障诊断方法：

①检测导线线路；

②检修指示灯。

转向灯工作，但危险报警灯不工作

（1）故障原因：

①熔丝熔断；

②危险报警灯开关或相关导线有故障。

（2）故障诊断方法：

①检查熔丝；

②检修开关和导线。

危险报警灯工作，而转向灯不工作

（1）故障原因：

①熔丝熔断；

②转向灯开关或连接导线有故障。

（2）故障诊断方法：

①检查熔丝；

②检修开关和导线。

4.2.2 其他灯光信号装置

1. 倒车灯和倒车蜂鸣器

倒车灯和倒车蜂鸣器或语音倒车报警器组成倒车信号装置，其作用是当工程机械倒车时，发出灯光和声响信号，警告车后的工程机械驾驶员和行人，表示该车正在倒车。

倒车灯用于指示工程机械的尾部，受倒挡开关控制，其灯罩为白色。倒车灯与倒车蜂鸣器共同工作，前者发出灯光闪烁信号，后者发出断续的鸣叫信号。倒车灯与倒车蜂鸣器皆由倒车开关控制。

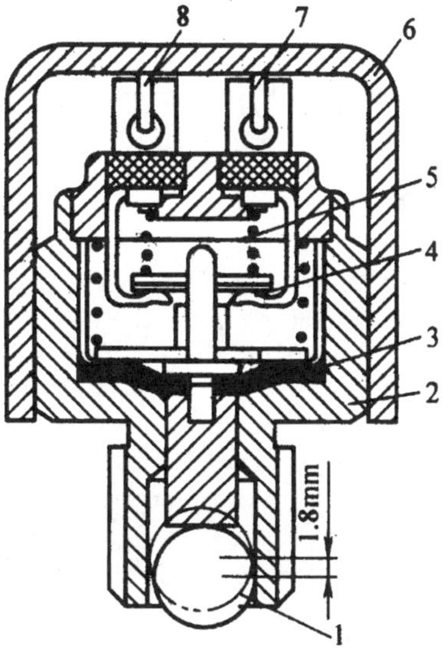

图 4-22 倒车开关

1-钢球；2-壳体；3-膜片；4-触点；
5-弹簧；6-保护罩；7、8-导线

倒车开关的结构如图 4-22 所示。当把变速杆拨到倒车挡时，由于倒车开关中的钢球 1 被松开，在弹簧 5 的作用下，触点 4 闭合，于是倒车灯、倒车蜂鸣器或语音倒车报警器便与电源接通，使倒车灯发出闪烁信号，蜂鸣器发出断续的鸣叫声。

2. 制动信号灯

制动信号灯又称为刹车灯，其作用是在工程机械制动停车或减速时，向车后的工程机械驾驶员或行人发出制动信号，以提醒注意。通常安装在工程机械的尾部，灯罩为红光。

3. 示廓灯

示廓灯的作用是工程机械在夜间行驶或作业时，标示工程机械的宽度和高度，以免发生挂蹭事故。安装在工程机械前后的上部边缘。前示廓灯的颜色为白色或橙色，后示廓灯的颜色多为红色。

4.2.3　检修喇叭装置

喇叭的作用是警告行人和其他工程机械驾驶员，以引起注意，保证行车和作业安全。

1. 喇叭的分类

喇叭按发音动力有气喇叭和电喇叭之分；按外形有螺旋形、筒形、盆形之分；按音频有高音和低音之分；按接线方式有单线制和双线制之分。

气喇叭是利用气流使金属膜片振动产生音响，外形一般为筒形，多用在具有空气制动装置的重型载重工程机械上。电喇叭是利用电磁力使金属膜片振动产生音响，其声音悦耳。

电喇叭按有无触点可分为普通电喇叭和电子电喇叭。普通电喇叭主要是靠触点的闭合和断开控制电磁线圈激励膜片振动而产生音响的；电子电喇叭中无触点，它是利用晶体管电路激励膜片振动产生音响的。在中小型工程机械上，由于安装的位置限制，多采用螺旋形和盆形电喇叭。盆形电喇叭具有体积小、重量轻、指向好、噪声小等优点。

2. 电喇叭的构造与工作原理

筒形、螺旋形电喇叭

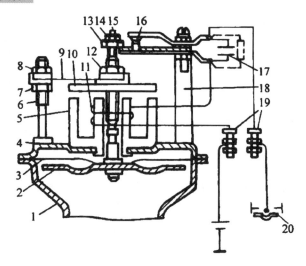

图 4-23　筒形、螺旋形电喇叭

1-扬声筒；2-共鸣板；3-振动膜片；4-底板；5-"山"字形铁芯；6-螺栓；7-螺柱；8、12、14-锁紧螺母；9-弹簧片；10-衔铁；11-线圈；13-音量调整螺母；15-中心杆；16-触点；17-电容器；18-触点支架；19-接线柱；20-喇叭按钮

筒形、螺旋形电喇叭的构造如图 4-23 所示。其主要由"山"字形铁芯 5、线圈 11、衔铁 10、振动膜片 3、共鸣板 2、扬声筒 1、触点 16 以及电容器 17 等组成。膜片 3 和共鸣板 2 由中心杆 15 与衔铁 10、调整螺母 13、锁紧螺母 14 连成一体。当按下喇叭按钮 20 时，电流由蓄电池正极→接线柱 19（左）→线圈 11→触点 16→接线柱 19（右）→按钮 20→搭铁→蓄电池负极。当电流通过线圈 11 时，产生电磁吸力，吸下衔铁 10，中心杆上的调整螺母 13 压下活动触点臂，使触点 16 分开而切断电路。此时线圈 11 电流中断，电磁吸力

消失，在弹簧片 9 和膜片 3 的弹力作用下，衔铁又返回原位，触点闭合，电路重又接通。此后，上述过程反复进行，膜片不断振动，从而发出一定音调的音波，由扬声筒 1 加强后传出。共鸣板与膜片刚性连接，在振动时发出陪音，使声音更加悦耳。为了减小触点火花，保护触点，在触点 16 间并联了一个电容器（或消弧电阻）。

盆形电喇叭

盆形电喇叭工作原理与上述相同，其结构特点如图 4-24 所示。

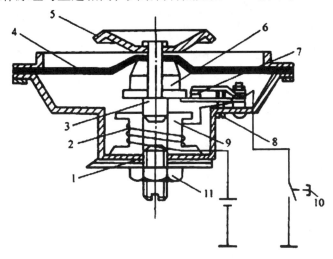

图 4-24　盆形电喇叭

1-下铁芯；2-线圈；3-上铁芯；4-膜片；5-共鸣板；6-衔铁；

7-触点；8-调整螺钉；9-铁芯；10-按钮；11-锁紧螺母

电磁铁采用螺管式结构，铁芯 9 上绕有线圈 2，上、下铁芯间的气隙在线圈 2 中间，所以能产生较大的吸力。它无扬声筒，而是将上铁芯 3、衔铁 6、膜片 4 和共鸣板 5 固装在中心轴上。当按下喇叭按钮时，电喇叭电路通电，电流由蓄电池正极→线圈 2→触点 7→喇叭按钮 10→搭铁→蓄电池负极，形成回路。当电流通过线圈 2 时，产生电磁力，吸引上铁芯 3，带动膜片 4 中心下移，上铁芯 3 与下铁芯 1 相碰，同时带动衔铁 6 运动，压迫触点臂将触点 7 打开，触点 7 打开后线圈 2 电路被切断，磁力消失，上铁芯 3 及膜片 4 又在触点臂和膜片 4 自身弹力的作用下复位，触电 7 又闭合。触电 7 闭合后，线圈 2 又通电产生磁力，吸引上铁芯 3 下移与下铁芯 1 再次相碰，触点 7 再次打开，如此循环，触电以一定的频率打开、闭合，膜片不断振动发出声响，通过共鸣板产生共鸣，从而产生音量适中、和谐悦耳的声音。为了保护触点，在触点 7 之间同样也并联了一只电容器（或消弧电阻）。

电子电喇叭

电子电喇叭的结构如图 4-25 所示，图 4-26 是其原理电路图。

当喇叭电路接通电源后，由于晶体管 VT 加正向偏压而导通，线圈中便有电流通过，产生电磁力，吸引上衔铁，连同绝缘膜片和共鸣板一起动作，当上衔铁与下衔铁接触而直接搭铁时，晶体管 VT 失去偏压而截止，切断线圈中的电流，电磁力消失，膜片与共鸣板在弹力作用下复位，上、下衔铁又恢复为断开状态，晶体管 VT 重又导通，如此周而复始地动作，膜片不断振动便发出响声。

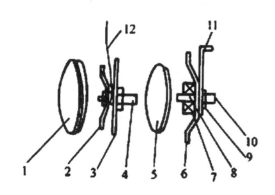

图 4-25　电子电喇叭电路

1-罩盖；2-共鸣板；3-绝缘膜片；4-上衔铁；
5-"O"形绝缘垫圈；6-喇叭体；7-线圈；8-下衔铁；
9-锁紧螺母；10-调节螺钉；11-托架；12-导线

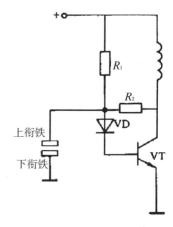

图 4-26　电子电喇叭原理电路
R_1-100Ω；R_2-470Ω；VD-2CZ；
VT-D478B

3. 电喇叭的调整

不同形式的电喇叭其构造不完全相同，所以调整方法也不一致。螺旋形、盆形电喇叭的调整一般有铁芯气隙调整和触点预压力调整两项。前者调整喇叭的音调，后者调整喇叭的音量。

喇叭音调的调整

电喇叭音调的高低与铁芯气隙有关。铁芯气隙小时，膜片的振动频率高（即高音调）；气隙大时，膜片的振动频率低（即音调低）。铁芯气隙值（一般为 0.7～1.5mm）视喇叭的高低音及规格型号而定。

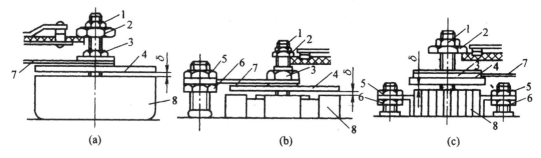

图 4-27　筒形、螺旋形电喇叭的调整部位
1、3-锁紧螺母；2、5、6-调节螺母；4-衔铁；7-弹簧片；8-铁芯；δ-铁芯气隙

筒形、螺旋形电喇叭铁芯气隙的调整部位和调整方法如图 4-27 所示。对图 4-27（a）所示的电喇叭，应先松开锁紧螺母，然后转动衔铁，即可改变衔铁与铁芯气隙；对图 4-27（b）所示的电喇叭，松开上下调节螺母，即可使铁芯上升或下降，改变铁芯气隙；对图 4-27（c）所示的电喇叭，可先松开锁紧螺母，转动衔铁加以调整，然后松开调节螺母，使弹簧片与衔铁平行后紧固。调整时，应使衔铁与铁芯间的气隙均匀，否则会产生

杂音。

盆形电喇叭铁芯气隙的调整如图4-28所示，调整时应先松开螺母，然后旋转音调调整螺栓（铁芯）进行调整。

喇叭音量的调整

电喇叭声音的大小与通过喇叭线圈的电流大小有关。当触点预压力增大时，通过喇叭线圈的电流增大，使喇叭产生的音量增大，反之音量减小。

触点压力是否正常，可通过检查喇叭工作电流与额定电流是否相符来判断。如工作电流等于额定电流，则说明触点压力正常；如工作电流大于或小于额定电流，则说明触点压力过大或过小，应予以调整。对于图

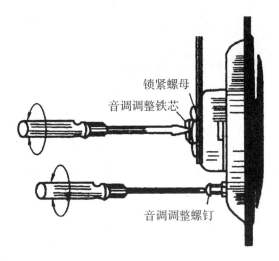

图4-28　盆形电喇叭的调整

4-27所示的筒形、螺旋形电喇叭，应先松开锁紧螺母，然后转动调节螺母（逆时针方向转动时，触点压力增大，音量增大）进行调整。对于图4-28所示的盆形电喇叭，可旋转音量调节螺钉（逆时针方向转动时，音量增大）。调整时不可过急，一般每次转动调节螺母不多于1/10圈。

电喇叭音量和音质调整并不是完全独立的，它们两者实际上是相互关联的。因此两者需反复调试才会获得最佳效果。

此外喇叭触点应保持清洁，其接触面积不应低于80%，如果有严重烧蚀应及时进行检修。喇叭的固定方法对其发音影响极大。为了使喇叭的声音正常，喇叭不能作刚性的装接，而应固定在缓冲支架上，即在喇叭与固定支架之间装有片状弹簧或橡皮垫。

4. 喇叭继电器

喇叭继电器的工作原理

为了得到更加悦耳的声音，在工程机械上常装有两个不同音调（高、低音）的喇叭。其中高音喇叭膜片厚，扬声筒短，低音喇叭则相反。有时甚至用三个不同音调（高、中、低）的喇叭。

装用单只喇叭时，喇叭电流是直接由按钮控制的，按钮大多装在转向盘的中心。当工程机械装用双喇叭时，因为消耗电流较大（15～20A），用按钮直接控制时，按钮容易烧坏。为了避免这个缺点，采用喇叭继电器，其构造和接线

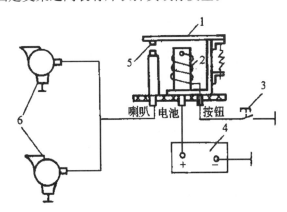

图4-29　喇叭继电器
1-触点臂；2-线圈；3-按钮；4-蓄电池；
5-触点；6-喇叭

方法如图4-29所示。当按下按钮3时蓄电池电流便流经线圈2（因线圈电阻很大，所以通过线圈2及按钮3的电流不大），产生电磁吸力，吸下触点臂1，因而触点5闭合接通了

喇叭电路。因喇叭的大电流不再经过按钮，从而保护了喇叭按钮。当松开按钮时，线圈2内电流被切断，磁力消失，触点在弹簧力作用下打开，即可切断喇叭电路，使喇叭停止发音。

喇叭继电器的检修

（1）喇叭继电器的就车检测（在喇叭完好状态下进行）。

①将点火开关置于"ON"位，按下喇叭按钮，此时喇叭应发出清脆声响；否则为喇叭继电器故障。

②用万用表电压挡检测喇叭继电器"电池"接线柱与"搭铁"接线柱之间的电压，该电压为电源电压；若无电压指示或电压过低，则为喇叭继电器电源电路断路或连接故障。

③如果上步检测电压为蓄电池电压，按下喇叭按钮的同时，检测喇叭继电器"喇叭"接线柱与"搭铁"接线柱之间的电压，该电压也应为电源电压；如果无电压或电压过低，则为喇叭继电器触点未接触或接触不良故障。

（2）喇叭继电器的检测。

①喇叭继电器线圈的检测。

用万用表的 $R \times 1$ 挡检测喇叭继电器"电池"接线柱与"搭铁"接线柱之间的电阻值，正常情况下，应有一定阻值。

②喇叭继电器触点的检测。

用万用表的 $R \times 10k$ 挡检测喇叭继电器"电池"接线柱与"搭铁"接线柱之间的阻值，正常情况应为无穷大，否则为触点粘连故障。

5. 电喇叭和喇叭继电器的型号

电喇叭的型号表示如下

1	2	3	4	5

1 表示产品代号。电喇叭的产品代号 DL、DLD 分别表示有触点的电磁式电喇叭及无触点式的电子电喇叭。

2 表示电压等级代号。1 表示 12 V，2 表示 24 V，6 表示 6 V。

3 表示结构代号。电喇叭的结构代号见表4-4。

4 表示设计序号。按产品的先后顺序，用阿拉伯数字表示。

5 表示变型代号。（音色标记），G 表示高音，D 表示低音。

表 4-4　电喇叭的结构代号

代号	1	2	3	4	5	6	7	8	9
结构	筒形单音	盆形单音	螺旋形单音	筒形双音	盆形双音	螺旋形双音	筒形三音	盆形三音	螺旋形三音

喇叭继电器的型号表示如下

1	2	3	4	5

1 为产品代号，JD 表示继电器；

2 为电压等级代号，1 表示 12 V，2 表示 24 V，6 表示 6 V；

3 为用途代号，1 表示喇叭；

4 为设计序号；

5 为变型代号。

6. 电喇叭电路检修

接通电源开关，按下喇叭按钮，喇叭不响

（1）故障原因。

①导线断路。

②喇叭继电器触点烧蚀、接触不良，继电器线圈断路。

③喇叭按钮烧蚀。

④喇叭触点烧蚀。

⑤喇叭熔断丝烧断。

（2）故障诊断方法。

①检查喇叭熔断丝。若熔断丝烧断，应找出原因并予以排除，然后换上同型号的熔断丝。

②用万用表检查喇叭继电器的 B 接线柱是否有电。若没有电，则说明线路有故障，应沿线路查找断路处。

③若继电器 B 端有电，用导线将继电器的 B 端与 H 端接通。若喇叭仍不响，说明喇叭有故障；若喇叭响，说明故障在继电器或喇叭按钮。

④当喇叭继电器有故障时，可先检查喇叭继电器的触点是否烧蚀。若已烧蚀，可用细砂纸打磨并清理干净，再用万用表检查继电器线圈的电阻（即 B、S 两端间的电阻）。若电阻为无穷大，则为线圈断路，应更换新件；若电阻正常，则为喇叭按钮烧蚀，可用细砂纸打磨并清理干净。

⑤检查喇叭触点是否烧蚀。若触点烧蚀，可用细砂纸打磨并清理干净。再检查喇叭线圈是否断路，若断路则应换上新件。

接通电源开关，按下喇叭按钮，喇叭变调

（1）故障原因。

①喇叭膜片破裂。

②喇叭膜片及共鸣板固定螺母松动。

③喇叭安装松动。

（2）故障诊断方法。

①首先检查喇叭安装是否可靠。若固定不紧，应重新紧固。注意喇叭的安装必须要用弹性支撑。

②检查喇叭膜片是否破裂。若已破裂，则应更换新件。

接通电源开关，按下喇叭按钮，喇叭声响时断时续

（1）故障原因。

①导线连接处松动。

②喇叭继电器触点接触不良。

③喇叭按钮接触不良。

（2）故障诊断方法。

①首先沿喇叭电路检查导线接线处有无松动。若有松动，应重新接好。

②检查喇叭继电器触点是否有烧蚀或接触不良的现象。若有，则要用细砂纸打磨并清理干净。

③检查喇叭按钮是否活动自如，再检查触点是否有脏污、烧蚀的现象。若有，则应清理干净。

接通电源开关，按下喇叭按钮，喇叭响，但松开按钮后，喇叭响声不停

（1）故障原因。

①喇叭按钮卡死。

②喇叭继电器触点烧结。

（2）故障诊断方法。

①检查喇叭按钮是否卡死。若卡死，应拆开修理。

②检查喇叭继电器触点是否烧结。若触点烧结应更换喇叭继电器。

4.2.4 其他声响信号装置（倒车蜂鸣器）

倒车信号装置中的倒车灯控制在前面已介绍过。现主要介绍倒车蜂鸣器的控制。

倒车蜂鸣器是一种间歇发声的音响装置，如图4-30所示是倒车蜂鸣器的电路。其发音部分是一只功率较小的电喇叭，控制电路是一个由无稳态电路（即多谐振荡器）和反相器组成的开关电路。

三极管 VT_1 和 VT_2 组成无稳态电路，由于 VT_1 和 VT_2 之间采用电容器耦合，所以 VT_1 与 VT_2 只有两个暂时的稳定状态，或 VT_1 导通、VT_2 截止，或 VT_1 截止、VT_2 导通，这两个状态周期地自动翻转。

VT_2 在电路中起开关作用，它与 VT_3 直接耦合，VT_2 的发射极电流就是 VT_3 的基极电流。当 VT_2 导通时，VT_3 基极有足够大的基极电流导通向 VD_4 供

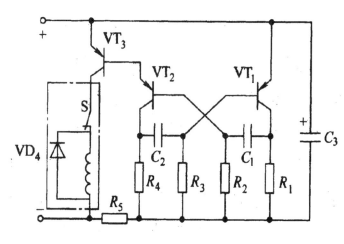

图 4-30 倒车蜂鸣器

电。VD_4 通电使膜片振动，产生声音。当 VT_2 截止时，VT_3 无基极电流也截止，VD_4 断电响声停止。如此周而复始，VT_3 按照无稳态电路的翻转频率不断地导通、截止，从而使得倒车蜂鸣器发出"嘀——嘀——嘀"的间歇鸣叫声。

情境四　任务工作单（1）

任务名称	检修照明系统电路				
学生姓名		班级		学号	
成　绩				日期	

一　相关知识

1. 工程机械照明系统主要由_____、_____、_____和连接导线等组成。

2. 前照灯应保证车前有明亮而均匀的照明，使驾驶员能看清车前_____m以内路面或场地上的障碍物。

3. 前照灯的光学系统包括_____、_____和_____三部分。

4. 灯泡有_____、_____、_____三种。

5. 下图中反射镜是图_____，其作用是_____。配光镜是图_____，其作用是_____。

图1

图2

6. 为了避免前照灯的眩目现象，保证工程机械夜间作业安全，一般在工程机械上都采用_____灯泡的前照灯，称为_____灯丝和_____灯丝，分别位于反射镜的_____和_____。

二　电路分析

根据图3，回答问题：

1. 电路中的组成元件有：

2. 分析前大灯（前照灯）电路控制：

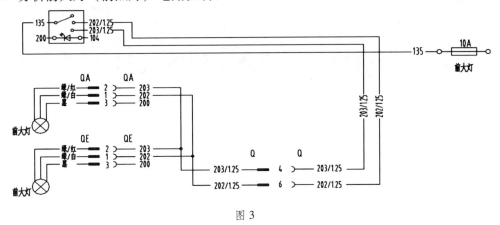

图 3

三　故障检修

前照灯不亮的故障诊断：

检测机型：＿＿＿＿＿＿＿＿＿＿＿＿＿＿＿

1. 故障现象为：＿＿＿＿＿＿＿＿＿＿＿＿＿＿＿＿＿＿＿＿＿＿＿＿＿。

2. 制定检查流程：

3. 故障结果分析：

电路检修要点：（参考）

前照灯的远光灯或近光灯不亮。

（1）检查变光开关是否正常。

检查结果：＿＿＿＿＿＿＿＿＿＿＿＿＿＿＿＿＿＿＿＿＿＿＿＿＿＿＿＿。

（2）检查远光灯或近光灯的熔断丝是否正常。

检查结果：＿＿＿＿＿＿＿＿＿＿＿＿＿＿＿＿＿＿＿＿＿＿＿＿＿＿＿＿。

（3）检查远光灯或近光灯的连接线路是否正常。

检查结果：＿＿＿＿＿＿＿＿＿＿＿＿＿＿＿＿＿＿＿＿＿＿＿＿＿＿＿＿。

情境四 任务工作单（2）

任务名称		检修信号系统电路			
学生姓名		班级		学号	
成　绩				日期	

一　相关知识

1. 信号系统的作用是通过_____、_____向其他工程机械的驾驶员或行人发出警告，以引起注意，确保工程机械行驶和作业安全。

2. 转向信号灯和转向指示灯的闪烁由_____控制。最佳闪光频率应为_____。现在工程机械常采用_____闪光器。

3. 转向灯及危险报警灯电路由_____、_____、_____、_____及指示灯等部件组成。危险报警灯操纵装置不得受_____的控制。

4. 电喇叭音调的高低与铁芯气隙有关。铁芯气隙_____时，膜片的振动频率高（即音调高）；气隙_____时，膜片的振动频率低（即音调低）。电喇叭音量的大小与通过喇叭线圈的电流大小有关。当触点预压力增大时，通过喇叭线圈的电流增大，使喇叭产生的音量_____，反之音量_____。

5. 安装喇叭继电器的目的是为了保护_____。

二　电路分析

根据电路图 1，分析转向灯控制电路：

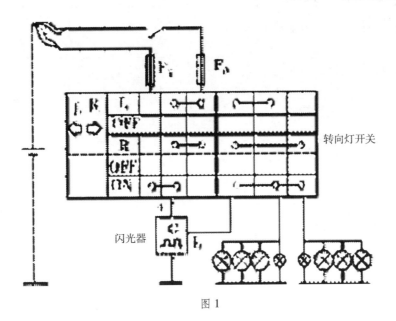

图 1

三　转向灯电路故障检修

转向灯不亮的故障诊断：

检测机型：_____

1. 故障现象为：_____。

2. 制定检查流程：

3. 故障结果分析：

电路检修要点：（参考）

（1）检查各导线连接有无松动、断路，搭铁等是否正常。

检查结果：_____。

（2）检查转向信号灯的熔断丝是否完好。

检查结果：_____。

（3）检查闪光继电器是否正常。

检查结果：_____。

（4）检查转向开关是否正常。

检查结果：_____。

（5）检查转向信号灯灯泡是否完好。

检查结果：_____。

四　电喇叭检修

喇叭不响的故障诊断：

检测机型：_____

1. 故障现象为：_____。

2. 制定检查流程：

3. 故障结果分析：

电路检修要点：（参考）

（1）检查各导线连接有无松动、断路，搭铁等是否正常。

检查结果：_____。

（2）检查喇叭的熔断丝是否完好。

检查结果：_____。

（3）检查喇叭继电器是否正常。

检查结果：_____。

（4）检查喇叭开关是否正常。

检查结果：_____。

（5）检查喇叭是否正常。

检查结果：_____。

情境 5 检修仪表与警报系统

☞**知识目标**

1. 掌握仪表和传感器的基本结构及工作特点;
2. 掌握电子仪表系统的组成及基本工作原理。

☞**能力目标**

1. 能够正确识读仪表警报系统电路;
2. 能够进行仪表、警报系统各主要电气元件的拆装、检测、调整;
3. 能够完成指示仪表和传感器常见故障的诊断与排除;
4. 能够完成照明与信号系统线路的连接。

5.1 检修仪表系统

☞**任务导入**

一台 ZL50 装载机发动机在起动运行一段时间后,水温表指示值不变。此故障原因有水温指示表、传感器、保险、导线连接等,要想排除此故障,需掌握仪表系统组成元件的构造、原理、拆装、检测,线路连接等内容,我们必须学习下面的知识技能。

☞**相关知识**

为了使驾驶员随时掌握工程机械的各种工作状况,保证行车安全,并及时发现和排除车辆存在的故障,现代工程机械上都安装有多种监察仪表和报警装置,这些装置一般都集成在仪表台总成或仪表显示器上。监察仪表和报警装置是车辆和驾驶员进行信息沟通的最重要最直接的人机界面。

现代工程机械的仪表显示器一般集中了全车的监察仪表和报警指示,可按工作原理和安装方式进行分类。

按工作原理,仪表可分为机械式仪表、电气式仪表、模拟电路电子仪表和数字化电子仪表。传统仪表一般是指机械式仪表、电气式仪表和模拟电路电子仪表。随着现代工程机械不断向信息化和电子化方向发展，数字化电子仪表相对于传统仪表具有集成度和精确度高、信息含量大、可靠性好及显示模式多样等优点，逐步取代了传统仪表。

图 5-1　可拆式组合仪表

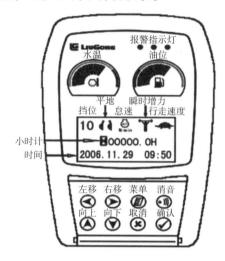

图 5-2　整体式仪表显示器

按安装方式，仪表可分为分装式仪表和组合式仪表两种。分装式仪表是各仪表单独安装，这在早期车上比较常见。组合式仪表是将各种仪表在设计时就组合在一起，结构紧凑，便于安装，现代工程机械最常用的是组合式仪表。组合仪表又分为可拆式和整体不可拆式两种。可拆式组合仪表的仪表、指示灯等组成部件如果损坏可以单独更换，如图 5-1所示，而整体不可拆式仪表如果损坏就要更换总成，代价较高，如图 5-2 所示。

5.1.1　常规仪表

1. 电流表、电压表

电流表和电压表是用来监测电源系统工作情况的仪表。

电流表

（1）作用。

电流表串接在充电电路中，用来指示蓄电池充电或放电的电流值。通常把它做成双向工作方式，表盘的中间刻度为"0"、一边为+20（或+30）A，另一边为-20（或-30）A。发电机向蓄电池充电时，指示值为"+"，蓄电池向用电设备放电时，指示值为"-"。

（2）结构及线路连接。

电流表按结构分为电磁式和动磁式两种。

下面介绍动磁式电流表的结构及线路连接，如图 5-3 所示。黄铜导电板 2 固定在绝缘底板上，两端与接线柱 1 和 3 相连，中间装有磁轭 6，指针 5 和永久磁铁转子 4 通过针轴安装在导电板 2 上。电流表的"-"接线柱与蓄电池组的"+"极相接，电流表的"+"接线柱与发电机的输出接线柱（B、+）相接。

（3）工作原理。

当没有电流通过电流表时，永久磁铁转子 4 通过磁轭 6 构成磁回路，使指针保持在中间"0"的位置。当蓄电池处于放电状态时，电流由接线柱 1 经导电板 2 流向接线柱 3，此时导电板周围产生磁场，使安装在针轴上的永磁转子带动指针向"－"方向偏转一定角度，指示出放电电流读数。电流越大，偏转角度越大，则读数越大。当蓄电池处于充电状态时，由于电流方向相反，指针偏向"＋"方向，指示出充电电流的大小。

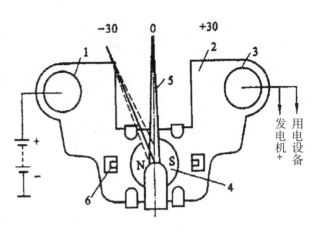

图 5-3　动磁式电流表

1-电流表"－"接线柱；2-导电板；3-电流表"＋"
接线柱；4-永久磁铁转子；5-指针；6-磁轭

电压表

（1）电压表的功用。

目前许多工程机械电源系统中都装电压表，用来指示电源系统的工作情况，电压表在蓄电池对外供电时指示蓄电池电压，发电机对外供电时指示发电机电压。电压表并接在电源"＋"、"－"极之间，且受点火开关控制。

（2）电压表的线路连接、组成及工作原理。

图 5-4 所示为电磁式电压表。其结构是由两只十字交叉布置的电磁线圈、永久磁铁、转子、指针及刻度盘组成。在电路上两线圈与稳压管及限流电阻 R 串联，稳压管的作用是当电源电压达到一定数值后才将电压表电路接通。在电压表未接入电路或电源

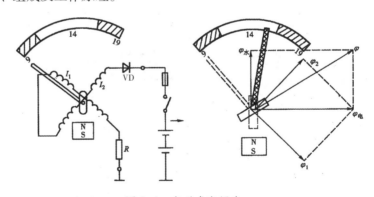

图 5-4　电磁式电压表

电压低于稳压管的击穿电压时，永久磁铁将转子磁化，保持指针在初始的位置。接通电路，电源电压达到稳压管击穿电压后，电磁线圈通过电流 I_1 和 I_2，产生磁场 φ_1 和 φ_2 将转子磁化，磁场的方向是 φ_1 和 φ_2 的合成磁场 φ 的方向，该合成磁场与永久磁铁磁场相互作用，使转子带动指针偏转。电源电压越高，通过电磁线圈的电流越大，其电磁场就越强，因此指针的偏转角就越大。

2. 机油压力表、水温表和燃油表

传统仪表中的燃油表、水温表和机油压力表（油压表），虽然测量指示的参数不同，但其均由指示表和传感器组成。

指示表按原理分为电热式（双金属片式）和电磁式。电热式指示表是利用电热线圈产生的热量加热双金属片，使之变形带动指针指示相应的示值，它需要的是断续的脉冲电

流；电磁式指示表是利用垂直布置的两个电磁线圈通过不同的电流，形成合磁场磁化转子，转子带动指针指示相应的示值，它是一种流比式仪表，电磁式指示表需要的是连续的电流信号。

传感器是配合指示表使用的，其作用是提取所需的参量，将被测物理量变为电信号。为了测取不同的参数，传感器在结构上有所不同。传感器可分为电热式和可变电阻式，后者又可分为滑线变阻器式和热敏电阻式。电热式传感器提供的是断续的脉冲电流信号，而可变电阻式传感器提供的是连续变化的电流信号。

机油压力表

（1）作用。

机油压力表用来指示发动机运转过程中润滑系统的机油压力大小及发动机润滑系统工作是否正常。

（2）组成及线路连接。

机油压力表由装在发动机主油道上的油压传感器和仪表板上的机油压力指示表组成，如图 5-5 所示。

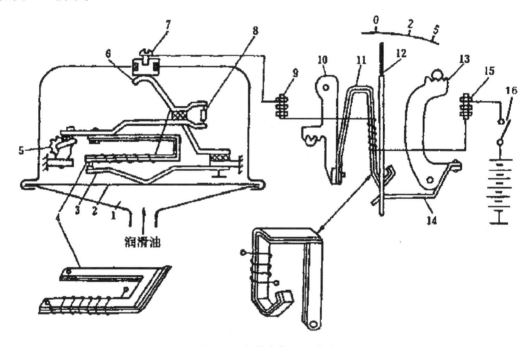

图 5-5　电热式机油压力表

1-油腔；2-膜片；3、14-弹簧片；4-传感器双金属片；5-调节齿轮；6-接触片；
7-传感器接线螺钉；8-校正电阻；9、15-指示表接线柱；10、13-调节齿扇；
11-指示表双金属片；12-指针；16-点火开关

油压传感器为一个圆盒形，其内装有金属膜片 2，膜片下方为油腔 1，与润滑系统的主油道相通。中膜片上方的中心顶着弯曲的弹簧片 3，弹簧片的一端焊有触点，另一端固定在外壳上并搭铁。双金属片 4 上绕有加热线圈，它一端与双金属片的触点相连，另一端则通过接触片 6、接线柱 7 与油压指示表相连。校正电阻 8 与加热线圈并联。

油压指示表内装有一个特殊形状的双金属片 11，它的一端固定在调节齿扇 10 上，另一端弯成钩状，并钩在指针 12 上。双金属片 11 上还绕有加热线圈，线圈的两端分别接在指示表的接线柱 9 和 15 上。

双金属片由两种热膨胀系数不同的金属做成（如锌和钢），加热后由于膨胀系数不同，双金属片产生弯曲变形。

（3）工作原理。

当电源开关接通时，油压指示表及油压传感器中有电流通过，电流由蓄电池正极→点火开关 16→接线柱 15→双金属片 11 上的加热线圈→接线柱 9→传感器接线螺钉 7→接触片 6→双金属片 4 上的加热线圈→双金属片 4 和弹簧片 3 之间的触点→弹簧片 3→搭铁→蓄电池负极。由于电流通过双金属片 4 和 11 上的加热线圈，使双金属片受热变形。

当油压很低时，传感器膜片几乎不变形，这时作用在触点上的压力甚小，加热线圈中虽只有小电流通过，但只要温度略有上升，双金属片 4 稍有弯曲就会使触点分开，切断电路。经过一段时间后，双金属片冷却伸直，触点又闭合，电路又被接通。如此反复循环，触点每分钟约开闭 5~20 次。因为在油压甚低时，只要有较小的电流通过加热线圈，温度略有升高，双金属片 4 稍有弯曲触点就会分开。故触点打开的时间长，闭合时间短，变化频率也低，通过加热线圈的平均电流值很小。所以油压指示表内双金属片 11 变形不大，指针只略微向右摆偏，指示低油压。

当油压升高时，膜片 2 向上拱曲，触点之间的压力增大，使双金属片 4 向上弯曲程度增大。只有加热线圈通过较长时间的电流，双金属片 4 才有较大的变形使触点分开，而且触点分开不久，双金属片稍一冷却触点就会很快闭合。故触点分开的时间短，闭合的时间长，变化频率增大，通过油压指示表加热线圈的平均电流增大，机油压力表内双金属片 11 变形大，指针向右偏转的角度大，指示较高的油压。

为使油压的指示值不受外界温度的影响，双金属片 4 制成"H"形，其上绕有加热线圈的一边称为工作臂，另一边称为补偿臂。当外界温度变化时，工作臂的附加变形被补偿臂的相应变形所补偿，使指示值保持不变。在安装传感器时，必须使传感器壳上的箭头向上，不应偏出±30°位置，使工作臂产生的热气上升时，不致于对补偿臂产生影响，造成误差。

机油压力表的正常压力指示范围：200~400kPa；发动机低速运转时，压力最低不低于 150 kPa；发动机高速运转时，压力最高不大于 500 kPa。

水温表

（1）作用与组成。

水温表用来指示发动机冷却水工作温度。它由装在发动机气缸盖上的温度传感器和装在仪表板上的水温表组成。水温表主要类型有双金属片式和电磁式。

（2）双金属片式水温表。

①结构和线路连接。

双金属片式水温表结构和线路连接如图 5-6 所示。其指示表的构造和工作原理与油压指示表相同，只是刻度值不一样。水温传感器是一个密封的铜套筒，内装有条形双金属片 2，其上绕有加热线圈。线圈的一端与活动触点相接，另一端通过接触片 3、接线柱 4 与水温指示表加热线圈串联。固定触点通过铜套筒搭铁，双金属片对触点有一定的预压力，其受热后向上弯曲时触点压力减小或分开。

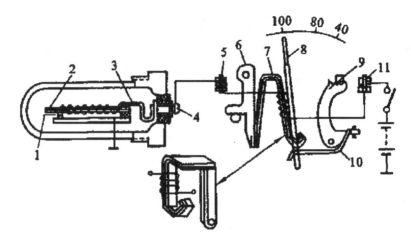

图 5-6 双金属片式水温表

1-触点；2、7-双金属片；3-接触片；4、5、11-接线柱；

6、9-调节齿扇；8-指针；10-弹簧片

②工作原理。

当水温很低时，双金属片 2 经加热变形向上弯曲，触点分开，由于水温较低，很快冷却，触点又重新闭合，如此反复。故触点闭合时间长，分开时间短，流经加热线圈的平均电流大，水温指示表中双金属片 7 变形大，指针指向低温。

当水温升高时，传感器密封套筒内温度也升高，因此，双金属片受热变形后，冷却的速度变慢，所以触点分开时间变长，触点闭合时间缩短，流经加热线圈的平均电流减小，双金属片 7 变形减小，指针偏转角度减小，指示较高温度。

（3）电磁式水温表。

①结构和线路连接。

电磁式水温表的结构和线路连接如图5-7所示。电磁式水温指示表内有左、右两个铁芯，并分别绕有左、右线圈 1、2，其中的左线圈与电源并联，右线圈与传感器串联。两个线圈的中间置有软钢转子 3，其上连有指针 4。接线柱 B 与蓄电池的正极连接，接线柱 A 与负温度系数热敏电阻式传感器连接。

②工作原理。

电源电压稳定时通过左线圈的电流不变，因而它所形成的磁场强度是一定值，而通过右线圈的电流大小则取决于与它串联的传感器热敏电阻的电阻值。热敏电阻为负温度系数，发动机冷却水温较低时热敏电阻值

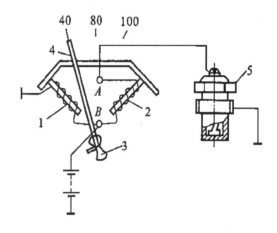

图 5-7 电磁式水温表

1-左线圈；2-右线圈；3-软钢转子；

4-指针；5-负温度系数热敏电阻式传感器

大，右线圈电流小、磁场弱，合成磁场主要取决于左线圈，使指针指示低温；反之，指针指示高温。

燃油表

（1）作用与组成。

燃油表的作用是用来指示燃油箱内储存燃油量的多少。它由传感器和指示表组成。传感器均为可变电阻式，但指示表有电磁式和双金属片式两种。

（2）电磁式燃油表。

①结构和线路连接。

电磁式燃油表结构和线路连接如图5-8所示。燃油指示表内有左、右两个铁芯，并分别绕有左、右线圈1、2，两个线圈的中间置有转子3，其上连有指针4。右线圈与可变电阻并联，然后与左线圈、点火开关11、蓄电池串联。传感器由可变电阻5和浮子7组成，浮子随油面沉浮并带动可变电阻变化。

②工作原理。

燃油箱内无油时浮子下沉到最低处，可变电阻和右线圈均被短路，此时左线圈1在全部电源电压的作用下通过的电流达最大值，产生最强的电磁吸力，吸引转子使指针停在最左边的"0"位置上；随着燃油箱中油量的增加，浮子上浮并带动滑片6向左移动，可变电

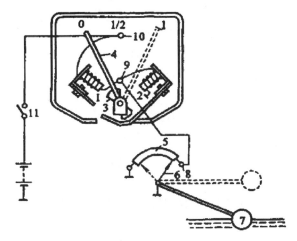

图5-8 电磁式燃油表
1-左线圈；2-右线圈；3-转子；4-指针；
5-可变电阻；6-滑片；7-浮子；8、9、10-接线柱；
11-点火开关

阻部分接入，此时左线圈1的电流相应减小，使左线圈电磁吸力减弱，而右线圈2的电流增大，产生的电磁吸力增强，在合成磁场的作用下转子带动指针向右偏转，使燃油量指示值增大。

当燃油箱内盛满油时浮子上升到最高处，可变电阻全部接入，此时左线圈1的电流最小，产生最弱的电磁吸力，而右线圈2的电流最大，产生的电磁吸力最强，转子带动指针转到最右边，指针指在"1"的位置上。装有副油箱时在主、副油箱中各装一个传感器，在传感器与燃油指示表之间装有转换开关，可分别测量主、副油箱的油量。

传感器的可变电阻的末端搭铁，可避免滑片6与可变电阻接触不良时产生火花、引起火灾的危险。

（3）双金属片式燃油表。

①结构和线路连接。

带稳压器的双金属片式燃油表的结构和线路连接如图5-9所示。双金属片式燃油表的传感器与电磁式相同，指示表用双金属片式。燃油表一端通过双金属片式稳压器与蓄电池正极相连，另一端与可变电阻连接。

②工作原理。

通过油面高低的变化可改变可变电阻值的大小，从而改变与之串联的加热线圈电流，使双金属片变形推动指针，指示相应的燃油液面高度。

仪表稳压器

由于电源电压的变化会对仪表指示值产生影响，造成仪表示值误差，所以仪表电路一般安装有仪表稳压器。常用的仪表稳压器有双金属片式和集成电路式。因为电热式指示表需要断续的脉冲电流，所以电热式指示表配可变电阻式传感器的仪表电路一般装置双金属片型仪表稳压器。

双金属片式仪表电源稳压器的结构如图 5-10 所示，是由带触点的双金属片元件和电热丝组成的，其原理电路如图 5-11 所示。

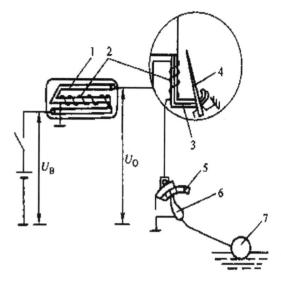

图 5-9　双金属片式燃油表

1-稳压电阻；2-加热线圈；3-双金属片；
4-指针；5-可变电阻；6-滑片；7-浮子

当电源电压偏高时，流过电热线圈中的电流增大，只需要较短的时间双金属片工作臂就上翘将动触点打开，触点分开后又必须经较长时间的冷却，双金属片工作臂方能复原使触点闭合，于是动触点在双金属片的作用下，做闭合时间短而打开时间长的不断开闭工作，将偏高的电源电压适当降低为某一定输出脉冲电压平均值。

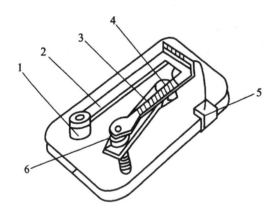

图 5-10　仪表电源稳压器结构图

1-输出接线柱；2-双金属片；3-电热丝；
4-输入接线柱；5-搭铁接线柱；6-触点

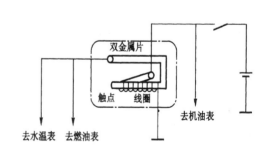

图 5-11　电源稳压器的原理

当电源电压偏低时，则流过电热线圈中的电流减小，双金属片受热慢，变形程度小，使触点闭合时间较长。触点打开后，电流停止流经电热丝时，双金属片元件冷却，而此时触点只需较短的时间冷却即可闭合，于是触点处闭合时间长而打开时间短。稳压器在触点不断开闭情况下工作，即使在蓄电池电压波动时，电流量也保持在恒定的水平。

集成电路式仪表稳压器主要采用集成稳压块，它具有结构简单、成本低、稳压效果好、使用寿命长等优点，故被广泛应用。

3. 工程机械车速里程表

作用

工程机械车速里程表用来指示工程机械行驶速度和累计行驶里程数。有机械式与电子式两种。

机械式车速里程表

（1）组成。

如图 5-12 所示为工程机械机械式车速里程表。它的主动轴由变速器传动蜗杆经软轴驱动，传动路线如图 5-13 所示。车速表是由与主动轴紧固在一起的永久磁铁 1，带有轴与指针 6 的铝罩 2，罩壳 3 和紧固在车速里程表外壳上的刻度盘 5 等组成的。

（2）工作原理。

不工作时，铝罩 2 在游丝 4 的作用下，使指针位于刻度盘的零位。当工程机械行驶时，主动轴带着永久磁铁 1 旋转，永久磁铁的磁力线在铝罩 2 上引起涡流，此涡流产生一个磁场。旋转的永久磁铁磁场与铝罩磁场相互作用产生转矩，克服游丝的弹力，使铝罩 2 朝永久磁铁 1 转动的方向旋转，与游丝相平衡。于是铝罩带动指针转过一个与主动轴转速大小成比例的角度，指针便在刻度盘上指示出相应的速度。

工程机械速度越高，永久磁铁 1 旋转越快，铝罩 2 上的涡流也就越大，因而转矩越大，使铝罩带着指针偏转的角度越大，因此指针在刻度盘上指示的速度也就越高。

里程记录部分由三对蜗轮蜗杆、中间齿轮、单程里程计数轮、总里程计数轮及复零机构等组成。工程机械的蜗轮蜗杆与软轴的传动比为 1∶45。

工程机械行驶时，软轴带动主动轴，并由主

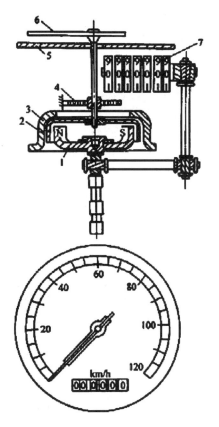

图 5-12　机械式车速里程表
1-永久磁铁；2-铝罩；3-罩壳；
4-游丝；5-刻度盘；6-指针；
7-十进制里程表

动轴经三对蜗轮蜗杆驱动里程表最右边的第一数字轮。第一数字轮上所刻的数字为 1/10km。每两个相邻的数字轮之间，又通过本身的内齿和进位数字轮传动齿轮，形成 1/10 的传动比。即当第一数字轮转动一周，数字由 9 翻转到 0 时，便使相邻的左面第二数字轮转动 1/10 周，成十进位递增。这样工程机械行驶时，就可累计出其行驶里程数。图 5-14 为里程表的减速轮系和计数轮。工程机械速度表上还有单程里程表复位杆，只要按一下复位杆，单程里程表的四个数字均复位为零。

电子式车速里程表

（1）组成。

电子式车速里程表由车速传感器、电子电路、步进电机、车速表和里程表等组成。

（2）工作原理。

如图 5-15 所示为电子车速里程表传感器。其工作原理如下：车速传感器由变速器驱动，能够产生正比于行驶速度的脉冲电信号。传感器由一个舌簧开关管和一个含有四对磁极的转子组成，磁性转子每转一周，舌簧开关管中的触点闭合 8 次，产生 8 个脉冲信号，车速越高，传感器的信号频率越高。电子电路的作用是将车速传感器送来的具有一定频率的电信号，经整形、触发，输出一个与车速成正比的电流信号。该电子电路主要包括稳压电路、恒流电源驱动电路、64 分频电路和功率放大电路，如图 5-16 所示。仪表精度由电阻 R_1 调整，仪表初始工作电流由电阻 R_2 调控，电阻 R_3 和电容器 C_3 用于电源滤波。

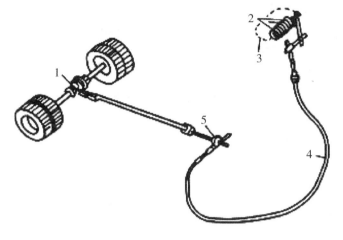

图 5-13　车速里程表传动路线

1-差速器传动路线；2-里程表数字轮表；3-刻度盘；
4-传动轮轴；5-变速器第二轴传动蜗轮蜗杆

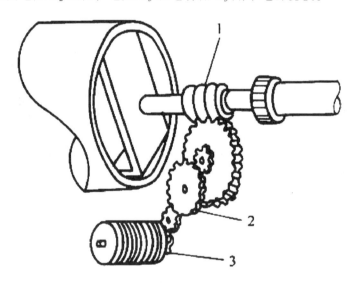

图 5-14　里程表的减速轮系和计数轮
1-车速表蜗杆；2-减数齿轮；3-计数轮

车速表实际上是一个电磁式电流表，当工程机械以不同车速行驶时，从电子电路端子 6 输出与车速成正比的电流信号驱动车速表的指针偏转，从而指示相应的车速。里程表由一个步进电机及六位数的十进制齿轮计数器组成，步进电机受电子电路中控制器控制来驱动计数器转动，如图 5-17 所示。

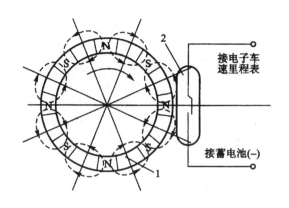

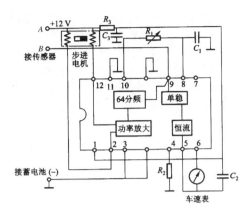

图 5-15　电子车速里程表传感器　　　　图 5-16　电子车速里程表电子控制电路

1-磁性转子；2-舌簧开关

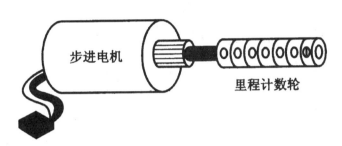

图 5-17　电子车速里程计数轮

5.1.2　工程机械电子仪表

工程机械仪表是驾驶员与车辆进行信息交流的重要接口和界面，对安全作业起着重要作用。常规仪表信息量少、准确率低、体积较大、可靠性较差、视觉特性不好，显示的是传感器检测值的平均值，难以满足工作需求。工程机械电子仪表比通常的机械式模拟仪表更精确，电子仪表刷新速度较快，显示的是即时值，并能一表多用，驾驶员可通过按钮选择仪表显示的内容。部分工程机械电子仪表具有自诊断功能，每当打开电源开关时，电子仪表板便进行一次自检，也有的仪表板采用诊断仪或通过按钮进行自检。自检时，通常整个仪表板发亮，同时各显示器都发亮。自检完成时，所有仪表均显示出当前的检测值。如有故障，便以警告灯或给出故障码提醒驾驶员。电子仪表一般由传感器、信号处理电路和显示装置三部分组成。电子仪表与常规仪表使用的传感器相同，不同之处在于信号处理电路和显示装置。

1. 常用电子显示装置

常用电子显示装置主要有：真空荧光管（VFD）、发光二极管（LED）、液晶显示器件（LCD）、阴极射线管（CRT）、等离子显示器件（PDP）等。一般情况下采用真空荧光管（VFD）、发光二极管（LED）和液晶显示器件（LCD），它们的性能和显示效果都比较好。

作为信息终端显示来说，用阴极射线管（CRT）更好，但因其体积太大而使用较少。

发光二极管（LED）

（1）结构。

发光二极管的结构如图 5-18 所示，它是一种把电能转换成光能的固态发光器件。发光二极管一般都是用半导体材料，如砷化镓、磷化镓、磷砷化镓和砷铝化镓等制成。它是应用最广泛的低压显示器件。

（2）工作原理。

当在正、负极引线间加上适当正向电压后，二极管导通，半导体晶片便发光，通过透明或半透明的塑料外壳显示出来。发光的强度与通过管芯的电流成正比。在半导体材料中掺入不同的杂质，可使发光二极管发出不同颜色，通常分为红、绿、黄、橙等不同颜色。外壳起透镜作用，也可利用它来改变发光二极管外型和光的颜色，以适应不同的用途。

当反向电压加到二极管上，二极管截止，无电流通过，不再发光。

（3）LED 的特点。

发光二极管可单独使用，也可用于组成数字、字母或光条图。发光二极管响应速度较快、工作稳定、可靠性高、体积小、重量轻、耐振动、寿命长，因此工程机械电子仪表中常用发光二极管作为工程机械仪表板上的指示灯、数字符号段或不太复杂的图符显示。

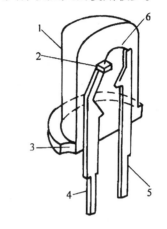

图 5-18　发光二极管的结构
1-塑料外壳；2-二极管芯片；
3-阴极缺口标记；4-阴极端子；
5-阳极端子；6-导线

液晶显示器件（LCD）

（1）结构。

在两层做有镶嵌电极或交叉电极的玻璃板之间夹一层液晶材料，当板上各点加有不同电场时，各相应点上的液晶材料即随外加电场的大小而改变晶体特殊分子结构，从而改变这些特殊分子光学特性。利用这一原理制成的显示器件叫液晶显示器件。它们的组成如图 5-19 所示。

（2）工作原理。

液晶是有机化合物，由长形杆状分子构

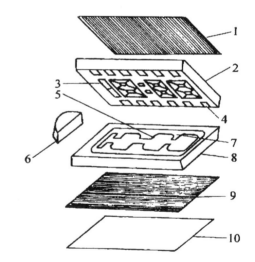

图 5-19　液晶显示器件（LCD）的组成
1-前偏振片；2-前玻璃片；3-笔画电极；
4-接线端；5-背板；6-前端密封件；7-密封面；
8-玻璃背板；9-后偏振片；10-反射镜

成。在一定的温度范围和条件下，它具有普通液体的流动性质，也具有固体的结晶性质。液晶显示器件有两块厚约 1mm 的玻璃基板，后玻璃基板的内面均涂有透明的导电材料作为电极，前玻璃基板的内面的图形电极供显示用，两基极间注入一层约 10um（微米）厚的液晶，四周密封，两块玻璃基板的外侧分别贴有偏振片，它们的偏振轴互成 90° 夹角。与偏振轴平行的光波可通过偏光板，与偏振轴垂直的光波则不能透过偏光板。当入射光线经过前偏光板时，仅有平行于偏振轴的光线透过，当此入射光经过液晶时，液晶使该入射光线旋转 90° 后射向后偏光板，由于后偏光板偏振轴恰好与前偏光板偏振轴垂直，所以该入射光可透过后偏光板并经反射镜反射，顺原路径返回，如图 5-20 所示。此时液晶显示板形成一个背景发亮的整块图形。

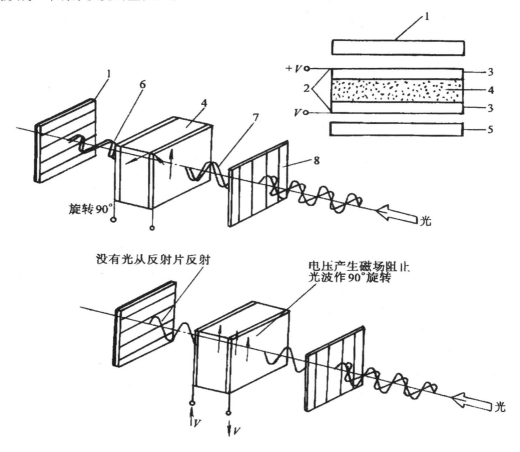

图 5-20 液晶显示器件（LCD）的工作原理
1-反射偏振片；2-透明导板；3-玻璃基片；4-液晶；5-偏振片；6-反射光；
7-旋转 90° 后的反射光；8-偏振片轴

当以一定电压对两个透明导体面电极通电时，位于通电电极范围内（即要显示的数字、符号及图形）的液晶分子重新排列，失去使偏振入射光旋转 90° 的功能，这样的入射光便不能通过后偏光板，因而也不能经反射镜反射形成反射光。这样，通电部分电极就形成了在发亮背景下的黑色字符或图形，如图 5-20 所示。

由于液晶显示器件为非发光型显示器件，所以只有在光亮的环境中才能观察液晶显示器的内容，由于在较暗的环境中难于观察液晶显示器的内容，因此在工程机械上所用的液晶显示器通常采用白炽灯作为背景照明光源。

（3）LCD 的特点。

工作电压低（3V 左右），功耗非常小；显示面积大、示值清晰，通过滤光镜可显示不同颜色；电极图形设计灵活，设计成任意显示图形的工艺都很简单。因此在工程机械上得到广泛应用。缺点是液晶为非发光型物质，白天靠日光显示，夜间必须使用照明光源。低温条件下灵敏度较低，有时甚至不能正常工作。工程机械的使用工作环境变化较大，在零下十几摄氏度、几十摄氏度的环境下使用也是常事。为了克服液晶显示器的这一缺陷，现在往往在液晶显示器件上附加加热电路，驱动方式也进行了改进，扩大了它在工程机械电子仪表上的应用。

真空荧光管（VFD）

（1）结构与线路连接。

真空荧光管实际上是一种低压真空管，它是最常用的数字显示器，如图 5-21 所示，其由钨丝、栅极和涂有磷光物质的屏幕构成，它们被封闭在抽真空后充以氩气或氖气的玻璃壳内。负极是一组细钨丝制成的灯丝，钨丝表面涂有一层特殊材料，受热时释放出电子。正极为多个涂有荧光材料的数字板片，栅极夹在正极与负极之间，用于控制电子流。正极接电源正极，每块数字板片接有导线，导线铺设在玻璃板上，导线上覆盖绝缘层，数字板片在绝缘层上面。

（2）工作原理。

VFD 发光原理与晶体三极管载流子运动原理相似，如图 5-22 所示。当其上施

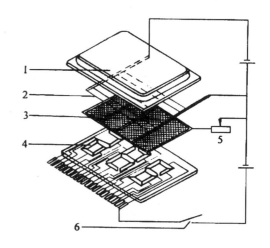

图 5-21　真空荧光管（VFD）结构与连线
11-灯丝（阴极）；2-栅极；
3-笔画小段（阳极）；4-面板

加正向电压时，即灯丝与电源负极相接，屏幕与电源正极相接时，电流通过灯丝并将灯丝加热至 600℃左右，从而导致灯丝释放出电子，数字板片会吸引负极灯丝放出的电子。当电子撞击数字板片上的荧光材料时，使数字板发光，通过正面玻璃板的滤色镜显示出数字。因此，若要使某一块板片发光就需在它上面施加正向电压，否则该板片就不会发光。

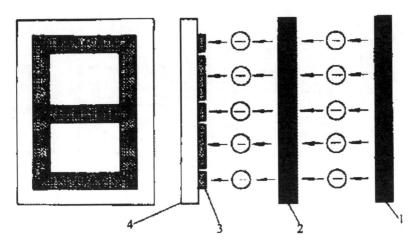

图 5-22 真空荧光管（VFD）发光原理
1-灯丝（阴极）；2-栅极；3-笔画小段（阳极）；4-面板

栅极处于比负极高的正电位。它的每一部分都可等量地吸引负极灯丝放出的电子，确保电子能均匀地撞击正极，使发光均匀。

（3）VFD 的特点。

与其他显示设备相比，VFD 具有较高的可靠性和抵抗恶劣环境的能力，且只需要较低的操作电压，真空荧光管色彩鲜艳、可见度高、立体感强。真空荧光管的缺点：由于是真空管，为保持一定强度，必须采用一定厚度的玻璃外壳，故体积和重量较大。

工程机械电子仪表的常见显示方法

发光二极管、液晶显示器件与真空荧光显示器等均可以用以下数种显示方法提供给驾驶员。

（1）字符段显示法。

字符段显示法通常是一种利用七段、十四段或十六段小线段进行数字或字符显示的方法。用七段小线段可以组成数字 0~9，用十四（或十六）段小线段可以组成数字 0~9 与字母 A~Z，每段可以单独点亮或成组点亮，以便组成任何一个数字、字符或一组数字、字符。每段都有一个独立的控制荧屏，由作用于荧屏的电压来控制每段的照明。为显示特定的数位，电子电路选择出代表该数位的各段，并进行照明。当用发光二极管进行显示时，也是用电子电路来控制每段发光二极管，方法与真空荧光显示器相同。图 5-23 所示为用七只发光二极管组成的数字显示板。

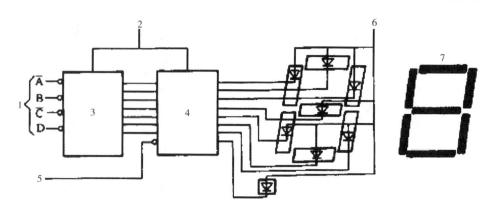

图 5-23　用七只发光二极管组成的数字显示板

1-编码输入；2-逻辑电路；3-译码器；4-恒流源；

5-小数点；6-发光二极管电源；7-"8"字形

（2）点阵显示法。

点阵是一组成行和成列排列的元件，有 7 行 5 列、9 行 7 列等。点阵元素可为独立发光的二极管或液晶显示，或是真空荧光管显示的独立荧屏。电子电路供电照明各点阵元素，数字 0~9 和字母 A~Z 可由各种元素组合而成，如图 5-24 所示为发光二极管组成的 5×7 点阵显示板。

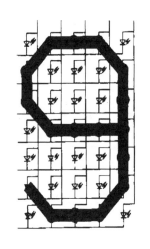

图 5-24　发光二极管组成的 5×7 点阵显示板

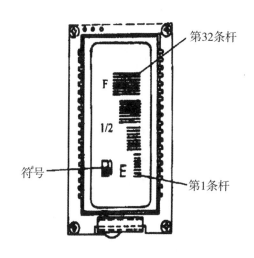

图 5-25　杆图油量等显示法

（3）特殊符号显示法。

真空荧光管与液晶显示器还可取代数字与字母，显示特殊符号。

（4）图形显示法。

图形显示法是以图形方式显示信息，用图形显示提醒驾驶员注意大灯、小灯与制动灯的故障以及清洗液与油量多少的方法。图形显示警告器上显示出工程机械俯视外观图形。在所需警告显示的部位上均装有发光二极管显示装置，当这个部位上出现故障时，传感器即向电子组件提供信息，控制加在发光二极管上的电压，使发光二极管闪光，以提醒驾驶员注意。

如图 5-25 所示是一种用杆图进行油量等显示的方法。用 32 条亮杆代表油量，当油箱装满时，所有的杆都亮；当油量降至 3 条亮杆时，油量符号开始闪烁，提醒驾驶员该加油了。也有的厂商喜欢用光条图进行水温、油温等的显示。

2. 常用传感器

随着电子控制装置在现代工程机械中应用的普及，电子控制技术已经深入到工程机械的许多领域，各种传感器的使用也是必不可少的。工程机械常用传感器按照被测量分类有温度传感器、转速传感器、压力传感器和位置传感器。

温度传感器

（1）热电偶传感器。

热电偶传感器简称热电偶，是目前应用最广泛的一种接触式温度传感器，其在混凝土拌和设备中应用较多。

①工作原理。

热电偶测温基于热电效应。如图 5-26 所示，将两种不同的导体（或半导体）组成一个闭合回路，当两接点的温度不同时，回路中就会产生电动势，这种现象称为热电效应，该电动势称为热电势。这两种不同的导体或半导体组成的闭合回路称为热电偶。导体 A 和 B 称为热电偶的热电极或热偶丝。热电偶的两个接点，一个测温时置于被测介质中，称为工作端或测量端；另一端为自由端，也叫参考端或冷端。

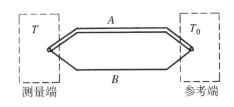

图 5-26　热电偶原理

热电偶温度传感器是通过测定热电势来测温度的。如果 A、B 的材质均匀，热电势的大小与热电极长度上温度的分布无关，仅取决于两端的温度差。

②工业热电偶分类。

工业热电偶按照结构形式的不同可分为普通型热电偶、铠装热电偶和薄膜热电偶等。

普通热电偶的结构如图 5-27 所示，其由热电偶、热电极绝缘子、保护套管和接线盒四部分组成。热电偶是测温的敏感元件，其测量端用两根不同的电热极丝（或电偶丝）焊接而成。热电极绝缘子的作用是避免两根热电极之间以及和保护套之间的短路，它多由

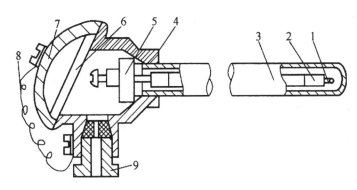

图 5-27　普通热电偶

1-电偶测量端；2-热电极绝缘子；3-保护套管；4-接线盒；
5-接线座；6-密封圈；7-端盖；8-链环；9-出线孔螺母

陶瓷材料制成。保护套管的作用是避免热电偶和被测介质直接接触而受到腐蚀、玷污或机械损伤。当温度在 $1000\,℃$ 以下时，多用金属保护套管；温度在 $1000\,℃$ 以上时，多用陶瓷

保护套管。接线盒是将热电偶参考端引出供接线用，同时有密封、保护接线端子等作用。

铠装式热电偶是由热电极、绝缘材料和金属保护套管三者组成的特殊结构热电偶。它可以制得很细、很长，并可以弯曲，因此又称为套管式热电偶或缆式热电偶。铠装热电偶是拉制而成的，管套外径一般为 $1 \sim 8mm$，最细可达到 $0.25mm$，内部热电极常为 $0.2 \sim 0.8mm$ 或更细，热电极周围用氧化镁或氧化铝填充，并采用密封防潮。

铠装热电偶与普通热电偶相比，具有体积小、精度高、响应速度快、可靠性及强度好、耐振动和冲击、柔软、可绕性好、便于安装等优点，因此在工业生产和实验中应用广泛，但在拌和设备中应用很少。

③应用。

在沥青混凝土拌和设备中常用热电偶来测量热骨料、成品料及沥青的温度；在沥青混凝土摊铺机中常用热电偶来测量熨平板的加热温度。

（2）热敏电阻传感器。

①工作原理及特点。

热敏电阻是用陶瓷半导体材料制成的敏感元件，工作原理是热电阻效应。物质的电阻率随温度变化而变化的物理现象称为热电阻效应。

热敏电阻的特点表现为电阻温度系数大、灵敏度高、热惯性小、体积小、结构简单、反应速度快、使用方便、寿命长、易于实现远距离测量，但它的互换性较差。

②分类。

按照电阻值随温度变化的特点，热敏电阻可以分为以下三类：在工作温度范围内，电阻值随着温度的升高而增加的热敏电阻，称为正温度系数热敏电阻（PTC）；电阻值随着温度的升高而减小的热敏电阻，称为负温度系数热敏电阻（NTC）；在临界温度时，阻值发生锐减的称为临界温度热敏电阻（CTR）。PTC 和 CTR 热敏电阻随温度变化的特性为巨变型，适合在某一较窄温度范围内做温度控制开关或供检测使用。NTC 热敏电阻随温度变化的特性为缓变型，适合在较宽温度范围内做温度测量用，是工程机械中主要使用的热敏电阻。

按照氧化物比例的不同及烧结温度的差别，热敏电阻可以分为以下三类：工作温度在 $300°C$ 以下的低温热敏电阻，$300 \sim 600°C$ 的中低温热敏电阻和工作温度较高的高温热敏电阻。

③应用。

热敏电阻作为传感器可以用来测量冷却水的温度，也常用于燃油油量报警电路。

热敏电阻式温度传感器可用于空调控制系统。将负温度系数的热敏电阻传感器安装在空调的蒸发器壳体或者蒸发器片上，用来检测蒸发器表面温度的变化，依此来控制压缩机的工作状况。当蒸发器周围温度发生变化时，传感器的阻值也相应地发生变化。

（3）双金属片式温度传感器。

①结构和工作原理。

双金属片式温度传感器的敏感元件就是双金属片，它是由热膨胀系数不同的两种金属板黏合而成。温度较低时，双金属片保持原来的状态，随着温度的升高，双金属片向膨胀系数小的一侧弯曲，促使执行器动作，指示被测体的温度。

②应用。

双金属片式气体温度传感器用于检测发动机进气的温度，并通过真空膜片控制冷空气和热空气的混合比例。当发动机进气温度较低时，双金属片保持原来状态，阀门关闭；当温度升高时，双金属片弯曲，阀门打开。

在有的工程机械上，使用双金属片式温度传感器测量冷却水的温度。

转速传感器

转速传感器用以检测旋转体的转速。由于工程机械的行驶速度与驱动轮或其传动机构的转速成正比，测得转速便可知车速，因此转速传感器又被广泛用来作为车速传感器使用。目前工程机械中常用的转速传感器有变磁阻式转速传感器、光电式转速传感器、霍尔式转速传感器、舌簧开关、接近开关和测速发电机等。

（1）变磁阻式转速传感器。

图 5-28 为变磁阻式转速传感器的结构原理图。它由感应线圈 1、软磁铁芯 2、永久磁铁 4、外壳 5 等组成。整个传感器固定不动，传感器与齿轮（由导磁性材料制成）的磁峰之间保持一定的间隙 δ。

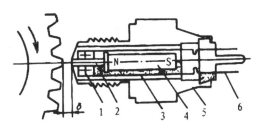

当齿轮转动时，齿峰与齿谷交替地通过传感器软磁铁芯，空气隙的大小发生周期性变化，使穿过铁芯的磁通也随之发生周期性的变化，于是在感应线圈中感应出交变电动势。该交变电动势的频率与铁芯中磁通变化的频率成正比，也就与通过铁芯端面的飞轮齿数成正比，即 $f = nZ/60\text{Hz}$。其中 n 为齿轮转速，Z 为齿轮齿数。将传感器输出信号放大、整形后，送到计数器或微机处理器中处理，就可以得出转速。

图 5-28　变磁阻式转速传感器
1-感应线圈；2-软磁铁芯；3-连接线；
4-永久磁铁；5-外壳；6-接线片

变磁阻式转速传感器具有结构简单、输出阻抗低、工作可靠、价格便宜等优点，在工程机械中应用广泛。

（2）舌簧开关式转速传感器。

舌簧开关是由装在小玻璃管内的两个簧片和触点组成的，玻璃管内的空气被抽出并充入惰性气体。簧片由导磁材料制成，每个簧片上各有一个触点，触点平时处于打开状态，其数量可以为两个或多个。

舌簧开关式转速传感器由一个舌簧开关和一个含有 4 对磁极的转子组成，结构如图 5-29 所示。当磁极移近舌簧开关时，舌簧开关的两个簧片便被磁化而相互吸引，则触点闭合，此时电路接通而产生脉冲；当磁极远离时，触点又在两个簧片弹力的作用下打开，使电路断开。这样，转子每转一周，舌簧开关中的触点闭合 8 次，产生 8 个脉冲信号。根据一定时间内舌簧开关通断的次数或输出脉冲的多少便可以测得转速。

（3）磁性电阻式车速传感器。

磁性电阻式车速传感器安装在变速器或分动器上，由输出轴的主动齿轮驱动。该传感器由带内置磁性电阻元件 MRE 的混合集成电路 IC 和多级电磁铁组成，如图 5-30 所示。

集成电路上磁性电阻元件的工作原理如图 5-31 所示，当电流方向和磁力线方向平行时磁性电阻元件上的电阻最大。相反，当电流方向与磁力线方向垂直时，磁性电阻元件上的电阻最小。

图 5-32 所示为一种带有磁性电阻元件的车速传感器电路图,该传感器采用一个多极(通常为 20 极或 4 极)磁铁附加在驱动轴上,当传动齿轮带动驱动轴旋转时,磁铁随之旋转而使磁力线发生变化。磁性电阻元件中的电阻值随着磁力线方向的变化而交替变化,电阻的变化导致电桥中输出电压的周期性变化,经过比较器后,产生出每转 20 个或 4 个脉冲信号。

(4)霍尔式转速传感器。

霍尔式转速传感器采用触发叶片的结构形式,如图 5-33 所示。霍尔式转速传感器由永久磁铁、导磁板、霍尔元件及霍尔集成电路等组成。在信号轮转动过程中,每当叶片进入永久磁铁与霍尔元件之间的气隙中时,霍尔元件中的磁场即被触发叶片所旁路(或称隔磁),这时不产生霍尔电压;当触发叶片离开气隙时,则产生霍尔电压。将霍尔元件间歇产生的霍尔电压信号经霍尔集成电路整形、放大和反向后,即得输送至微机控制装置的电压脉冲信号。

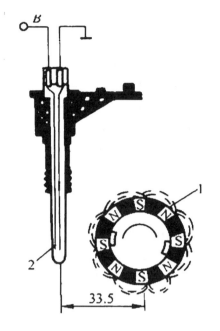

图 5-29　舌簧开关式转速传感器
1-转子;2-舌簧开关

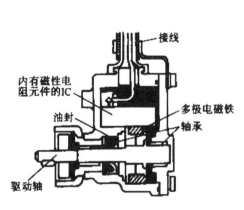

图 5-30　磁性电阻式转速传感器

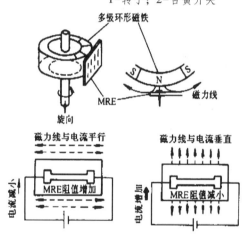

图 5-31　磁性电阻元件的工作原理

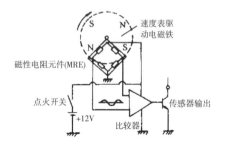

图 5-32　带磁性电阻元件车速传感器电路

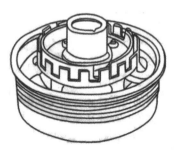

图 5-33　霍尔式转速传感器

角位移传感器

工程机械中最常用的移传感器是料位传感器和调平传感器，它们在推土机、平地机、沥青混合摊铺机、水泥混凝土摊铺机等设备的供料电控系统和自动找平电控系统中是必不可少的检测元件。常用的角位移传感器有电位器式、磁敏电阻式、差动变压器式等。

（1）电位器式。

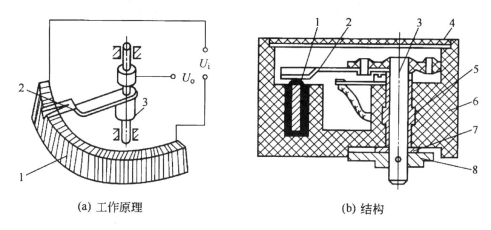

图 5-34　绕线电位器式角位移传感器

1-电阻元件；2-电刷；3-转轴；4-端盖；5-衬套；6-外壳；

7-垫片；8-锁止片

电位器式角位移传感器的敏感元件是电位器，利用电位器将输入角位移转化为与之成函数关系的电阻或电压输出。按照传感器中电位器的结构形式可将其分为绕线式、薄膜式、光电式；按照其特性曲线可将其分为线性电位器式和非线性（函数）电位器式。

绕线电位器式角位移传感器的结构和工作原理如图 5-34 所示。传感器主要由电位器和电刷两部分组成。电位器由电阻系数很高且极细的绝缘导线整齐地绕在一个绝缘骨架上制成，去掉与电刷接触部分的绝缘层，并加以抛光，形成一个电刷可在其上滑动的光滑而平整的接触道。电刷通常由具有弹性的金属薄片或金属丝制成，电刷与电位器间始终有一定的接触压力。检测角位移时，将传感器的转轴与被测角度的转轴相连，被测物体转过一定角度时，电刷在电位器上有一个对应的角位移，于是在输出端就有一个与转角成比例的输出电压 U_0。

绕线电位器式传感器的优点是性能稳定，容易达到较高的线性度和实现各种非线性特性。缺点是存在阶梯误差、分辨率低、耐磨性差、寿命较短。非绕线式电位器（薄膜式）在某些方面的性能优于绕线式电位器，因此在很多场合取代了绕线式电位器。

非绕线式电位器式角位移传感器的结构和工作原理如图 5-35 所示。传感器主要由电位器、电刷、导电片、转轴和壳体组成。根据电位器敏感元件的材料和制作工艺的不同，电位器可分为合成膜、金属膜、导电塑料、金属陶瓷等类型。其共同特点是在绝缘基座上制成各种电阻薄膜元件，因此分辨率比绕线式电位器高得多，并且耐磨性好、寿命长，导电塑料电位器的使用寿命可高达上千万次。

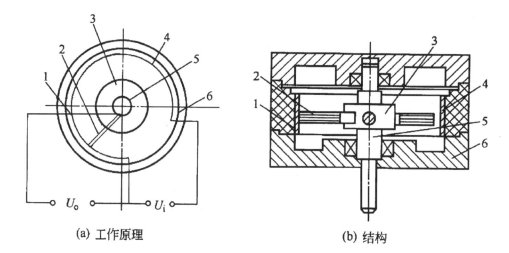

(a) 工作原理　　　　　　　　　　　(b) 结构

图 5-35　非绕线电位器式角位移传感器
1、4-电阻元件；2-电刷；3-固定座；5-转轴；6-端盖

光电电位器在工程机械中应用较少，它是一种非接触式、非绕线式电位器，其特点是以光束代替了常规的电刷。

（2）磁敏电阻式。

磁敏电阻式角位移传感器的主要元件是磁敏电阻和永久磁铁。磁敏电阻通常由半导体材料 InSb 或 InAs 制成，这种材料的电阻值随着外加磁场强弱的变化而变化，这种现象称为磁阻效应。

传感器工作时，将磁铁固定在轴上，当被测物体带动传感器轴转动时，磁铁与磁敏电阻间的距离发生变化，通过磁敏电阻的磁通量也变化，使得传感器的输出电阻或电压产生相应的变化。

InSb 磁敏电阻的灵敏度较高，在 1T（特斯拉）磁场中，电阻值可增加 10~15 倍。在强磁场范围内，线性较好，但受温度影响较大，需要采取温度补偿措施。

（3）光电式。

在光线作用下，半导体的电导率增加的现象称为光电效应。光电式传感器，是一种基于光电效应的传感器，在受到可见光照射后即产生光电效应，将光信号转换成电信号输出。光电传感器中的敏感元件有：光敏电阻、光电二极管、光电三极管、场效应光电管、雪崩光电二极管、电荷耦合器件等，适用于不同的场合。它除了能测量光强之外，还能利用光线的透射、遮挡、反射、干涉等测量多种物理量，如尺寸、位移、速度、温度等，因而是一种应用极广泛的重要敏感器件。

光电测量时不与被测对象直接接触，光束的质量又近似为零，在测量中不存在摩擦和对被测对象几乎不施加压力。因此在许多应用场合，光电式传感器比其他传感器有明显的优越性。其缺点是在某些应用方面，光学器件相比电子器件价格较贵，并且对测量的环境条件要求较高。

激光传感器是光电传感器的一种，一般是由激光发生器、光学零件和光电器件所构成的，激光传感器工作时，先由激光二极管对准目标发射激光脉冲。经目标反射后激光向各方向散射。部分散射光返回到传感器接收器，被光学系统接收后成像到雪崩光电二极管上。雪崩光电二极管是一种内部具有放大功能的光学传感器，因此它能检测极其微弱的光信号。它能把被测物理量（如距离、流量、速度等）转换成光信号，然后应用光电转换器把光信号变成电信号，通过相应电路的过滤、放大和整流得到输出信号，从而算出被测量。如图 5-36 所示平地机采用激光找平的工作：远处设置旋转式激光发射器，平地机上安装激光接收装置控制器与基准信号对比液压伺服控制系统，调整铲刀符合设定数据。

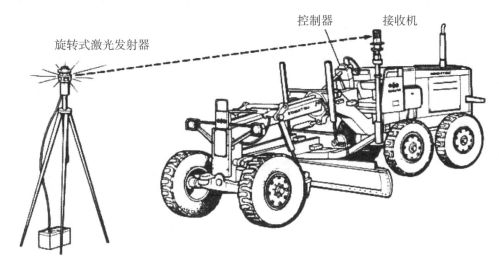

图 5-36 平地机采用激光传感器自动找平

（4）超声波式。

超声波是一种在弹性介质中的机械振荡，有两种形式：横向振荡（横波）和纵向振荡（纵波）。在工业中应用较广的是纵向振荡。超声波可以在气体、液体及固体中传播，其传播速度不同。另外，它也有折射和反射现象，并且在传播过程中有衰减。在空气中传播超声波，其频率较低，一般为几十 kHZ，而在固体、液体中则频率较高。在空气中衰减较快，而在液体及固体中传播，衰减较小，传播较远。利用超声波的特性，可做成各种超声传感器，配上不同的电路，制成各种超声测量仪器及装置，并在各个行业得到广泛应用。

超声波应用有三种基本类型：透射型用于遥控器、防盗报警器、自动门、接近开关等；分离式反射型用于测距、液位或料位传感器；反射型用于材料探伤、测厚传感器等。

超声波传感器的主要材料有压电晶体（电致伸缩）及镍铁铝合金（磁致伸缩）两类。电致伸缩的材料有锆钛酸铅（PZT）等。压电晶体组成的超声波传感器是一种可逆传感器，它可以将电能转变成机械振荡而产生超声波，同时它接收到超声波时，也能转变成电能，所以它可以分成发送器或接收器。超声波传感器包括三个部分：超声换能器、处理单元和输出级。

首先，处理单元对超声换能器加以电压激励，其受激后以脉冲形式发出超声波，接着超声换能器转入接收状态（相当于一个麦克风），处理单元对接收到的超声波脉冲进行分析，判断收到的信号是不是所发出的超声波的回声。如果是，就测量超声波的行程时间，根据测量的时间换算为行程，除以 2，即为反射超声波的物体距离。

把超声波传感器安装在合适的位置，对准被测物变化方向发射超声波，就可测量物体表面与传感器的距离。

称重传感器

称重传感器主要用于拌和设备的电子秤中，用来称量骨料、粉料及沥青等的重量。根据工作原理的不同，称重传感器有电阻应变式、压电式、电感式、电容式等，其中电阻应变式在工程机械中应用最为广泛。它具有体积小、测量精度高、灵敏度高、性能稳定、使用简单等优点。

（1）电阻应变效应。

电阻应变式称重传感器的工作原理是基于导体的电阻应变效应，即导体在外力的作用下发生变形时，其电阻值也会相应发生变化。

如图 5-37 所示为一根金属电阻丝受力前后的情况。在其未受力时，原始电阻值为 $R=\rho L/S$，式中 L 表示电阻丝的长度，S 表示电阻丝的截面积，ρ 表示电阻丝的电阻率。

当电阻丝受到拉力 F 作用时，将伸长 ΔL，截面积相应减少 ΔS，电阻率将因晶格发生变形等因素而改变 $\Delta \rho$，故引起电阻值相对变化。

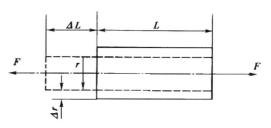

图 5-37　金属电阻丝应变效应

（2）传感器的结构和工作原理。

电阻应变式称重传感器由弹性元件、应变片和测量电桥组成。测试时弹性元件受拉力或压力的作用产生应变，使贴在其表面的应变片将弹性元件的应变转化成为电阻的变化，然后经电桥电路转变成电压信号输出。根据弹性元件结构的不同，应变片式称重传感器可分为柱式、梁式、环式等几种，其中柱式在拌和设备中用得最多。这种传感器的弹性元件结构简单而紧凑，承载能力较大。

①电阻应变片。

电阻应变片品种繁多，形式多样。但常用的应变片可分为两类：金属电阻应变片和半导体电阻应变片。金属应变片由敏感栅、基底、覆盖层和引线等部分组成，如图 5 - 38 所示。

敏感栅是应变片的核心部分，用以感受应变的变化。金属电阻应变片的敏感栅有丝式、箔式和薄膜式三种。丝式

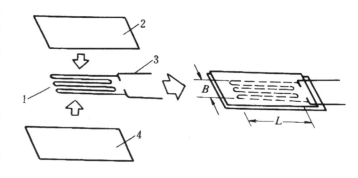

图 5-38　金属电阻应变片的结构
1-敏感栅；2-覆盖层；3-引出线；4-基底

敏感栅用直径为 0.012~0.05mm（以 0.025mm 左右为最常用）的高电阻率的金属丝（康铜或镍铬合金等）绕成栅形，粘结在基底上，基底除能固定敏感栅外，还有绝缘作用，其

厚度一般在 0.03mm 左右，粘贴性能好，能保证有效地传递变形。敏感栅上面粘贴有覆盖层，敏感栅电阻丝两端焊接引出线，引线多用 0.15~0.30mm 直径的镀锡或镀银铜线。

箔式应变片是利用光刻、腐蚀等工艺制成的一种很薄的金属箔栅，其厚度一般在 0.003~0.01mm。其优点是散热条件好，允许通过的电流较大，可制成各种所需的形状，便于批量生产。

薄膜应变片是采用真空蒸发或真空沉淀等方法在薄的绝缘基片上形成金属电阻薄膜的敏感栅，最后再加上保护层。它的优点是应变灵敏度系数大，允许电流密度大，工作范围广。

②测量电桥。

称重传感器普遍采用直流电源供电的直流测量电桥。如图 5-39 所示为基本直流电桥的电路。通过推导，可以得到桥路的输出电压为：

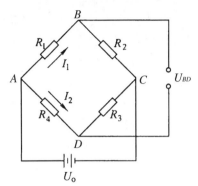

图 5-39　直流电桥

$$U_{BD} = U_{BC} - U_{DC} = \left(\frac{R_2}{R_1+R_2} - \frac{R_3}{R_3+R_4} \right) U_o = \frac{R_2R_4-R_1R_3}{(R_1+R_2)(R_3+R_4)} U_o$$

可见，要使输出为零，即电桥平衡，应满足 $R_1R_3 = R_2R_4$。这说明，通过适当地选择各桥臂的电阻值，可使桥路的输出电压只与被测量引起的电阻变化有关。

在拌和设备中，通常将多个（3~4个）称重传感器组合在一起使用，组合的方法有串联和并联两种形式，如图 5-40 所示。

如果各传感器的规格性能相同，串联后输出的电压为：$\triangle V_0 = \frac{W_g}{W_d} V_D$

并联时的输出电压为：$\triangle V_0 = \frac{W_g}{W_d N} V_D$

式中：Wg——荷重，单位为牛（N）；

W_d——单个传感器的额定负荷，单位为牛（N）；

V_D——单个传感器的额定输出电压，单位为伏（V）；

N——传感器的个数。

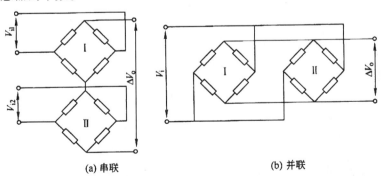

(a) 串联　　　　　　　　　　　(b) 并联

图 5-40　称重传感器的连接方式

3. 工程机械电子仪表电路

发动机转速表

发动机转速表用于指示发动机的运转速度。发动机转速表有机械式和电子式两种。电子式转速表由于结构简单、指示精确和安装方便，被广泛应用。

电子转速表获取转速信号的方式有三种：从点火系统获取脉冲电压信号、从发动机的转速传感器获得转速信号以及从发电机获取转速信号。

电子式发动机转速表类型很多，可分为汽油机用转速表和柴油机用转速表两种。前者的转速信号来自于点火系统中的脉冲电压，后者的转速信号来自于曲轴转速传感器。现介绍两种电子转速表的电路原理。

（1）电容充放电式转速表。

如图 5-41 所示是电容器充放电脉冲式电子转速表，其工作原理如下。

当触点闭合时，晶体管 VT 无偏压而处于截止状态，电容 C_2 被充电。其充电电路为蓄电池正极 $\rightarrow R_3 \rightarrow C_2 \rightarrow VD_2 \rightarrow$ 蓄电池负极，构成回路。

当触点打开时，晶体管的基极得正电位而导通，此时 C_2 便通过导通的三极管 VT、电流表 Ⓐ 和 VD_1 构成放电回路，从而驱动电流表。

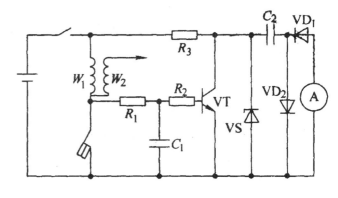

图 5-41　电容器充放电脉冲式电子转速表

当发动机工作时，分电器触点不断开闭，其开闭次数与发动机转速成正比。所以当触点不断开闭时，对电容 C_2 不断进行充放电，其放电电流平均值与发动机转速成正比，于是将电流表刻度值经过标定转换成发动机转速即可。稳压管 VS 起稳压作用，使 C_2 再次充电电压不变，以提高测量精度。

（2）柴油机用电子转速表。

转速表由装在发动机飞轮壳上的转速传感器和装在仪表板上的车速表组成。转速传感器有磁感应式、霍尔式、光电式等不同形式，目前柴油机广泛采用变磁阻式转速传感器（参见图 5-28），其通过螺纹固定在发动机正时齿轮室盖或飞轮壳上，工作时，传感器输出的交流信号的频率随发动机的转速而变化。

电子转速表的电路如图 5-42 所示。它由传感器、整形放大

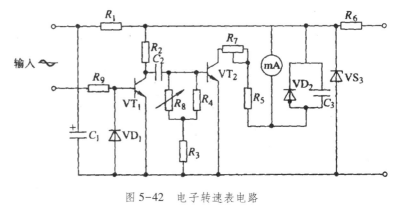

图 5-42　电子转速表电路

电路、微分电路、开关电路及指示仪表（磁电式毫安表）等组成。当转速传感器输出的交变信号处于负半周时，晶体管 VT_1 由导通转为截止，在其集电极输出近似矩形的脉冲电压（削波整形放大作用），经 C_2、R_2、R_3、R_4 和 R_8 组成的微分电路产生尖脉冲，触发由 VT_2 等组成的开关电路，使 VT_2 导通。这样传感器每输出一个周期的交变信号，转速指示表便得到一个定值的脉冲。脉冲电流的平均值与发动机的转速或脉冲的频率成正比，脉冲电流作用于转速指示表，从而可指示出相应的发动机转速值。

电子电压显示电路

电压显示器在于指示工程机械电源的电压，即指示蓄电池充、放电电量的大小以及充、放电的情况。传统的采用电流表或充电指示灯的方法不能比较准确地指示出电源电压。在实际使用中，往往因发电机电压失调，而发生蓄电池过充电和用电器过电压造成损坏。

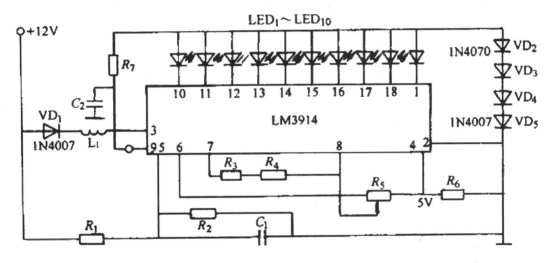

图 5-43　LM3914 电压显示电路

LM3914 电压显示电路如图 5-43 所示。该显示器主要由 LM3914 集成电路构成柱形点状带发光二极管的显示电路，它采用 $LED_1 \sim LED_{10}$ 10 只发光二极管，电压显示范围是 10.5 ~ 15V，每个发光二极管代表 0.5V 的电压升降变化。电路的微调电位器 R_5 将 7.5V 电压加到分压器一侧，电阻 R_7、二极管 $VD_2 \sim VD_5$ 是将各发光二极管的电压控制在 3V 左右，L_1 和 C_2 所构成的低通滤波器，用来防止电压波动干扰，二极管 VD_1 的作用是万一电源接反时保护显示器不致损坏。为了提高工程机械电源电压的指示精度，可用两个以上的 LM3914 集成块组成 20 级以上的电压显示器，用以提高工程机械电子仪表板刻度的分辨率。

冷却液温度表、机油压力表

为了解和掌握工程机械发动机的工作情况，及时发现和排除可能出现的故障，工程机械上均装有工程机械发动机冷却液温度表和机油（润滑油）压力表。如图 5-44 所示的电路具有显示发动机冷却液温度和机油压力两种功能。

它主要由冷却液温度传感器 RP_1（热敏电阻型）、机油压力传感器 RP_2（双金属片电

阻型）、LM339 集成电路和红、黄、绿发光二极管显示器等组成。冷却液温度传感器装在发动机水套内，它与电阻 R_{11} 组成冷却液温度测量电路。机油压力传感器装在发动机主油道上，与电阻 R_{18} 组成机油压力测量电路。

当冷却液温度低于 40℃ 时，用黄色发光二极管发黄色光显示；当冷却液温度在正常工作温度（约 85℃）时，用绿色发光二极管发绿色光显示；当水温超过 95℃ 时，发动机有过热危险，以红色发光二极管发光报警，同时由三极管 VT 控制的蜂鸣器也发出报警声响信号。

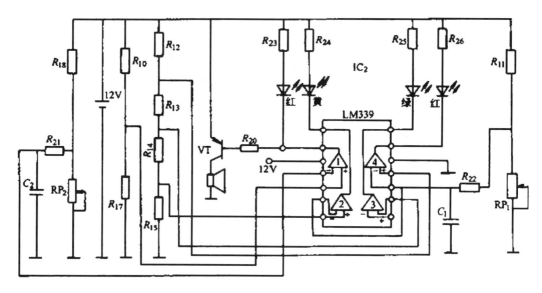

图 5-44　显示发动机冷却液温度和机油压力两种功能电路

当机油压力过低（低于 68.6kPa）时，双金属片式机油压力传感器产生的脉冲信号频率最低，此时红色发光二极管发光显示，并由蜂鸣器发出声响报警信号；当发动机机油压力正常时，绿色发光二极管发光显示，表示发动机润滑系统工作正常；而在油压过高时，机油压力传感器产生的脉冲信号频率较高，黄色发光二极管发光显示，以引起驾驶员的注意，防止润滑系统故障，尤其是注意防止润滑系统各部分的垫圈被冲破和润滑装置损坏。

电子燃油表

电子燃油表可以随时测量并显示工程机械油箱内的燃油情况，一般采用柱状或其他图形方式来提醒驾驶员油箱内可用的剩余燃油量。电子燃油表的传感器仍然采用浮子式滑线电阻器结构，由一个随燃油液面高度升降的浮子、一个带有电阻器的机体和一个浮动臂组成。传感器由机体固定在油箱壁上，当浮子随燃油液面的高度升降时，带动浮动臂使接触片在电阻器上滑动，从而使检测回路产生不同的电信号。当在整个电阻外部接上固定电压时，燃油高度就可根据接触片对地的电压变化输出测量值。

如图 5-45 所示为一电子燃油表电路。Rx 是浮子式滑线电阻器传感器，两块 LM324 及相应的电路和 $VD_1 \sim VD_7$ 发光二极管作为显示器件组成。由 R_{15} 和二极管 VD_8 组成的串联稳压电路，为各运算放大器提供稳定的基准电压，输入集成电路 IC_1 和 IC_2 组成的电压比较器反向输入端，为了消除工程机械行驶时油箱中燃油晃动的影响，Rx 输出端 A 点的电位

通过 R_{16} 及 C_{47} 组成的延时电路加到 IC$_1$ 和 IC$_2$ 的同向输入端，与基准电压进行比较并加以放大。

当油箱中燃油加满时，传感器 Rx 的阻值最小，A 点电位最低，由 IC$_1$ 和 IC$_2$ 电压比较器输出为低电平，此时，6 只绿色发光二极管都点亮，而红色发光二极管 VD$_1$ 熄灭，表示油箱中的燃油已满。

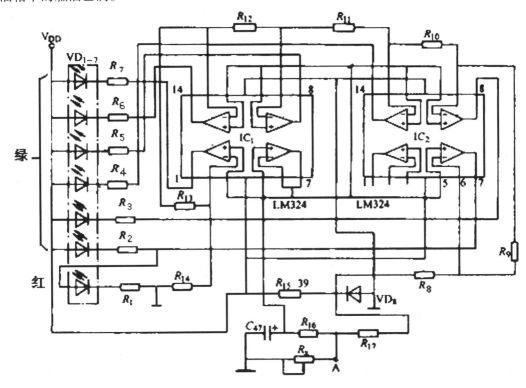

图 5-45　电子燃油表电路

当油箱中燃油量逐渐减少，显示器中绿色发光二极管按 VD$_7$、VD$_6$、VD$_5$……次序依次熄灭。油量越少，绿色发光二极管亮的个数越少。

当油箱中燃油量达到下限，Rx 的阻值最大，A 点电位最高，集成块 IC$_2$ 的第 5 脚电位高于第 6 脚的基准电位，6 只绿色发光二极管全部熄火，红色发光二极管 VD$_1$ 点亮，提醒驾驶员补充燃油。

图 5-46 所示为微机控制的燃油表系统构成。微机给燃油传感器施加固定的 +5V 电压，燃油传感器输出的电压通过 A/D 转换后送至微机进行处理，控制显示电路以条形图方式显示处理结果。为了在系

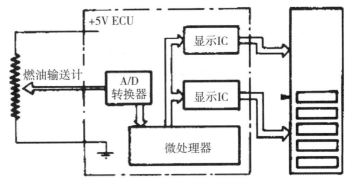

图 5-46　微机控制的燃油表系统

统第一次通电时加快显示,通常 A/D 转换不到 1 秒进行一次。在一般的运行环境下,为防止因工程机械行驶时油箱中燃油晃动对浮子的影响等因素造成的突然摆动而导致显示不稳定,微处理器将 A/D 转换的结果每隔一定时间平均一次。另外,鉴于仅靠平均办法还不足以使显示完全平稳下来,系统控制显示器只允许在更新数据时每次仅升降一段,并且显示结果经数次确认后才显示出来。微机接收到油量信息时,立即将其转换为操作显示器的电压信号,显示器上有 32 条或 16 条杆(参见图 5-25),发亮杆愈多,表示油量愈多。发亮杆旁有国际标准油量符号(即 ISO 油量符号),发亮杆分四部分,每部分代表 1/4 油位,ISO 符号上下有空(E)与满(F)符号。当油量逐渐减少时,亮杆自上向下逐渐熄灭,当油量减至危险值时,油量报警符号即闪烁,提醒驾驶员补充燃油。

4. 工程机械电子组合仪表

上述分装式工程机械仪表具有各自独立的电路,具有良好的磁屏蔽和热隔离,相互间影响较小,具有较好的可维修性。缺点是不便采用先进的结构工艺,所有仪表加在一起体积过大,安装不方便。有些工程机械采用组合仪表,其结构紧凑,便于安装和接线,缺点是各仪表间磁效应和热效应相互影响,易引起附加误差,为此要采取一定的磁屏蔽和热隔离措施,还要进行相应的补偿。

图 5-47 所示为 WDJLG908-30 型电子组合显示仪表。它主要由工程机械工况信息采集、单片机控制及信号处理、显示器等系统组成。主要功能包括模拟量/开关量监测。显示仪表在整个监测系统中负责采集和显示各路模拟量和开关量,并配合按键来完成相应的功能,其中包括高低速选择、雨刮开关、大灯开关等。除了显示装置以外,工程机械仪表系统还设有功能选择键盘,微机与工程机械电气系统的接头和显示装置连接。当点火开关接通时,输入信号有蓄电池电压、燃油箱传感器、温度传感器、行驶里程传感器以及键盘的信号,微机即按相应工程机械动态方式进行计算与处理,除了发出时间脉冲以外,尚可用程序按钮选择显示出瞬时燃油消耗、平均燃油消耗、平均车速、单程里程、行程时间(秒表)和外界温度等各种信息。

<mark>电子组合仪表组成系统</mark>

(1)信息采集。

工程机械工况信息通常分为模拟量、频率量和开关量三类。

①模拟量。

工程机械工况信息中的发动机冷却液温度、油箱燃油量、润滑油压力等,经过各自的传感器转换成模拟电压量,经放大处理后,再由模/数转换器转换成单片能够处理的二进制数字量,输入单片机进行处理。如图 5-47,模拟量有水温信号输入、油位信号输入。

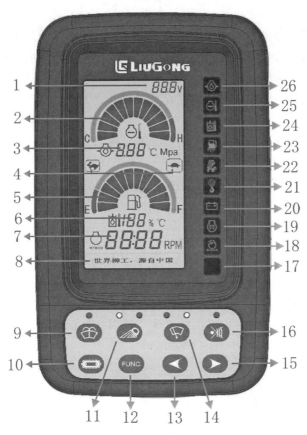

图5-47 WDJLG908-30电子监测显示仪表

1. 系统电压显示；2. 冷却水温段位显示；3. 冷却水温精确值显示；4. 行走状态显示；5. 油位段位显示；6. 油位精确值显示；7. 转速显示；8. 点阵液晶显示，可显示各种字符；9. 清洗控制按键；10. 行走控制按键；11. 灯光控制按键；12. 功能按键；13. 导向按键（左）；14. 雨刮控制按键；15. 导向按键（右）；16. 消音按键；17. 备用报警指示灯；18. 空滤报警指示灯；19. 预热报警指示灯；20. 充电报警指示灯；21. 超负荷报警指示灯；22. 快换装置指示灯；23. 油水分离报警指示灯；24. 油温报警指示灯；25. 水温报警指示灯；26. 机油压力报警指示灯

②频率量。

工程机械工况信息中的发动机转速和工程机械行驶速度等，经过各自的传感器转换成脉冲信号，再经单片机相应接口输入单片机进行处理。

③开关量。

工程机械工况信息中由开关控制的工程机械左转、右转、制动、倒车，各种灯光控制、各车门开关情况等，经电平转换和抗干扰处理后，根据需要，一部分输入单片机进行处理，另一部分直接输送至显示器进行显示。如图5-47开关量有预热信号输入、充电信号输入、空滤信号输入、机油压力信号输入、油温信号输入、油水分离信号输入、快换装置信号输入、防超载信号输入。

（2）信息处理。

工程机械工况信息经采集系统采集信息并转换后，按各自的显示要求输入单片机进行处理。如工程机械速度信号除了要由车速显示器显示外，还要根据里程显示的要求处理后输出里程量的显示。车速信息在单片机系统中按一定算法处理后送存储器累计并存储。工程机械其他工况信息，都可以用相应的配置和软件来处理。

（3）信息显示。

信息显示可采用液晶段指示、数字显示、声光或图形辅助显示等多种显示方式中的一种或几种方式。

柳工小型挖掘机 WDJLG908-30 电子监测显示仪表功能控制说明

（1）输入控制。

①水温：水温信号为电阻型信号，水温传感器的电阻范围为 22.7Ω～287.4Ω，对应的温度为 120℃～40℃。当水温显示大于 102℃时，仪表会有声光报警，即蜂鸣器报警、段位显示闪烁、指示灯显示闪烁。（属二级报警）

②油位：油位信号为电阻型信号，油位传感器的电阻范围为 10Ω～73Ω，对应的油位值为 100%～0%。当油位值显示低于 10%时，段位显示闪烁，蜂鸣不报警。（属一级报警）

③预热：当信号线输入 12V 电压时，预热指示灯会亮，否则不亮，其中预热指示灯不受仪表控制，只由外部输入信号决定。（但输入电压不能太小，否则指示灯不能亮起）

④充电：当充电信号线输入端输入一低电平信号，指示灯会亮，发动机发动时，此信号线仍然输入低电平的则指示灯会出现闪烁状态，同时蜂鸣器会鸣叫。（属二级报警）

⑤空滤：当空滤信号线输入一低电平时，空滤指示灯闪烁，同时蜂鸣器鸣叫。（属二级报警）

⑥机油压力：当机油压力信号线输入一低电平信号时，机油压力指示灯亮，发动机发动时，机油压力指示灯会闪烁，同时蜂鸣器鸣叫。（属二级报警）

⑦油温：当油温信号线输入一低电平时，油温指示灯闪烁，同时蜂鸣器鸣叫。（属二级报警）

⑧油水分离：当油水分离信号线输入一低电平信号时，油水分离指示灯闪烁，同时蜂鸣器鸣叫（只限于仪表在接通电源的情况下才能实现）。（属二级报警）

⑨快换装置：当快换装置信号线输入一高电平时，快换装置灯亮（只限于仪表在接通电源的情况下才能实现）。此无报警级别。

⑩防超载：当防超载信号线输入一低电平信号时，防超载指示灯闪烁（只限于仪表在接通电源的情况下才能实现），同时蜂鸣器鸣叫。（属二级报警）

（2）输出控制。

仪表设有八路继电器输出，分别控制灯光、雨刮、行走、清洗（所有的继电器是否输出均由相应的按键来控制)。

①灯光：由于灯光有两种，即动臂灯与车架灯，因此用到两个继电器来控制。灯光控制按键有三种状态：按一次为其中一个继电器输出线输出一高电平，再按一次则切换成另一个继电器输出线输出一高电平，第三次按下时则两个继电器同时输出线输出高电平，第四次按下时两个继电器同时关闭为悬空状态（不输出）。

②雨刮：由于雨刮有三种状态，因此用三个继电器来控制：当第一次按下按键时，第一个继电器输出线输出高电平；当第二次按下按键时，第二个继电器输出线输出高电平；当第三次按下按键时，第三个继电器输出线输出高电平；第四次按下按键时，没有继电器输出即为悬空状态。

③行走：当按下行走按键时，行走继电器输出线输出高电平，同时显示图标，再次按下该键，则取消输出线为悬空状态同时显示图标。

④清洗：当按下该按键不放时清洗继电器输出线输出高电平，当放下该按键时继电器同时取消输出线输出即为悬空状态。

5.1.3　检修仪表系统

1. 仪表使用注意事项

（1）拆装注意事项：

①仪表属精密仪器，在安装过程中要轻拿轻放，且不能直接用水冲洗仪表及整个电气系统的任何部件。

②拆装组合仪表时，应先拆下蓄电池负极电缆线，以免手触摸仪表板后面线束时造成线路短路。

③拆组合仪表装饰面板时，由于固定螺钉是隐蔽的，因此，要仔细查找固定螺钉，否则强行拆卸将会损坏装饰面板。

④拆装组合仪表时，应注意仪表板后面的线束插接器及车速里程表软轴接头，一般都带有锁止机构，切忌强拆。

⑤从电路板上拆下仪表表芯、电源稳压器、照明灯及指示灯时，不要损坏印制电路。

（2）单独更换表芯或仪表传感器时，注意仪表与传感器必须配套使用。

（3）电热式机油压力传感器安装时有方向要求。

（4）仪表与传感器的接线必须可靠。

（5）电磁式仪表的接线柱有极性之分，不得接错。

（6）电子仪表电源负极线及地线校准线要单独引到电瓶负极手动开关车架端（不能采用就近搭铁的方式接地或与其他电器设备共线引到电瓶负极）。

（7）仪表所有信号线（开关量及模拟量）的连接线要保证尽量可靠、牢固。所有传感器的安装过程中要保证传感器外螺纹及搭铁部分与其接触面连接良好，保证传感器的搭铁良好。（建议安装表面不要打密封胶）

（8）所有搭铁线的安装点（与电缆线端子接触的表面）在电缆安装前作严格除漆、除氧化层处理，要保证接触表面平整、导通性能良好。

（9）系统搭铁线的安装底座焊接应采用满焊，不得虚焊或夹焊渣。

2. 指示仪表与传感器检修

电流表的检验与调整

（1）电流表的检验。

将被测试电流表与标准直流电流表（-30A~0~30A）及可变电阻（0~50Ω）串联在一起，与蓄电池电源组成回路。逐渐减小可变电阻值，比较两个电流表的读数。若读数差不超过20%，则可认为被试电流表工作正常。

（2）电流表的调整。

如被测试电流表读数偏高，可用充磁方法进行调整，其方法有：

①永久磁铁法。用一个磁力较强的永久磁铁的磁极与电流表永久磁铁的异性磁极接触一段时间，以增强其磁性。

②电磁铁法。用一个"门"字形电磁线圈通以交流电，然后和电流表永久磁铁的异性磁极接触3~4s左右，以增强其磁性。

调整时，若读数偏低，可使用同性磁极相斥一段时间，使其退磁。

燃油表的检验与调整

（1）测量传感器和指示仪表的电阻，看是否符合规定。

若电阻值小于规定值，则表示内部有短路；若电阻值很大，则表示内部断路或接触不良。

（2）指示仪表的检查与调整。

首先将被测试指示仪表与标准传感器如图5-48所示接线。然后，将浮子臂分别摆到规定位置（如307型为30°和89°）。

这时仪表的指针应相应地指在"0"和"1"的位置，且误差不应超过10%，否则应予以调整。若电磁式指示仪表不能指到"0"时，可上、下移动左铁芯的位置进行调整；若不能指到"1"时，可上、下移动右铁芯的位置进行调整。若双金属式指示仪表不能指到"0"或"1"时，可转动调整齿扇进行调整。

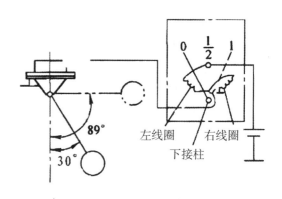

图5-48 燃油表的检验

（3）传感器的检验与调整。检验时接线方法仍按图5-48所示，但指示仪表应是标准的。检查方法同上，当指针指到"0"和"1"时，浮子臂若不在规定的位置时，可改变滑片与电阻的相互位置进行调整。

温度表的检验与调整

（1）指示表与传感器电阻的检验。

测量指示表与传感器的电阻值，看是否符合规定（见表5-1）。若电阻值小于规定值，则表示内部有短路；若较大，则表示内部断路或接触不良。

表5-1　温度表电阻的检验数据

名称	加热线圈			电阻/Ω
	材料	直径/mm		
指示表	双丝包康铜线	0.12-0.01		35.5+1
传感器	双丝包康铜钱	0.12±0.01		7~8.5

（2）温度指示表指针偏斜度的检验与调整。

①检验。将被测试指示表接在如图5-49所示电路中。接通开关，调节可变电阻，当毫安（mA）表指在规定值如80mA、160mA、240mA时，指示表相应指在100℃、80℃、40℃的位置上。其误差不应超过20%。

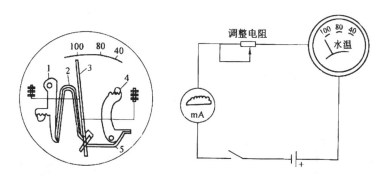

图5-49　指示表的检查
1、4-调节齿扇；2-双金属片；3-指针；4-弹簧片

②调整。指示表指针的偏斜度与规定电流不符时，应予调整。其方法是：若指针在"100℃"时不准，可拨动齿扇1进行调整；若指针在"40℃"时不准，可拨动齿扇4进行调整。刻度的中间各点可不必进行调整。

（3）传感器的检验与调整。

检查传感器时，将传感器和水银温度表装在正在加热的水槽中，并与标准的水温指示表连接，如图5-50所示。

当水加热到40~100℃时，观察两个温度表的指示值，若指示值一致或在允许的误差范围内，则说明传感器正常工作，否则应更换。

油压表的检验与调整

（1）指示表与传感器电阻的检验。

测量指示表和传感器的电阻值，看是否符合规定。若电阻值小于规定值，则表示有短路；若电阻值很大，则表示内部断路或接触不良。

（2）传感器（感压盒）的检验与调整。

①检验。将被试传感器装在小型手摇油压机上，并与标准指示表连接，如图 5-51 所示。按通开关 6，摇转手柄，改变油压。

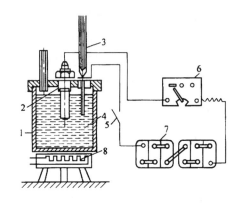

图 5-50　检验温度表传感器装置
1-加热槽；2-被试传感器；3-水银温度计；
4-热水；5-开关；6-标准水温指示表；
7-蓄电池；8-加热电炉

当标准油压指示表 4 的指示压力与油压机自身的标准油压表 2 的相应指示压力相同时，则证明被测试传感器工作正常，否则应予调整。

②调整。在传感器与指示表之间串入电流表，若油压指示"0"压力时，传感器输出电流过大或过小，应打开被测试传感器的调整孔，拨动图 5-52 中齿扇 5，进行适当调整。

若油压为高压时，输出电流较规定值偏低，应更换传感器的校正电阻（调整范围一般在 30～360Ω 内）。若在任何压力下，输出电流均超过规定值，而调整齿扇又无效时，则应更换传感器。

（3）油压表的检查与调整。

①油压指示表的检验与调整均与温度指示表相同。

②检验传感器的装置（图 5-51）也可用来检验指示表，只需将被试传感器换成标准的传感器，将标准的指示表换成被试的指示表。

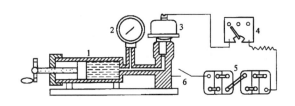

图 5-51　传感器的检验
1-油压机；2-油压机自身标准油压表；
3-被测试传感器；4-标准油压指示表；
5-蓄电池；6-开关

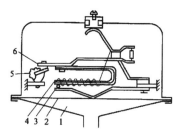

图 5-52　传感器的调整
1-油腔；2-膜片；3-弹簧片；
4-双金属片；5-调整齿扇；6-接触片

3. 仪表系统常见故障检修

指示仪表不工作

（1）现象。

仪表不工作是指点火开关接通后，在发动机运转过程中指针式仪表的指针不动或数字式仪表没有显示及显示一直不变。

（2）主要原因。

①保险装置及线路断路；

②指示仪表、传感器及稳压电源有故障；

③仪表指示或监测的系统有故障。

（3）诊断故障方法。

①所有仪表都不工作，通常是由于保险装置、稳压电源有故障，或仪表电源线路、搭铁线路断路引起的。可以先检查保险装置是否正常，然后检查线头有无脱落、松动，电源线路及搭铁线路是否正常，最后检查、修理稳压电源。

②个别仪表不工作，一般是由于仪表、传感器有故障，或对应控制线路有故障等引起的。

可用试灯模拟传感器进行检查。如果连接传感器的导线通过试灯搭铁后仪表恢复指示，则说明传感器损坏，应予以更换；如果仍没有指示，应检查传感器和仪表之间的线路连接情况。若线路正常，则说明仪表有关显示部分有故障，应予以检修或更换。

也可采用万用表进行检测。可将传感器的接线断开，用万用表检测传感器的接线是否有电。如果有电，则说明传感器损坏，应予以更换；如没有电，应检查传感器到仪表及电源的电路。

仪表指示不准确

（1）现象。

仪表指示值不能准确地反映实际值的大小，则称仪表指示不准确。

当发动机正常运转时，冷却水温度应在 80~95℃之间；机油压力表读数：怠速时应不低于 0.15MPa，正常压力应为 0.2~0.4MPa，最高压力应不超过 0.5MPa。

（2）主要原因。

仪表、传感器及稳压电源等有故障。

（3）诊断与排除方法。

①多数仪表指示不准确，通常是由于稳压电源有故障或仪表搭铁线路不良等原因引起的，应分别予以检修。

②个别仪表指示不准确，一般是由于仪表或传感器的故障引起。此时可参照有关车型技术规范，用标准的传感器对仪表进行校准检查，或用标准的仪表检校传感器，发现异常时则应用同型号的传感器或仪表予以更换。

5.2　检修报警系统

☞任务导入

一台 CLG856 装载机在刚起动后水温报警灯亮。此故障原因有报警灯、传感器、保险、导线连接等。要想排除此故障，需掌握报警系统组成元件的构造、原理、拆装、检测和线路连接等内容，我们必须学习下面的知识技能。

☞相关知识

仪表板（显示器）除了显示基本的车辆行驶工况信息外，还对其他工况进行监控并向驾驶员发出指示或警告信息，如图 5-47 所示，这些信息通常以指示灯的形式显示在仪表板上或者以文字信息显示在液晶显示器上，有的还伴随蜂鸣声，使驾驶员引起注意或重视。

工程机械仪表上的指示灯系统一般由光源、刻有符号图案的透光塑料板和外电路组成。指示灯的光源以前大多采用小白炽灯泡，损坏后可以更换；而目前电子仪表上越来越多地采用体积小、亮度高、易于集成的彩色 LED 作为光源，但其损坏后不易更换。如表5-2 为工程机械常见仪表指示灯符号。

工程机械上根据警报项目的相对重要程度，警报系统分为一级报警、二级报警系统。

一级报警：项目灯闪烁。

二级报警：项目灯闪烁，蜂鸣器响。

分级报警并不意味着在出现低级（一级）报警时就可以视而不见，只要有报警信号就应停车进行检修，排除故障后再继续行车或工作。

表 5-2 常见仪表指示与报警灯符号

符　号	指示项目	符　号	指示项目
	预热指示灯		机油油位指示灯
	散热器水位指示灯		燃油油位指示灯
	充电指示灯		空气滤清器堵塞指示灯
	发动机水温指示灯		液压油温度指示灯
	机油压力指示灯		雨刮工作指示灯

5.2.1　常见报警装置

1. 冷却液温度报警装置

冷却系统报警信息一般指冷却液温度高报警。冷却液温度高报警灯的作用是当发动机冷却液温度升高到一定程度时，警告灯自动点亮，以示警报。冷却液温度高报警灯的通断通常由双金属温度开关控制。当冷却液温度低于 95~98℃时，双金属片上的动触点与静触点保持分离状态，警告灯不亮；当冷却液温度高于 95~98℃时，双金属片受热变形，向下弯曲程度变大，使双金属片上的动触点和静触点接触，将警告灯电路接通，警告灯点亮，提醒驾驶员注意，如图 5-53 所示。

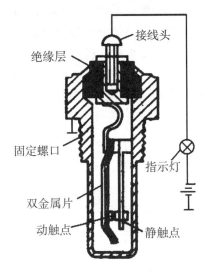

图 5-53　冷却液温度报警灯电路

2. 机油压力报警装置

机油压力报警灯用于提醒驾驶员注意发动机的机油压力异常，指示机油泵是否以正常压力供给发动机的各部件。在工程机械上有的既有机油压力表又有机油压力报警灯，有的只有机油压力报警灯。该灯由位于发动机润滑系统中的机油压力开关控制，机油压力警报装置的报警开关一般装在主油道上，如图 5-54 为弹簧管式机油压力报警电路。报警灯通过发出红光指示驾驶员应采取的措施，红光表示发动机存在机油压力问题，应关闭发动机。

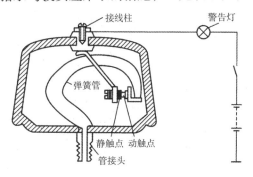

图 5-54　弹簧管式机油压力报警电路

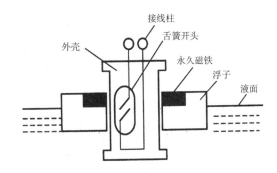

图 5-55　制动液液位报警开关

3. 制动液液位报警装置

制动系统信息指示和报警包括驻车制动指示和制动管路液压低、制动液不足等信息。

如图 5-55 为常见的制动液液位报警开关结构，如果储液罐中的制动液少于规定容积，浮子下降，舌簧开关在永久磁铁的磁化下闭合，报警灯在发动机运转期间点亮。这种形式的报警开关可以装在储液罐盖上，也可以装在储液罐底部，同时也可以用在冷却系水位、液压油油位不足时及时报警。

4. 燃油液位报警装置

燃油量报警灯用于监视燃油箱中的燃油量，当燃油液位降至低于规定值时，模块中的油位报警开关闭合，向燃油油位报警灯供电，使报警灯点亮，表明燃油剩余量不足。常见燃油油位报警灯电路如图 5-56 所示。

该装置由负温度系数的热敏电阻式燃油油量报警传感器和警告灯组成。当油箱内油量较多时，热敏电阻元件浸没在燃油中，散热快，温度较低，电阻值较大，因此电路中电流很小，警告灯不亮；当燃油减少到规定值以下时，热敏电阻元件露出油面，散热慢，温度较高，电阻值较小，因此电路中电流增大，警告灯亮。

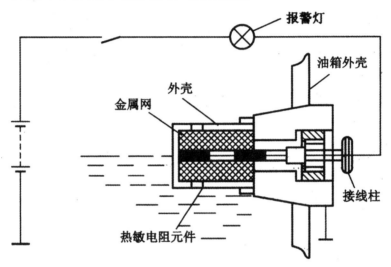

图 5-56　燃油油位报警灯电路

5.2.2　检修报警系统电路

当报警系统不工作或工作不正常时，电路检修可参照仪表系统的检修方法，利用万用表或试灯进行检查。报警电路中的传感器大部分为开关量模式，也可以模拟传感器的开、关工作方式判断故障。

情境五　任务工作单（1）

任务名称	检修仪表系统电路				
学生姓名		班级		学号	
成　　绩				日期	

一　相关知识

1. 电流表用来指示蓄电池_____或_____电流的大小，并且监视_____是否正常工作。

2. 在现代工程机械上，电流表已被_____所代取。在起动时，电压表指示_____电压，发电机供电时指示_____电压。

3. 冷却水温传感器一般采用_____温度系数的热敏电阻，它具有_____的温度特性。

4. 当油箱盛满油时，浮子带动滑片移动到电阻的_____，使电阻_____接入。此时_____的电流最小，而_____的电流最大，指在"_____"的刻度。

5. 在有些汽车上装有_____，这时主、副油箱必须各装一个_____，在_____和_____的中间安装一个_____，可以分别测量_____的_____。

6. 电子式发动机转速表类型很多，可分为汽油机用转速表和柴油机用转速表两种。前者的转速信号主要来自于点火系统中的_____，后者的转速信号来自于_____。

7. 变磁阻式转速传感器输出信号时_____。

8. 电子仪表一般由_____、_____和_____三部分组成。

9. 工程机械工况信息通常分为_____、_____和_____三类。

10. 常用电子显示装置主要有：_____（VFD）、_____（LED）、_____（LCD）、阴极射线管（CRT）、等离子显示器件（PDP）等。

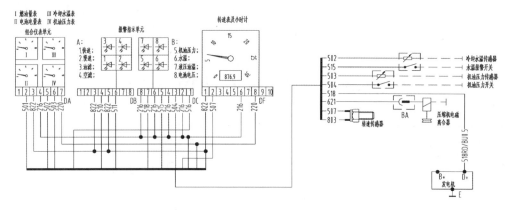

图 1

二　电路分析

根据电路图 1，回答问题。

1. 写出仪表系统组成元件及其功用。

2. 分析燃油量、水温表、机油压力表控制电路。

三　故障检修

仪表不工作的故障诊断：

检测机型：＿＿＿＿＿＿

1. 故障现象为：＿＿＿＿＿＿＿＿＿＿＿＿＿＿＿＿＿＿＿＿＿＿＿＿＿＿＿＿＿。

2. 制定检查流程：

3. 故障结果分析：

电路检修要点：（参考）

（1）如果所有仪表都不工作。

检查仪表的熔断丝是否完好；检查线头有无脱落、松动，电源线路及搭铁线路是否正常。

检查结果：＿＿＿＿＿＿＿＿＿＿＿＿＿＿＿＿＿＿＿＿＿＿＿＿＿＿＿＿＿。

（2）如果个别仪表不工作。

①检查传感器是否正常。

检查结果：＿＿＿＿＿＿＿＿＿＿＿＿＿＿＿＿＿＿＿＿＿＿＿＿＿＿＿＿＿。

②检查指示仪表是否正常。

检查结果：＿＿＿＿＿＿＿＿＿＿＿＿＿＿＿＿＿＿＿＿＿＿＿＿＿＿＿＿＿。

③检查仪表线路连接是否正常。

检查结果：＿＿＿＿＿＿＿＿＿＿＿＿＿＿＿＿＿＿＿＿＿＿＿＿＿＿＿＿＿。

情境五　任务工作单（2）

任务名称			检修报警系统电路		
学生姓名		班级		学号	
成　　绩				日期	

一　相关知识

1. 当燃油箱内燃油量多时，热敏电阻元件浸没在燃油中，＿＿＿＿＿＿，其温度＿＿＿＿＿＿，电阻值＿＿＿＿＿＿，电路中几乎＿＿＿＿＿＿，警告灯处于＿＿＿＿＿＿状态。
2. 舌簧开关常用来作为＿＿＿＿＿＿报警开关用。
3. 双金属片触点开关常用来作为＿＿＿＿＿＿报警开关用。
4. 如表1，在指示项目中填上与符号对应的项目名称：

表1

符号	指示项目	符号	指示项目

		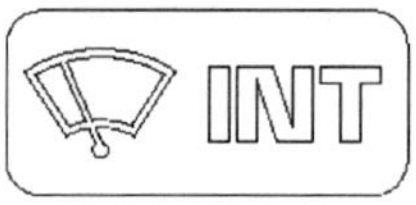	

二　电路分析

根据情境五任务工作单（1）图 1，回答问题：

1. 写出警报系统主要组成元件及其功用。

2. 写出机油压力、水温、液压油温警报控制电路。

三　故障检修

报警灯不亮的故障诊断：

检测机型：_____

1. 故障现象为：_____。

2. 制定检查流程：

3. 故障结果分析：

电路检修要点：（参考）

（1）如果所有报警都不工作。

检查仪表的熔断丝是否完好；检查线头有无脱落、松动，电源线路及搭铁线路是否正常。

检查结果：_____。

（2）如果个别报警不工作。

①检查传感器是否正常。

检查结果：_____。

②检查报警灯是否正常。

检查结果：_____。

③检查报警线路连接是否正常。

检查结果：_____。

情境 6　检修辅助电气系统

6.1　检修电动刮水器、清洁系统

☞**知识目标**

掌握电动刮水器、清洁系统的组成结构及工作原理。

☞**能力目标**

1. 能够正确识读电动刮水器、清洁系统电路；
2. 能够拆装、检测、调整电动刮水器、清洁系统各主要电气元件；
3. 能够诊断与排除电动刮水器、清洁系统常见故障；
4. 能够连接电动刮水器、清洁系统的基本线路。

☞**任务导入**

一台 CLG920 挖掘机接通雨刮开关，雨刮不工作。此故障原因有雨刮电机、继电器、开关、保险、导线连接等，要想排除此故障，需掌握电动雨刮系统组成元件的构造、原理、拆装、检测，线路连接等内容，我们必须学习下面的知识技能。

☞**相关知识**

为了保证在各种使用条件下挡风玻璃表面干净、清洁，工程机械都安装了刮水器，许多工程机械还安装了风窗清洗装置和除霜装置。

6.1.1　检修电动刮水器

1. 电动刮水器的作用

为了保证驾驶员在雨天、雪天和雾天有良好的视线。电动挡风玻璃刮水器具有一个或两个以上的橡皮刷，由驱动装置带着来回摆动，以除去挡风玻璃上的水、雪等。

2. 电动刮水器的组成、结构和原理

电动刮水器主要由电动机、减速机构、自动停位器、刮水器开关和联动机构及刮片等组成，机械传动关系如图 6-1 所示。

为了不影响驾驶员的视线，刮水器中常装有自动复位装置，以便在任何位置切断刮水电机电路时，刮水器的橡皮刷都能自动停止在风窗玻璃的下部。

刮水器电动机按其磁场结构来分，有线绕式和永磁式两种。后者具有体积小、质量轻、构造简单等优点，如图6-2所示，因此目前被广泛采用。一般刮水电动机有高、低两种工作速度。减速机构采用蜗轮蜗杆，和电动机一体，使结构紧凑。

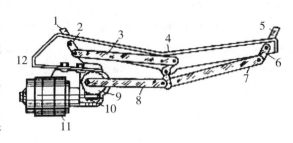

图 6-1　电动刮水器

1、5-刮片架；2、3、6-摆杆；4、7、8-连杆；9-减速蜗轮；10-蜗杆；11-电动机；12-底板

永磁式三刷电动机

永磁式电动机及减速机构和自动停位器构造如图6-2所示。

永磁式电动机的磁场由铁氧体永久磁铁产生，磁场的强弱不能改变，为了改变工作速度可采用三刷式电动机，利用三个电刷改变正负电刷之间串联的电枢线圈个数实现变速。因为直流电动机旋转时，在电枢绕组内同时产生反电动势，其方向与电枢电流的方向相反，当电枢转速上升时，反电动势也相应上升，当电枢电流产生的电磁力矩与运转阻力矩平衡时，电枢的转速趋于稳定。

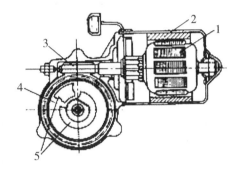

图 6-2　永磁式电动机

1-电枢；2-永久磁铁磁极；3-蜗杆；4-蜗轮；5-自动停位滑片

由于运转阻力矩一定时，电枢稳定运转所需要的电枢电流一定，对应的电枢绕组反向电动势高低就一定。而电枢绕组反向电动势与转速和正负电刷之间串联的电枢线圈个数的乘积成正比，电枢绕组反向电动势高低一定时，转速和正负电刷之间串联的电枢线圈个数成反比，正负电刷之间串联的电枢线圈个数越多，转速越低，反之，正负电刷之间串联的电枢线圈个数越少，转速越高。所以，利用三个电刷改变正负电刷之间串联的电枢线圈个数可以实现变速，其变速原理如图6-3所示。

当刮水器开关拨至低速挡时，电源电压加在"+"与"-"电刷之间，使其内部形成两条对称的并联支路，一条支路由线圈1、2、3、4串联组成，另一条支路由线圈5、6、7、8串联组成，各支路反向电动势方向如图中箭头所示。由于各线圈反向电动势方向相同，互相叠

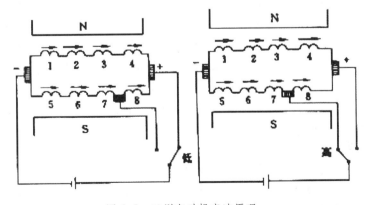

图 6-3　三刷电动机变速原理

加，相当于 4 对线圈串联，电动机以较低转速稳定旋转。当刮水器开关拨至高速挡时，电源电压加在"−"电刷与偏置电刷之间，从图中可以看出电枢绕组的一条支路由五个线圈 1、2、3、4、8 串联，另一条支路由三个线圈 5、6、7 串联，其中线圈 8 与线圈 1、2、3、4 的反电动势方向相反，互相抵消后，相当于只有三对线圈串联，因而只有转速升高，才能使反电动势达到与运转阻力矩相应的值，形成新的平衡，故此时转速较高。

自动复位器

自动停位器能保证刮水器开关在任何时候断开时，使刮水片自动停止在风窗玻璃的底部。自动停位器的组成和电路连接如图 6-4 所示，它由装在减速机构端盖上的自动复位触片 3、5 和嵌在减速蜗轮上的自动复位滑片 7、9 组成。滑片 7 与壳体绝缘，而滑片 9 则直接搭铁；触片 3、5 靠自身弹力保持与自动复位滑片接触。

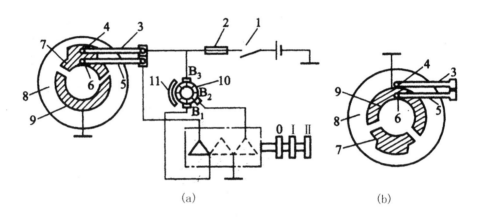

(a)   (b)

图 6-4　永磁式电动机的工作原理
1-电源开关；2-熔断器；3、5-接触片；4、6-触点；7、9-复位滑片；
8-蜗轮；10-电枢；11-永久磁铁

当电源开关接通时，把刮水器开关拉到"Ⅰ"挡，电流从蓄电池的正极→电源开关 1→熔断器 2→电刷 B_3→电枢绕组→电刷 B_1→刮水器"Ⅰ"挡→搭铁，刮水器电动机低速运转。当刮水器开关拉到"Ⅱ"挡时，电流从蓄电池的正极→电源开关 1→熔断器 2→电刷 B_3→电枢绕组→电刷 B_2→刮水器"Ⅱ"挡→搭铁，刮水器电动机高速运转。

当刮水器开关推到"0"挡时，如果刮水器的刮水片没有停在规定的位置，如图 6-4（b）所示，则电流经蓄电池正极→电源开关 1→熔断器 2→电刷 B_3→电枢绕组→电刷 B_1→刮水器"0"挡→接触片 5→复位滑片 9→搭铁，这时电动机将继续转动，当刮水器的刮水片到规定位置，如图 6-4（a）所示时，接触片 3、5 都和复位滑片 7 接触，使电动机短路。与此同时，电动机电枢由于惯性而不能立刻停下来，电枢绕组通过接触片 3、5 与复位滑片 7 接触而构成回路，电枢绕组产生感应电流，因而产生制动扭矩，电动机迅速停止转动，使刮水器的刮水片停止在规定的位置。

间歇继电器

当工程机械在毛毛细雨中或浓雾天气行驶时，因风窗玻璃表面形成的是不连续水滴，如果刮水器的刮片按一定速度连续刮拭，微量的水分和灰尘就会形成发黏的表面，因此不仅不能将风窗玻璃刮拭干净，相反使玻璃模糊不清，留下污斑，影响驾驶员的视线。为此有些刮水器具有自动间歇刮水功能，在碰到上面提及的行驶条件时，只需将刮水开关拨至间歇工作挡位，刮水器便在间歇继电器的控制下，按每停止 2~12s 刮水一次的规律自动停止和刮拭，使风窗洁净，驾驶员获得良好的视野。间歇继电器有机械式和电子式两大类，原理各不相同。

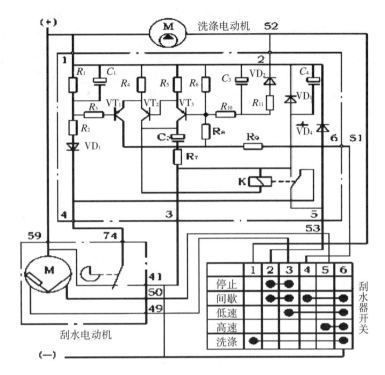

图 6-5 是采用电子式间歇继电器的一个实例，刮水器开关有 4 挡 5 个状态，即停止、间歇、低速、高速、洗涤。

图 6-5　间歇继电器组成的刮水洗涤电路图

当把开关置于间歇挡时，开关的 2 与 3 接线端内部接通，4 与 6 接线端内部也接通，分别把刮水器的 49 号线与 53 号线接通，把刮水器的 51 号线搭铁。此时通过电阻 R_9、R_8，使三极管 VT_3 基极电位降低而导通，三极管 VT_2 跟着导通，使继电器 K 吸合，K 的转换触点动作，使 53 号线断开与 74 号线的连接，转为 53 号线与 41 号搭铁线连接，刮水电动机通电转动。电路为：电源正极→59 号线→刮水电动机→49 号线→刮水器开关接线端（3→2）→53 号线→继电器 K 常开触点→41 号线搭铁。

刮水电动机转动后，其自动复位转盘使 74 号线与 59 号线断开，转为 74 号线与 41 号搭铁线接通。这样经二极管 VD_1、电阻 R_2、电阻 R_3 使三极管 VT_1 基极电位降低而导通，同时电容 C_1 开始充电。VT_1 导通后在电阻 R_9 上产生电压，通过电阻 R_8 使三极管 VT_3 基极电位上升而截止，三极管 VT_2 跟着截止，继电器 K 断电释放，其转换触点恢复原状，使 53 号线与 41 号线断开，恢复为 53 号线与 74 号线接通，由于此时的 74 号线是与 41 号搭铁线接通的，因此虽然继电器 K 已释放，但刮水电动机继续运转。电路为：电源正极→59 号线→刮水电动机→49 号线→刮水器开关接线端（3→2）→53 号线→继电器 K 常闭触点→74 号线→41 号搭铁线。当刮水臂来回刮过一次，自动复位转盘转过一周后，74 号线与 41 号线断开而重新与 59 号线接通，刮水电动机进入能耗（电动机头尾短接）制动状态而停止。此时 74 号线连接正极是高电位，但由于二极管 VD_1 的隔离作用，不影响三极管 VT_1 的基极电位，而电容 C_1 已被充电，从而使三极管 VT_1 基极保持低电位而继续导通，同时电容 C_1 通过电阻 R_1 放电，三极管 VT_1 基极电位逐渐上升直至使其截止，三极管 VT_3 基极电位再次下降，完成一次循环。电容 C_1 的放电时间就是刮水器的间歇时间，从而使刮水臂来回刮一次后，间歇一段时间再来回刮一次，如此周而复始。

当刮水器开关置于洗涤挡时，开关的1、6接线端内部接通，52号线搭铁，洗涤电动机通电工作，向挡风玻璃喷水。这时通过二极管VD_2、电阻R_{11}、电阻R_{10}使三极管VT_3基极电位降低而导通，三极管VT_2跟着导通，继电器K吸合，刮水电动机工作，同时电容C_3开始充电。刮水器工作过程与前述的过程相同，不同的是三极管VT_1导通后，不影响三极管VT_3的基极电位，此时三极管VT_3的基极电位由电阻R_{10}、电阻R_{11}、二极管VD_2决定，因此只要刮水器开关置于洗涤挡，刮水电动机与洗涤电动机是同时工作的。当开关断开洗涤挡后，洗涤电动机停止工作，但由于电容C_3已被充电，三极管VT_3基极依然是低电位，等电容C_3通过电阻R_6、电阻R_{10}放电后，三极管VT_3基极电位才慢慢上升而截止。因此洗涤电动机停止工作后，刮水电动机还会工作一段时间，一般刮水臂还会来回刮2到3次，以便把挡风玻璃上的水迹刮干净。这也是在点动操作洗涤挡时，刮水臂也要来回刮2到3次的原因。

3. 电动刮水器电路检修

刮水器常见电路检修故障有：刮水器各挡位都不工作、个别挡位不工作、不能自动停位等。

各挡位都不工作

（1）故障现象：接通点火开关后，刮水器开关置于各挡位，刮水器均不工作。

（2）主要原因：熔断器断路；刮水电动机或开关有故障；机械传动部分锈蚀或与电动机脱开；连接线路断路或插接件松脱。

（3）诊断与排除。

可参照下列步骤进行诊断检查并视情况维修：首先检查熔断器，应无断路，线路应无松脱；然后检查刮水器电动机及开关的电源线和搭铁线，应接触良好，没有断路；再检查开关各个接线柱在相应挡位能否正常接通；最后检查电动机和机械连接情况。

个别挡位不工作

（1）故障现象：接通点火开关后，刮水器个别挡位（低速、高速或间歇挡）不工作。

（2）主要原因：刮水电动机或开关有故障；间歇继电器有故障；连接线路断路或插接件松脱。

（3）诊断与排除。

如果刮水器是高速挡或低速挡不工作，可参照下列步骤进行诊断检查并视情况维修：首先检查刮水器电动机及开关对应故障挡位的线路是否正常；检查开关接线柱在相应挡位能否正常接通；最后检查电动机电刷是否个别接触不良。

如果刮水器在间歇挡不工作，应顺序检查间歇开关（或刮水器开关）的间歇、线路和间歇继电器。

不能自动停位

（1）故障现象：刮水器开关断开或在间歇挡工作时，刮水器不能自动停止在设定的位置。

（2）主要原因：刮水电动机自动停位机构损坏；刮水器开关损坏；刮水管调整不当；线路连接错误。

（3）诊断与排除。

可参照下列步骤进行诊断检查并视情况维修：首先检查刮水臂的安装及刮水器开关线路连接是否正确；再检查刮水器开关在相应挡位的接线柱能否正常接通；最后检查电动机自动停位机构触点能否正常闭合和接触良好。

6.1.2　检修风窗清洗装置

1. 风窗清洗装置的作用

在灰尘较多的环境中行驶时，会造成一些灰尘飘落在风窗上影响驾驶员的视线。为此许多汽车的刮水系统中增设了清洗装置，必要时向风窗表面喷洒专用清洗液或水，在刮水片配合下，保持风窗表面洁净。

2. 风窗清洗装置的组成、结构

风窗清洗装置的组成如图 6-6 所示。它由储液罐、清洗泵、输液管、喷嘴、清洗开关等组成。

储液罐由塑料制成，其内盛有用水、酒精或洗涤剂等配制的清洗液。有些储液罐上装有液面传感器，以便监视储液罐清洗液的多少。

清洗泵，俗称喷水电动机，其作用是将清洗液加压，通过输液管和喷嘴喷洒到挡风玻璃表面。它由一个永磁电动机和液压泵组成。

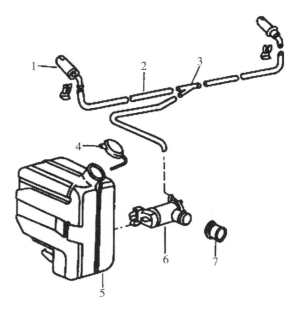

图 6-6　风窗清洗装置
1-喷嘴；2-输液管；3-接头；4-箱盖；
5-储液罐；6-清洗泵；7-衬垫

3. 风窗清洗装置工作原理

风窗清洗装置电路比较简单，如图 6-5 所示，一般和电动刮水器共用一个保险丝。有的车清洗开关单独设置安装，有的则和刮水器开关组合在一起，便于操作。

当清洗开关接通时，清洗电动机带动液压泵转动，将清洗液加压，通过输液管和喷嘴喷洒到挡风玻璃表面。有的车型在清洗开关接通时同时使刮水器低速运行，改善清洗效果。

4. 常见故障诊断与排除

风窗清洗装置常见故障有：所有喷嘴都不工作和个别喷嘴不工作。

主要故障原因：清洗电动机或开关损坏；线路断路；清洗液液面过低或连接管脱落；喷嘴堵塞。

诊断步骤：如果所有喷嘴都不工作，先检查清洗液液面和连接管是否正常；然后检查清洗电动机搭铁线和电源线有无断路、松脱，开关和电动机是否正常。如果个别喷嘴不工

作，一般是喷嘴堵塞所致。

6.1.3 检修风窗除霜（雾）装置

1. 风窗除霜（雾）装置的作用

在较冷的季节，有雨、雪或雾的天气，空气中的水分会在冷的风窗玻璃上出结成细小的水滴甚至结冰，从而影响驾驶员的视线。为了防止水蒸气在风窗玻璃上凝结，设置风窗除霜（雾）装置，需要时可以对风窗玻璃加热。

2. 风窗除霜（雾）装置的组成、构造和原理

在装有空调或暖风装置的工程机械上，可以通过风道向前面及侧面风窗玻璃吹热风以加热玻璃，防止水分凝结。对后风窗玻璃的除霜，常常是利用电热丝加热实现的。如图6-7所示，在风窗玻璃内表面均匀间隔地镀有数条很窄的导电膜，形成电热丝，在需要时接通电路，即可对风窗进行加热。

3. 常见故障与排除

风窗除霜（雾）装置常见故障是不工作。

主要故障原因：熔断器或控制线路断路；加热丝或开关损坏。

诊断步骤：首先检查熔断器是否正常，然后将开关接通后检查加热丝火线端电压是否正常。如果电压为零，应检查开关和电源线路；否则检查电热丝是否断路。

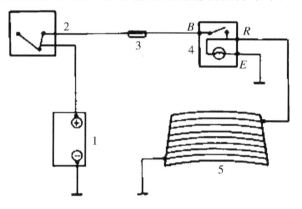

图6-7　后窗除霜装置

1-蓄电池；2-点火开关；3-熔断丝；

4-除霜器开关及指示灯；5-除霜器（电热丝）

6.2　检修空调系统

📖**知识目标**

1. 学习空调系统的组成及作用；

2. 掌握制冷系统的工作原理及组成结构。

📖**能力目标**

1. 能够正确识读和分析空调系统控制电路；

2. 能够拆装、检测、调整制冷系统各主要电气元件；

3. 能够掌握空调系统常见故障的诊断与排除。

任务导入

一台 CLG920 挖掘机，接通空调制冷系统开关，出风口不出冷风，此故障原因有压缩机、传感器、开关、保险、导线连接等，要想排除此故障，需掌握空调制冷系统组成元件的构造、原理、拆装、检测，线路连接等内容，我们必须学习下面的知识技能。

相关知识

过热、过冷及污浊的空气都会干扰驾驶员的注意力和反应力，对驾驶员的生理产生不利的影响。当今的医学与环保专家实验表明，决定驾驶员人体舒适条件的因素比较多，如温度、相对湿度、换气量、风速、CO_2 含量、CO 含量、速度、振动、噪音等因素。尽管决定人体舒适条件的因素很多，但温度、湿度、风速是人体舒适感觉的三要素。人体的舒适带范围：温度为 16~18℃（冬季）、22~28℃（夏季），相对湿度 50%~70%，风速 0.2m/s。舒适感主要取决于影响人体热平衡的空气环境，当人体处在空气温度过高或过低的环境中，就会感到不舒服。人体产生的热量和散发出来的热量不相适应时，其热平衡就不能保持，就会感到冷或热，导致疲劳和疾病。

1. 空调系统的作用。

对于工程机械车辆来说，空调的基本功能是改善驾驶员的工作条件，提高舒适性，从而提高工作效率和机械的安全性。

2. 空调系统的组成。

空调系统主要由制冷系统、暖风系统、通风换气系统和控制系统等组成。

制冷系统的作用是夏季对驾驶室内的空气进行冷却降温与除湿；

暖风系统的作用是冬季对驾驶室内的空气进行加热，达到取暖、除霜的目的；

通风换气系统则可对驾驶室内进行强制性换气，保证室内空气循环流动，保持空气新鲜、清洁；

控制系统的作用是通过控制驾驶室内的空气流速、方向和温度达到舒适操作的目的，完善空调的各项功能。

3. 空调系统的分类。

（1）按空调压缩机形式分为独立式和非独立式空调。独立式空调采用一台专用空调发动机来驱动空调压缩机，制冷量大，工作稳定；非独立式空调的制冷压缩机由本车发动机驱动，空调的制冷性能受发动机工况的影响。

（2）按空调功能分为单一功能型和冷暖一体型两种。单一功能型是将制冷、采暖、通风等各自独立安装，独立操作；冷暖一体型是制冷、采暖、通风等共用一台鼓风机，共用一套送风口，冷风、暖风和通风在同一控制板上控制。

6.2.1 空调制冷系统

1. 制冷原理

在制冷过程中，为了实现制冷效果，必须采用一种可使周围气温下降的物质，该物质称为制冷剂。液态的制冷剂如果在一定的温度下降低压力，就会蒸发成气体，在此汽化过程中需要从周围的空气中吸取一定的热量，使周围的气温下降而实现制冷效果。提高气态制冷剂的压强可以使制冷剂的冷凝点升高，使其更加容易转化为液体而放出热量。为了实现持续制冷，必须形成一定的循环。制冷循环过程如图6-8所示。

制冷循环包括以下四个变化过程。

（1）压缩过程。

发动机经皮带轮传动带动压缩机旋转，将蒸发器中的低温（5℃）低压（约为0.15MPa）的气态制冷剂吸入压缩机，并将其压缩为高温（70～90℃）高压（1.3～1.5MPa）的制冷剂气体排出，然后经高压管路送入冷凝器。

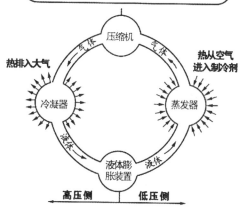

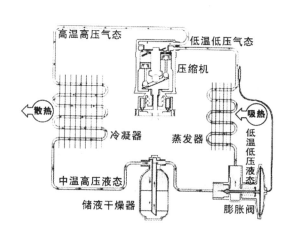

图6-8　制冷剂循环工作原理图

（2）冷凝过程。

进入冷凝器的高温高压制冷剂气体受到冷凝器冷却及风扇的强制冷却，释放部分热量，使高温高压制冷剂气体冷凝为50℃左右，压力仍为1.3～1.5MPa的中温高压制冷剂液体，然后经高压管路送入储液干燥器。

（3）膨胀过程。

进入储液干燥器的中温高压制冷剂液体，除去水分和杂质后，经高压液管送至膨胀阀。由于膨胀阀的节流作用，使得中温高压的液态制冷剂经膨胀阀喷入蒸发器后，迅速膨胀为低温（-5℃）低压（0.15MPa）的雾状液态制冷剂。

（4）蒸发过程。

进入蒸发器的低温低压雾状液态制冷剂，通过蒸发器不断吸收热量而迅速沸腾汽化为低温（5℃）低压（0.15MPa）的气态制冷剂。当鼓风机将附近空气吹过蒸发器表面时，空气被冷却为凉气，使周围温度降低。

如果压缩机不停地运转，蒸发器出口的气态制冷剂再次被吸入压缩机，参与下一轮循环，制冷剂被重复利用。上述过程将不断循环，即可对周围空气进行持续制冷降温。

2. 空调制冷系统的组成、结构和作用

车用空调制冷系统现在都采用以 R134a 为制冷剂的蒸发压缩式循环系统。该制冷系统主要由压缩机、冷凝器、储液干燥器（或集液器）、膨胀阀（或膨胀管）、蒸发器等部件组成，各部件由耐压金属管或专用软管依次连接而成。如图 6-9 所示为空调制冷系统的组成。

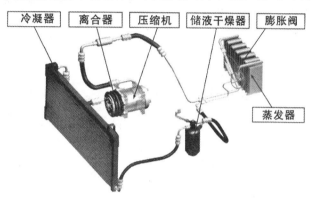

制冷剂与冷冻润滑油

（1）制冷剂。

制冷剂又称制冷工质、冷媒、雪种等，英文名称为 Refrigerant，所以常用其第一个字母 R 来代表制冷剂，后面表示制冷剂名称，如 R12、R22、R134a 等。

图 6-9　空调制冷系统组成结构图

①制冷剂的作用。

在制冷系统中用于转移热量，并且循环流动的物质称为制冷剂。制冷剂是制冷系统中完成制冷工作循环的介质，它通过相变实现制冷，即在蒸发器中汽化吸热，在冷凝器中冷凝放热。在压缩机的作用下制冷剂的这种相变不断循环着，将车内的热量"搬移"到车外大气中，从而实现了制冷。

如果将制冷系统的压缩机比作人体的"心脏"，那制冷剂就相当于人体中的"血液"，通过压缩机的循环泵作用，制冷剂在制冷管路中不断流动循环，使制冷系统能正常地制冷。

②制冷剂的基本要求。

理论上，只要能进行气液两相转换的物质均可用作制冷剂。实际上，用作制冷剂还必须考虑其热力学性质、物理与化学性质等方面能否满足制冷系统工作可靠、效率高、环保和经济的要求。

③制冷剂的使用情况。

过去常用的制冷剂是 R12（又称为氟里昂）。氟里昂是饱和烃类（碳氢化合物）的卤族衍生物的总称，是 20 世纪 30 年代随着化学工业的发展而出现的一类制冷剂，它的出现解决了制冷空调界对制冷剂的寻求。从氟里昂的定义可以看出，现在人们所说的非氟里昂的 R134a、R410a 及 R407c 等其实都是氟里昂。R12 这种制冷剂各方面的性能都很好，但是有一个致命的缺点，就是破坏大气中的臭氧层（氟里昂能够破坏臭氧层是因为制冷剂中有氯元素的存在），使太阳的紫外线直接照射到地球，对植物和动物造成伤害。我国目前

已停止生产用 R12 作为制冷剂的空
调系统。

目前广泛采用 R134a 来替代
R12。R134a 在大气压力下的沸腾
点为 -26.9℃，在 98kPa 的压力下
沸腾点为 -10.6℃，如图 6-10 所
示。在常温常压的情况下，如果将
其释放，R134a 便会立即吸收热量
开始沸腾并转化为气体，对 R134a
加压后，它也很容易转化为液体。
目前常用的制冷剂有氨（R717）、
氟里昂（R22、R134a、R404A 等）。

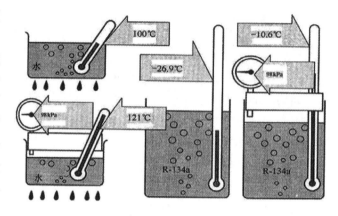

图 6-10 R134a 在不同压力下的沸点

（2）冷冻润滑油。

冷冻润滑油俗称冷冻机油，是一种在高温、低温工况下均能正常工作的特殊润滑油。
空调压缩机是高速运转的装置，冷冻润滑油的品种、规格、数量是否合适，对于空调系统
的制冷效果及压缩机的使用寿命具有重要的影响。

①冷冻润滑油的功用。

a. 润滑。

冷冻润滑油不断冲洗摩擦表面，带走磨屑，减少空调压缩机运动部件的摩擦和磨损，
延长空调机组的使用寿命。

b. 冷却。

冷冻润滑油在压缩机及制冷系统内不断循环流动，及时带走压缩机工作时产生的热
量，使压缩机保持较低的温度，从而提高压缩效率和使用可靠性。

c. 密封。

冷冻润滑油在各轴封及压缩机气缸与活塞间形成油封，防止制冷剂泄漏。

d. 降低压缩机的工作噪声。

②种类与选择。

a. 种类。

国产冷冻机油按其 50℃ 时运动黏度分为 13 号、18 号、25 号、30 号、40 号五个牌号，
牌号数越大，其黏度也越大。

b. 选择。

选择冷冻润滑油时要充分考虑压缩机的工作状态，如吸排气温度等。一般以冷冻润滑
油的低温性能为主来选择。选用何种等级和型号的冷冻机油取决于压缩机制造商的规定和
系统内制冷剂的类型。在更换机油的同时还应更换储液干燥器或集液器。因制冷剂泄漏而
造成冷冻机油的损耗可采用一次性灌装有压机油来补充。

③冷冻机油的使用。

a. 不同种类、不同牌号的冷冻润滑油不能混用，否则会发生变质。

b. 冷冻润滑油具有吸湿性，加注操作结束应当马上将封盖拧紧。不能使用变质（例如

浑浊）的冷冻润滑油，否则会影响压缩机的正常运转。

c. 在加注制冷剂时，应当先加冷冻润滑油，然后再加注制冷剂。不允许向空调系统添加过量的冷冻润滑油，否则会影响空调系统的制冷量。

d. 在管接头的结合面涂抹冷冻润滑油，可以提高其密封性。当更换管路接头的"O"形密封圈时，要在"O"形密封圈上涂些冷冻润滑油，这样便于紧固，同时可以防止制冷剂泄漏。

空调压缩机

空调压缩机主要由压缩机和电磁离合器组成。它是空调制冷系统的心脏，其功能为将低温低压的制冷剂气体压缩成高温高压的气体，为空调制冷系统的制冷剂提供循环动力，保证制冷循环的正常进行。现代空调压缩机有数百种型号和结构，比较常用的有斜盘式压缩机、摇板式压缩机、旋叶式压缩机、涡旋式压缩机和曲柄轴连杆式压缩机等。此外，压缩机还可分为定排量和变排量两种形式，变排量压缩机可根据空调系统的制冷负荷自动改变排量，使空调系统运行更加经济。

（1）旋转斜盘式压缩机。

①结构。

旋转斜盘式压缩机的立体结构如图6-11所示，剖面结构如图6-12所示，主要由主轴1、斜盘9、双头活塞（18、21为一体）、前阀板4、后阀板15、前缸盖3、后缸盖14及缸体5、11等组成。斜盘通过半圆键与主轴连接，并且二者保持固定的倾斜角。双头活塞通过滑靴19、钢球20与斜盘配合，活塞两头分别位于同一轴线的前、后缸体中。气缸轴线与主轴轴线平行，六缸机圆周上的

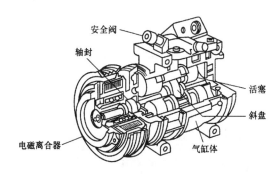

图6-11 旋转斜盘式压缩机的立体结构

各气缸互成120°夹角，十缸机的各气缸互成72°夹角均匀地分布。前、后缸盖与缸体之间有前、后阀板，其上有与气缸数目相等的进、排气阀，它们均由进、排气弹簧阀片控制。缸体中设有通气道，使前、后缸盖的进、排气室分别与进、排气管相通。主轴的凸出部分安装电磁离合器，用来驱动主轴旋转。

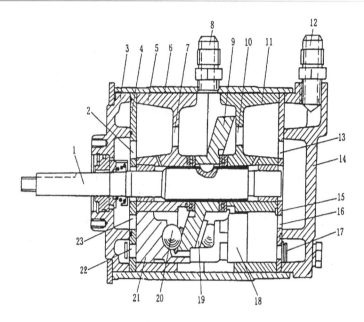

图 6-12　旋转斜盘式压缩机的剖面结构

1-主轴；2、13、16、23-进气阀孔；3-前缸盖；4-前阀板；5-前缸体；6-壳体；

7、10-通气道；8-进气管接头；9-斜盘；11-后缸体；12-排气管接头；14-后缸盖；

15-后阀板；17、22-排气阀；18、21-活塞（18、21 为一体）、19-滑靴；20-钢球

　　旋转斜盘式压缩机的主轴旋转时斜盘通过滑靴、钢球使活塞作往复运动，双头活塞中一端为压缩冲程时另一端则为吸气冲程。

　　②工作原理。

　　活塞右移时，如图 6-13
（a）所示，右边气缸为压缩冲
程，其容积逐渐减小，气缸压
力逐渐增大，进气阀关闭、排
气阀打开，高压制冷剂气体被
压出，经排气室、通气道、排
气管接头、高压管路进入冷凝
器；左边气缸为吸气冲程，其
容积逐渐增大而形成负压，进
气阀开启、排气阀关闭，低压
制冷剂气体吸入气缸。反之，
活塞左移时，如图 6-13（b）
所示，右边气缸容积开始增大
而形成负压，则进气阀开启、

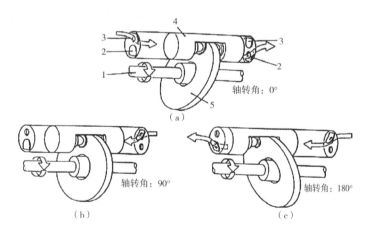

图 6-13　旋转斜盘式压缩机的工作原理

（a）转角为 0°　（b）转角为 90°　（c）转角为 180°

1-主轴；2-排气阀；3-吸气阀；4-活塞；5-斜盘

排气阀关闭，处于吸气状态，为保证充足的进气量，进气阀为较软的舌簧片；左边气缸容积减小，为保证气体具有一定压力，排气阀片弹力较大，只有在一定的气缸压力时排气阀

才能打开。如图 6-13（c）为左边气缸压力达到一定数值后排气阀打开的状态，排气阀的后面装有限位板，以防阀片开启太大而损坏。

（2）摇板式压缩机。

①结构。

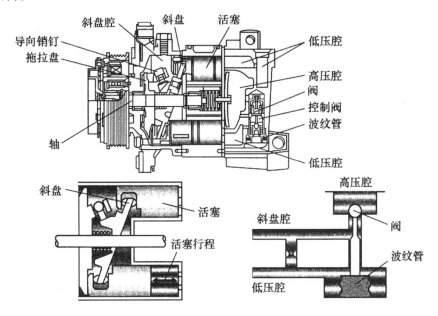

图 6-14　摇板式压缩机的结构

这种压缩机是一种变排量的压缩机，其结构如图 6-14 所示，它的结构与旋转斜盘式压缩机类似，通过斜盘驱动沿圆周方向分布的活塞，只是将双向活塞变为单向活塞，并可通过改变斜盘的角度改变活塞的行程，从而改变压缩机的排量。压缩机旋转时，压缩机轴驱动与其连接的凸缘盘，凸缘盘上的导向销钉再带动斜盘转动，斜盘最后驱动活塞往复运动。

②工作过程。

压缩制冷的工作过程此处不再重复，这里主要介绍变排量的原理，如图 6-15 所示。

这种压缩机可以根据制冷负荷的大小改变排量，制冷负荷减小时，可以使斜盘的角度减小，减小活塞的行程，使排量降低；负荷增大时则相反。下面以负荷减小为例来说明压缩机排量如何减小，制冷负荷的减小会使压缩机低压腔压力降低，低压腔压力降低可使波纹管膨胀而打开控制阀，高压腔的制冷剂便会通过控制阀进入斜盘腔，使斜盘腔的压力升高。斜盘右侧的压力低于左侧压力，斜盘向右移动，使活塞行程减小。

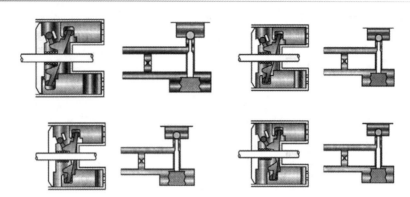

图 6-15　摇板式压缩机变排量的工作过程

（3）电磁离合器。

电磁离合器安装在压缩机驱动轴前端。其作用是通过电磁线圈的通断电控制发动机与压缩机之间的动力传递和切断。

①结构。

电磁离合器的结构如图 6-16 所示。由电磁线圈、皮带轮、压盘、轴承等元件组成。电磁线圈固定在压缩机前端的皮带轮的凹槽内部。压盘通过弹簧与压盘毂相连，压盘毂与压缩机输入轴通过平键相连。

②工作原理。

当电磁线圈不通电时，在弹簧张力的作用下，压盘与压缩机皮带轮之间保留一定的空隙，皮带轮通过轴承空转。当电磁线圈通电时，电磁线圈产生的强大吸引力克服弹簧的张力，将压盘紧紧地吸合在皮带轮的端面上，皮带轮通过压盘带动压缩机输入轴一起转动，使压缩机工作。

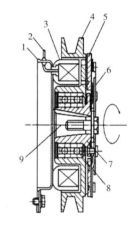

图 6-16　电磁离合器的结构
1-前端盖；2-电磁线圈引线；
3-电磁线圈；4-皮带轮；
5-压盘；6-片簧；7-压盘轮毂；
8-轴承；9-压缩机轴

冷凝器

（1）作用。

将压缩机排出的高温、高压制冷剂气体，转变为中温、高压制冷剂液体，同时将制冷剂从蒸发器吸收的能量和压缩机做功的能量散发到大气中。

（2）分类。

冷凝器按结构形式分为管片式、管带式和平行流式，如图 6-17 所示。管片式冷凝器因结构简单、加工方便而使用广泛；管带式比管片式传热效率高；而平行流冷凝器是为适应 R134a 制冷剂而研制的新型冷凝器，突破了前二者的局限性，传热效率更高。

（3）结构。

冷凝器通常是用钢、铜或铝等材料制成带有翅片的排管，翅片一方面增大了冷凝器的散热面积，另一方面起到支撑排管的作用。整个冷凝器的结构和发动机的冷却系统的散热器十分相似。在正常的使用情况下，不易损坏。

（4）安装。

为了保证冷凝器散热良好，一般将其布置在车前面或车身两侧等通风良好的位置，并且用高速冷凝器风扇扇动空气以提高散热效果。安装冷凝器时，注意从压缩机排出的制冷剂必须进入冷凝器的上端入口，而出口必须在下方，否则会使制冷系统压力升高，导致冷凝器爆裂。冷凝器比较容易被脏污覆盖，而引起排管和翅片腐蚀，影响其散热，应经常清洗。

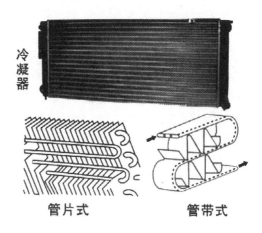

图 6-17　管片式、管带式冷凝器

膨胀阀和膨胀管

（1）膨胀阀。

①作用。

主要作用是节流降压和调节制冷剂流量。

②分类。

按结构不同，膨胀阀可分为外平衡式膨胀阀、内平衡式膨胀阀和 H 形膨胀阀三种。

③结构与工作原理。

a. 外平衡式膨胀阀，如图 6-18 所示。

膨胀阀的入口接储液干燥器，出口接蒸发器。膨胀阀的上部有一个膜片，膜片上方通过一条细管接一个感温包。感温包安装在蒸发器出口的管路上，内部充满制冷剂气体，蒸发器出口处的温度发生变化时，感温包内气体体积也会发生变化，进而产生压力变化，这个压力变化就作用在膜片的上方。膜片下方的腔室还有一根平衡管通蒸发器出口，蒸发器出口的制冷剂压力通过这根平衡管作用在膜片的下方。膨胀阀的中部有一个阀门，阀门控制制冷剂的流量，阀门的下方有一个调整弹簧，弹簧的弹力试图使阀门关闭，弹簧的弹力通过阀门上方的杆作用在膜片的下方。可以看

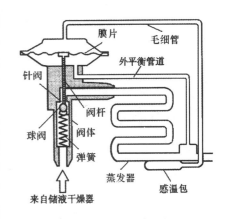

图 6-18　外平衡式膨胀阀

出，膜片共受到三个力的作用：一个是感温包中制冷剂气体向下的压力，另一个是弹簧向上的推力，还有一个是蒸发器出口制冷剂向上的支撑力，阀的开度由这三个力共同决定。

当制冷负荷发生变化时，膨胀阀可根据制冷负荷的变化自动调节制冷剂的流量，确保蒸发器出口处的制冷剂全部转化为气体并有一定的过热度。当制冷负荷减小时，蒸发器出口处的温度就会降低，感温包的温度也会降低，其中的制冷剂气体便会收缩，使膨胀阀膜片上方的压力减小，阀门就会在弹簧和膜片下方气体压力的作用下向上移动，减小阀门的开度，从而减小制冷剂的流量。反之，制冷负荷增大时，阀门的开度会增大，制冷剂的流量增加。当制冷负荷与制冷剂的流量相适应时，阀门的开度保持不变，维持一定的制冷强度。

b. 内平衡式膨胀阀。

其结构与外平衡式膨胀阀的结构大同小异，如图 6-19 所示。不同之处在于内平衡式

膨胀阀没有平衡管，膜片下方的气体压力直接来自于蒸发器的入口。内平衡式膨胀阀的工作过程与外平衡式膨胀阀的工作过程完全相同。

c. H形膨胀阀。

采用内、外平衡式膨胀阀的制冷系统，其蒸发器的出口和入口不在一起，因此需要在出口处安装感温包和平衡管路，结构比较复杂。如果将蒸发器的出口和入口做在一起，就可以将感温包和平衡管路都去掉，这就形成了所谓的H形膨胀阀，如图6-20所示。

H形膨胀阀中也有一个膜片，膜片的左方有

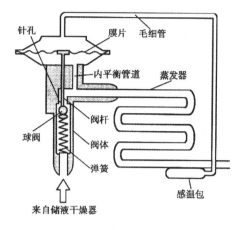

图6-19　内平衡式膨胀阀

一个热敏杆，热敏杆的周围是蒸发器出口处的制冷剂，制冷剂温度的变化（制冷负荷变化）可通过热敏杆使膜片右方气体的压力发生变化，从而使阀门的开度变化，调节制冷剂的流量以适应制冷负荷的变化。H形膨胀阀具有结构简单、工作可靠的特点，应用越来越广。

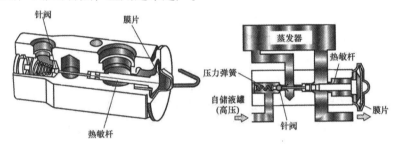

图6-20　H形膨胀阀

（2）膨胀管。

膨胀管与膨胀阀的作用基本相同，只是将调节制冷剂流量的功能取消了，其结构见图6-21。膨胀管的节流孔径是固定的，入口和出口都有滤网。由于节流管没有运动部件，具有结构简单、成本低、可靠性高、节能等优点。

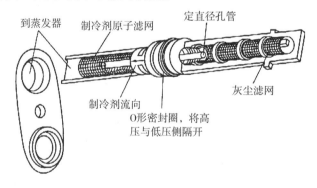

图6-21　膨胀管

蒸发器

（1）作用。

使喷入蒸发器的低压、低温雾状液态制冷剂吸收车厢内的热量而迅速蒸发为气态，从而降低车内空气温度。在降温的同时，空气中的水分也会因温度降低而凝结出来并排出车外，起到除湿的作用。

（2）分类。

按结构可分为：管片式蒸发器、管带式蒸发器和层叠式蒸发器。

管片式蒸发器由套有铝翅片的铜质或铝质圆管组成，如图 6-22 所示。其结构简单、制造方便，但热交换效率低。

管带式蒸发器由双面复合铝材以及多孔扁管材料制成，热交换效率比管片式高。

层叠式蒸发器由夹带散热铝带的两片铝板叠加而成，其结构紧凑、热交换效率更高，采用 R134a 制冷剂的空调普遍采用这种类型的蒸发器。

蒸发器不是易损件，但容易发生"冰堵"现象，"冰堵"现象是指制冷系统内的残留水分过

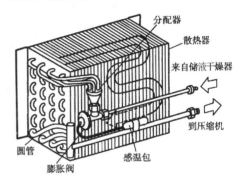

图 6-22　管片式蒸发器管

多，制冷剂循环过程中，水分被冻结在温度很低的毛细管出口处，逐渐形成"冰塞"，使制冷剂不能循环流动，所以应注意对制冷系统的维护。

储液干燥器和集液器

（1）储液干燥器。

储液干燥器用于膨胀阀式的制冷循环系统，安装在冷凝器出口和膨胀阀之间。

①作用。

a. 存储制冷剂。当制冷装置中制冷剂数量随热负荷而变化时，随时向制冷装置的循环系统提供所需要的制冷剂，同时补充循环系统的微量渗漏。

b. 去除制冷剂中的水分。如果制冷剂中有水分，制冷剂由膨胀阀喷入蒸发器时压力与温度降低，可能造成水分在系统中结冰，阻止制冷剂的循环，造成冰堵故障。R134a 制冷剂使用沸石作为干燥剂，R12 制冷剂使用硅胶作为干燥剂，因此使用 R134a 制冷剂的制冷系统的储液干燥器不能与使用 R12 的储液干燥器互换。

c. 过滤制冷剂中的杂质。由于膨胀阀口很小，如果制冷剂中有杂质，可能造成系统堵塞，使系统不能制冷。

d. 检查制冷剂的数量。在储液干燥器上有一个

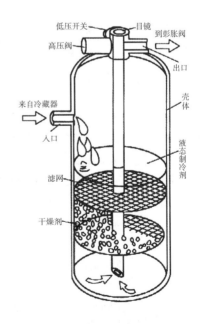

图 6-23　储液干燥器的结构

玻璃目镜，可观察压缩机工作时制冷剂的流动情况，依此判断制冷剂的数量。

e. 具有高压保护作用。储液干燥器设有高压阀，高压侧制冷剂压力、温度过高时容易引起爆炸，这时高压阀的易熔片自动熔化，放出部分制冷剂，保护系统重要部件不被破坏。

f. 过低压自动停机。当高压侧压力过低时，储液干燥罐上的低压开关自动断开，切断压缩机的供电电路，中止压缩机的工作。

②结构。

储液干燥器的结构如图 6-23 所示，主要由壳体、滤网、干燥剂、入口、出口、低压开关、高压阀和目镜等组成。

储液干燥器的干燥剂失效，滤网或过滤器堵塞，一般无法维修，只能更换整个储液干燥器，而且只要空调系统中的主要部件（如冷凝器、蒸发器等）更换或维修，就必须更换储液干燥器。

（2）集液器。

集液器用于膨胀管式的制冷系统中，安装在蒸发器出口和压缩机进口之间。因为膨胀管无法调节制冷剂的流量，所以蒸发器出来的制冷剂不一定全部是气体，可能有部分液体。为防止压缩机损坏，在蒸发器出口处安装一个集液器，一方面将制冷剂进行气液分离，另一方面起到与储液干燥器相同的作用，其结构如图 6-24 所示。

制冷剂进入集液器后，液体部分沉在集液器底部，气体部分从上面的管路出去进入压缩机。

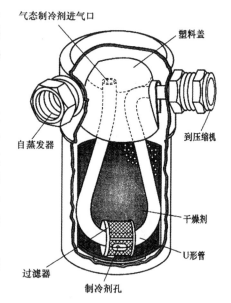

图 6-24　集液器结构

主要组成部件的检修

（1）制冷压缩机的检查和测试。

制冷压缩机通常应进行压缩效率及泄漏方面的检查和测试。

检测压缩机的压缩效率，在不拆卸系统的情况下，需接三歧压力表组进行测试。当系统内有一定量的制冷剂时，发动机加速，此时低压表指针应会明显下降，高压压力也会明显上升，油门越大，指针下降幅度也越大，说明压缩机性能良好；如果加速时低压表指针下降缓慢及下降幅度不大，说明压缩机的压缩效率低；如果加速时低压表指针基本无反应，说明压缩机根本无压缩效率。

压缩机最容易产生泄漏的部位是轴封。由于压缩机常高速旋转，运转温度也较高，轴封部位容易产生泄漏。当压缩机的离合器线圈与吸盘部位有油迹时，其轴封肯定会泄漏。

容易造成压缩机损坏的主要原因有：

①空调系统内不清洁，有颗粒性杂质被压缩机吸入；

②系统内制冷剂或润滑油过量，造成压缩机"液击"而损坏；

③压缩机运转温度过高或运转时间过长；

④压缩机缺油，磨损严重；

⑤压缩机的电磁离合器打滑而磨擦温度过高；

⑥压缩机的功率配置过小；

⑦压缩机的制造质量有缺陷。

（2）冷凝器和蒸发器的检测。

冷凝器和蒸发器最常见的故障是脏物堵塞和泄漏。脏物堵塞可用氮气或经干燥处理的压缩空气反复吹冲，直到干净通畅为止。冷凝器和蒸发器必须经常清理外表脏物，注意传热翅片不要弄倒或损坏，保证它们的传热性能。

冷凝器的泄漏一般可以从外表看出，如擦伤碰破，泄漏点渗出油迹等。蒸发器的泄漏因为压力低，外表面结露，隐藏在蒸发箱内，一般不易被发现。

冷凝器和蒸发器的检漏一般通过气密性试验取得，试验压力：冷凝器 $2.0\sim2.4MPa$；蒸发器 $1.2MPa$。

正常情况下，蒸发器表面温度很低，但只大量结露而不能结霜或结冰。

（3）膨胀阀和孔管的检查和测试。

对膨胀阀和孔管主要是检测其调节压力是否正常。当系统内注有标准量的制冷剂时，发动机怠速运转，此时低压压力应在 $0.15\sim0.25MPa$ 之间；否则说明膨胀阀调节不正常，开启度过大或过校膨胀阀和孔管的开启度过大，通过的制冷工质多，相应的蒸发压力和蒸发温度就高，蒸发器和低压回气管的温度不冷，制冷效果差；膨胀阀和孔管的开启度过小，通过的制冷工质少，相应的蒸发压力和蒸发温度就低，调节的制冷剂不能满足蒸发的需要，膨胀阀的出口处和蒸发器甚至出现结霜，但制冷效果仍然很差。

膨胀阀或孔管的脏堵现象最为常见。当系统过脏，储液干燥过滤器中的干燥剂破碎，随高压制冷剂液体流进膨胀阀或孔管时，在狭窄通道处最容易形成堵塞，造成供液不正常，使系统无法正常运行。出现膨胀阀或孔管的脏堵时，拆卸后一般可用化油器清洗剂反复冲洗干净，并用氮气或经干燥处理的压缩空气吹干后再装复。

由于空调制冷系统的蒸发温度一般都在 0℃以上，所以冰堵现象一般不会产生。

（4）储液干燥过滤器的检查和测试。

储液干燥过滤器安装在冷凝器之后，干燥和过滤进入膨胀阀或孔管前的高压液体，并储存供系统循环所需的制冷剂，确保系统的正常运行。正常情况下，储液干燥过滤器的玻璃视镜应清晰明澈。空调在运行中视镜里出现泡沫状为制冷剂不足；完全无动静为无制冷剂或制冷剂过多；少量泡珠流动时为制冷剂量合适。当出现视镜有黄褐色黏糊状液体时，说明系统较脏或储油量过多。

储液干燥过滤器最为常见的故障是脏物积存过多而堵塞及压力开关失灵。当出现下列情况之一时，应予更换储液干燥过滤器：

①手摸储液器两头接管温度，温差较大必须更换；

②系统产生堵塞时必须更换；

③空调因故障停用或已将系统某部件拆开时间较长必须更换。

储液干燥过滤器的压力开关失灵时可旋下直接更换。

6.2.2　空调系统控制电路与保护装置

现代工程机械对空调系统的要求是运行可靠、安全舒适、操作简便、高效节能，而系统的自动控制和安全保护是确保汽车空调正常运行所必需的功能。因此，无论是操作简单的手动空调还是功能齐全的自动空调，都设置了相应的控制电路与保护装置，以实现空调运行所必需的自动控制与安全保护功能，确保空调系统能正常工作。

1. 空调系统的控制电路

设置空调系统控制电路的目的是确保系统正常运行，并达到所需的空气调节功能。

空调系统常用电气控制器件

（1）温度控制器。

温度控制器也称恒温器、温度开关等，一般安装在蒸发器出口处，用于感受蒸发器表面温度，以控制压缩机的运行与停止，其作用是控制蒸发器出口处的温度，使蒸发器表面温度保持在 $1 \sim 4℃$ 之间，防止蒸发器因温度过低而结霜。常用的温度控制器有机械波纹管式和电子式两种。

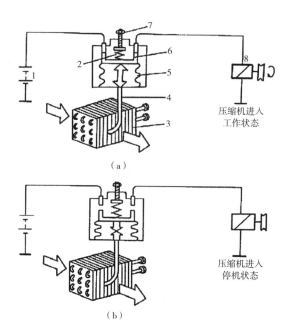

图 6-25　机械波纹管式温度控制器的电路和工作

（a）触点闭合，压缩机工作

（b）触点分开，压缩机停止工作

1-蓄电池；2-弹簧；3-蒸发器；4-感温管；
5-波纹管；6-触点；7-调节螺钉；8-压缩机

波纹管式温度开关的动作温度在出厂时已调好，因此，用这种温度开关控制压缩机工作的空调制冷系统的工作温度范围是不可调的。

①机械波纹管式温度控制器。

机械波纹管式温度控制器主要由波纹管、感温毛细管、触点、弹簧、调整螺钉等组成。感温毛细管内充有感温物质（制冷剂或 CO_2）。感温毛细管一般放在蒸发器冷风出口，用以感受蒸发器温度。

机械波纹管式温度控制器的电路和工作原理如图 6-25 所示。它是利用波纹管的伸长或缩短来接通或断开触点，从而切断制冷装置压缩机的动力源。当蒸发器温度升高时，毛细管中的感温物质膨胀，对应的波纹管伸长并压缩弹簧，待蒸发器冷风出口温度达到设定值时，触点闭合，电磁离合器线圈通电，压缩机旋转，制冷装置循环制冷。如果车内温度降到设定的温度以下，波纹管缩短，弹簧帮助复位，使触点脱开，电磁离合器线圈断电，压缩机停止工作。

②电子式温度控制器。

电子式温度控制器的电路如图6-26所示。电子式温度控制器一般采用负温度系数的热敏电阻作为感温元件，装在蒸发器的表面，用以检测蒸发器表面温度。当蒸发器表面温度低于某一设定值（1℃）时，热敏电阻的阻值变化转换为电压变化，给空调ECU输入低温信号，空调ECU控制继电器切断电磁离合器电路，使压缩机

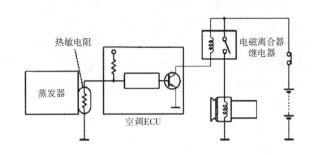

图6-26 电子式温度控制器电路

停止工作，使蒸发器温度不低于1℃。当蒸发器表面温度高于某一设定值（4℃）时，热敏电阻的阻值变化转换为电压变化，给空调ECU输入高温信号，空调ECU控制继电器接通电磁离合器电路，使压缩机运转，使蒸发器温度不高于4℃。

（2）发动机的怠速提升控制装置。

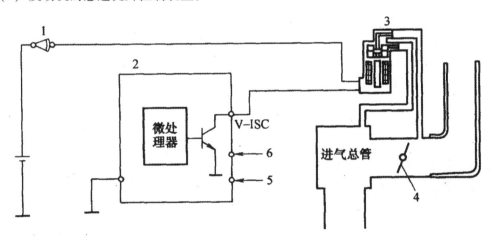

图6-27 发动机怠速提高控制装置
1-点火开关；2-发动机ECU；3-VSV阀；4-节气门；5-发动机转速、温度等传感器；
6-空调开关

对于非独立的车用空调系统，压缩机工作时要消耗一定的发动机功率。当发动机转速较低时（低速行驶或处于怠速运转状态时），发动机的输出功率较小，此时如果开启空调制冷系统，将加大发动机的负荷，可能会造成发动机的过热或停机，同时空调系统也因压缩机转速低而制冷量不足。为防止这种情况的发生，在空调的控制系统中采用了怠速提升装置，发动机怠速控制装置如图6-27所示。

电子控制器（ECU）根据节气门位置传感器、发动机转速传感器、空调开关等信号判断发动机的运行工况和空调是否使用，并输出控制信号，控制怠速控制阀工作，将发动机怠速调整到适当的状态。

ECU通过开关电磁阀式怠速控制阀（VSV）实现怠速提升控制，VSV为二位二通电磁

阀，其线圈通电时阀打开，使连接管路（怠速辅助空气通道）通路。当发动机在怠速工况下接通空调开关时，ECU输出控制信号使VSV电磁阀通电打开，怠速辅助空气通道通路而使怠速工况进气量增加，供油量也会相应增加，发动机便在较高的转速下运转。

（3）自动停止控制装置。

车辆加速空调自动停止控制装置也称加速控制装置，主要由加速开关和延时继电器等组成，如图6-28所示。加速开关2一般装在加速踏板下，或装在其他位置通过连杆或钢索来控制。延时继电器1触点常闭，串联在空调继电器线圈电路中。当加速踏板踏下

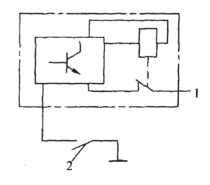

图6-28　加速空调自动停止控制装置
1-延迟继电器；2-加速开关

行程达到最大行程的90%时，加速开关闭合，延迟继电器线圈通电，其触点断开，使压缩机电磁离合器线圈断电，电磁离合器分离，压缩机停止工作，发动机负荷减小而加速运转，以提高车速。当踏板行程小于90%时，加速开关断开，延迟继电器延时十几秒钟后自动接通压缩机电磁离合器线圈电路，使电磁离合器接合，压缩机自动恢复工作。

空调系统控制电路

为了使空调系统能够正常工作，维持车内所需的温度，空调系统需要进行温度控制、送风量控制等。在此介绍几种典型的空调系统控制电路。

（1）基本控制电路。

最基本的汽车空调控制电路如图6-29所示。该控制电路的空调开关与鼓风机调速开关组合为旋钮式复合开关3，当空调与鼓风机开关接通时，鼓风机电动机和压缩机

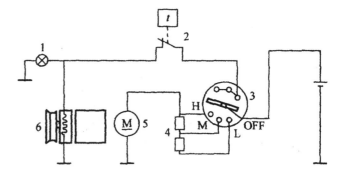

图6-29　空调系统基本电路
1-空调工作指示灯；2-温控器；3-空调与鼓风机开关；
4-鼓风机调速电阻；5-鼓风机电动机；6-压缩机电磁离合器

电磁离合器电路同时接通，鼓风机和压缩机均开始工作。通过转动空调与鼓风机开关旋钮，可将鼓风机转速调整为高、中和低三种状态。串联在压缩机电磁离合器电路中的温度控制器2用来控制蒸发器的温度。当温度达到设定的低限值时，温控器动作，切断压缩机电磁离合器线圈电流，压缩机停转；当温度上升后，温控器又自动闭合，压缩机电磁离合器线圈电路又接通，压缩机又恢复工作。

（2）加空调继电器的控制电路。

加空调继电器及冷凝器冷却风扇电动机的空调基本控制电路如图6-30所示。该空调系统基本电路增设了空调继电器，由继电器触点来控制压缩机电磁离合器线圈电路的通断。用于加强冷凝器散热的冷凝器风扇电动机与压缩机电磁离合器线圈并联，在压缩机工作时，冷凝器风扇也一起工作。

增设空调继电器的作用是保护空调开关及温控器，因为压缩机电磁离合器的工作电流较大，再加上冷凝器风扇电动机，其工作电流就更大了，如果由空调开关、温控器等直接

控制这一较大的电流,其触点很容易烧坏。加了空调继电器后,由继电器触点来控制压缩机电磁线圈和冷凝器风扇电动机电路的通断,而空调开关和温控器只是控制电流较小的继电器线圈电流,故不易烧坏。

2. 空调系统的保护装置

为了使空调系统能正常工作,出现异常情况时保护空调系统不被损坏,空调系统中通常设有一些保护装置。

空调系统的压力保护开关

如果空调制冷循环系统出现压力异常,将会造成系统的损坏。为防止空调制冷循环系统出现压力异常,通常在系统的高压管路中安装压力开关。常见的压力开关有高压开关、低压开关和高低压组合开关等三种,如图6-31所示。压力开关的安装位置和控制电路如图6-32所示。

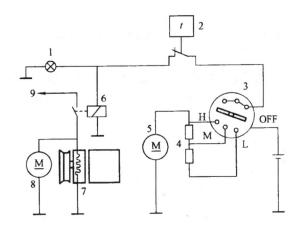

图6-30 加冷凝器冷却风扇的空调基本控制电路
1-压缩机工作指示灯;2-温度控制器;
3-空调开关与鼓风机开关;4-鼓风机调速电阻;
5-鼓风机电动机;6-空调继电器;7-压缩机;
8-冷却风扇电动机;9-接蓄电池正极

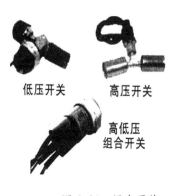

图6-31 压力开关

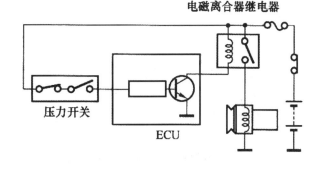

图6-32 压力开关控制电路

(1) 高压保护开关。

①制冷系统压力异常偏高的原因及影响。

当冷凝器被污垢、杂物、碎纸或塑料膜等阻挡时,制冷剂无法冷却,冷凝压力会偏高;当制冷系统制冷量过多,系统压力也会增高;还有其他原因也会引起系统压力异常升高。过高的压力会引起冷凝器和高压管爆裂、压缩机的排气阀破裂以及压缩机其他零件和离合器损坏。

②高压保护开关的作用。

高压保护开关接在压缩机到冷凝器的高压管路上,当系统出现异常高压时,压力保护开关会自动切断电磁离合器电路,让压缩机停止工作,同时接通冷凝器冷却风扇高速控制电路,通过提高风扇转速来降低冷凝器的温度和压力,防止制冷系统在异常高压下工作而损坏。当高压管路中的压力恢复正常时，压力保护开关又自动复位，接通电磁离合器电路和断开冷凝器风扇高速挡电路，制冷系统恢复正常工作。

③高压保护开关的结构。

高压保护开关的结构如图6-33所示。常闭型高压保护开关串联在压缩机电磁离合器电路中，当制冷系统压力异常（高至设定的限值）时，触点被顶开，压缩机电磁离合器断电而使压缩机停止工作。常开型高压保护开关串联在冷凝器高速风扇控制电路中，在系统压力异常高时压力保护开关触点闭合，使冷凝器高速风扇电动机通电工作。

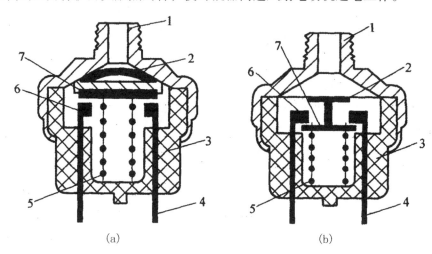

图6-33 高压保护开关

（a）常开型 （b）常闭型

1-管路接头；2-膜片；3-外壳；4-接线柱；5-弹簧；6-固定触点；7-活动触点

（2）低压保护开关。

①低压保护开关的作用。

设在高压管路的低压保护开关的作用之一是控制压缩机在缺少制冷剂的情况下自动停止运转，以避免压缩机因缺乏润滑油而损坏；另一个作用是在低温环境下停止压缩机运行，以免在过低的环境温度下，制冷系统仍然工作而造成蒸发器表面结冰，并避免不必要的功耗。

②低压保护开关的结构。

低压保护开关的结构如图6-34所示。该低压保护开关的保护动作是触点断开，在正常压力时，制冷剂压力推动膜片使触点处于闭合状态，当压力低于设定的低限值时，弹簧力推动膜片使触点断开，切断电磁离合器电路而使压缩机停止工作。对

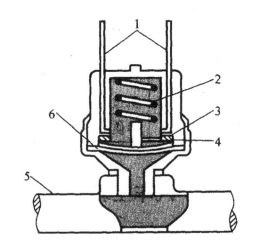

图6-34 低压保护开关

1-接线柱及固定触点；2-弹簧；3-活动触点；
4-支座；5-压力导入管；6-膜片

于设在低压管路中的低压保护开关，其保护动作是触点闭合，这种低压保护开关的结构与常闭型高压保护开关相似。

（3）高低压复合保护开关。

①高低压复合保护开关的结构。

高低压复合保护开关的结构如图 6-35 所示，它是将高压保护开关和低压保护开关组合为一体。此开关通常安装在储液干燥器处，其内部的高压触点（14 和 15）和两个低压触点（1 和 2，6 和 7）为常闭，通过接线柱 11 串联在压缩机电磁离合器线圈电路中。由于将两个开关组合在一个开关壳体内，使系统结构紧凑，减少了开关的接口，制冷剂泄漏的可能性减小。

②高低压复合保护开关的原理。

当高压管路中的制冷剂压力正常时，制冷剂压力的上推力与金属膜片 3 和弹簧的弹力处于平衡状态，开关内高低压触点均处于闭合状态。此时，开关内部电流经低压触点 6、7 到高压触点 14、15，再经过低压触点 1、2 形成通路。

当高压管路中的制冷剂压力降至低限值时，弹簧 9 的弹力推动钢座 13 下移，使低压触点断开，如图 6-35（a），切断压缩机电磁离合器电路，使压缩机停止工作。

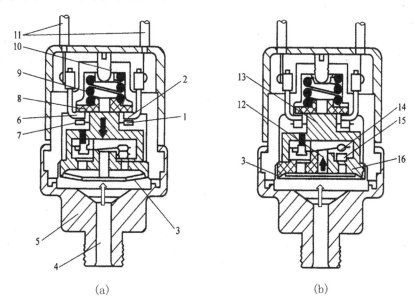

图 6-35　高低压复合式保护开关

（a）制冷剂压力过低时　（b）制冷剂压力过高时

1、7-低压固定触点；2、6-低压活动触点；3-膜片；4-制冷剂压力导入；5-开关壳体；8-绝缘片；
9-弹簧；10-调节螺钉；11-接线柱；12-顶销；13-钢座；14-高压活动触点；
15-高压固定触点；16-膜片座

空调系统其他保护装置

除了压力保护开关保护装置，一些空调系统还设有其他的安全保护装置，用以确保空调系统正常工作。

（1）易熔塞。

一些空调制冷系统中，在储液干燥器的顶端安装有易熔塞，如图6-36所示。易熔塞中有易熔合金，当冷凝器压力过高，制冷剂的温度达到了易熔合金的熔化温度时，易熔合金就会立即熔化，使高压得以释放，起到了安全保护的作用。

利用易熔塞释放压力的保护方法，其缺点是制冷剂被释放掉了，这不仅造成经济损失，且会造成环境污染，尤其是使用R12制冷剂的汽车空调，此种过压保护方式还会对大气臭氧层造成破坏。此外，易熔塞熔化后，空气会进入制冷系统，检修时必须进行抽真空。因此，现代车用空调制冷系统中使用易熔塞作高压保护的已较少，取而代之的是泄压阀。

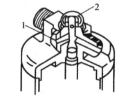

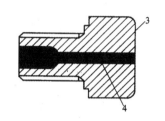

图6-36　易熔塞结构
1-易熔塞；2-检视窗；
3-螺栓；4-易熔合金

（2）泄压阀。

泄压阀也称高压卸压阀，安装在压缩机高压侧或储液干燥器上，其结构如图6-37所示。在正常情况下，弹簧力将密封塞3压向阀体1，与A面凸缘紧贴，泄压阀处于关闭状态。当因冷凝器散热条件不好或其他原因使冷凝器压力和温度异常升高时，系统高压克服弹簧力推动密封塞右移，阀被打开，制冷剂释放出来，压缩机压力立即下降。当制冷剂压力降低后，弹簧力又会推动密封塞左移，使泄压阀重新关闭。

采用泄压阀，制冷剂释放量较少，空气也不会进入系统，而且便于判断故障原因。

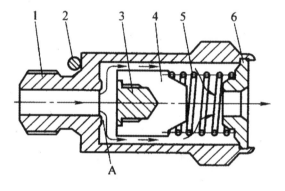

图6-37　泄压阀
1-阀体；2-密封圈；3-密封塞；
4-下弹簧座；5-弹簧；6-上弹簧座

（3）减压安全阀。

在一些车用空调制冷系统中，设有减压安全阀，替代易熔塞或泄压阀的作用。减压安全阀安装在压缩机气缸体上，如图6-38所示，其内部结构与泄压阀相似。当制冷系统的压力高于设定的高限值时，减压安全阀打开，将部分高压制冷剂释放回低压端以降低系统异常高的压力。

由于减压安全阀起作用时，制冷剂被释放到系统的低压端而非系统外的大气中，因此解决了易熔塞、泄压阀起作用时的大气污染问题。通常制冷系统高压管路中同时设有压力保护开关，因而减压安全阀只是作为压力保护开关的后备，起到了双保险的作用。

6.2.3　电子控制的空调系统

以电子控制为核心的空调控制系统不仅能进行最佳的空气温度与湿度调节和系统的安全保护，还可实现最经济的空调运行模式控制，以及控制系统的故障自诊断。电子控制的空调系统具有高度的自动化、可靠性和经济性好、舒适性与安全性高，因此，在车辆上的应用将越来越多。

1. 空调电子控制系统的控制原理

（1）温度基本控制。

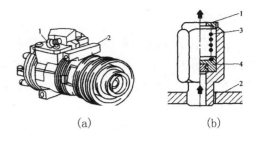

图 6-38　减压安全阀

（a）安装位置　　（b）结构

1-减压安全阀；2-压缩机；3-弹簧；4-阀

电子控制器根据各温度传感器的输入电信号和空调控制面板设定值进行计算分析，并对是否需要调节温度作出判断，然后输出相应的调控信号，通过相应的执行机构，对压缩机的工作、送风温度、送风模式及风量、热水阀开度等进行控制，以实现对车内空气温度的自动控制，使空调控制系统能对车内的环境进行全季节、全方位、多功能的最佳调节和控制。

（2）经济运行方式控制。

当驾驶员按下空调控制面板的"ECON"按键时，空调系统就会工作在经济运行方式，微处理器根据车内外温度传感器的信号控制压缩机在尽可能少的时间内工作，甚至不工作的情况下保持车内设置温度。比如，在春秋季节车外温度与设定温度相差不大时，控制器便选择在此方式下工作，以达到节能之目的。

（3）异常监测与保护控制。

当空调系统出现压力过高或过低、温度过高等异常情况时，控制器根据相关传感器或开关信号作出压力或温度异常的判断，并输出控制信号，使压缩机停止工作或使冷却风扇高速运转，以确保系统正常工作，避免制冷系统部件遭受损坏。

（4）故障自诊断电子控制。

通过自诊断程序对输入的传感器信号和执行器电路的反馈信号进行监测，当电子控制系统出现故障，其信号缺失或信号异常时，电子控制器中的自诊断程序就会立刻作出相关电路和部件有故障的判断，通过相应的指示灯闪烁发出警告信号，并以故障码的形式储存相应的故障信息。

2. 空调电子控制系统的组成、结构和原理

空调电子控制系统包括传感器、控制器和执行器三部分，其基本组成如图 6-39 所示。

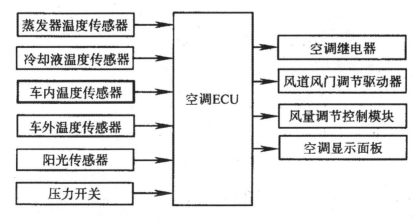

图 6-39　空调电子控制系统的组成

传感器

空调电子控制系统一般设有蒸发器温度传感器、发动机冷却液温度传感器、车内和车外温度传感器、阳光传感器及各压力开关等，用于将蒸发器出口处温度、发动机温度、车内外温度、阳光照射强度及制冷系统压力异常等参数转换为相应的电信号，并输送给电子控制器。

（1）驾驶室内温度传感器。

驾驶室内温度传感器一般安装在仪表板下端，它是具有负温度系数的热敏电阻，其结构和安装位置如图6-40和图6-41所示。该传感器可检测驾驶室空气的温度，并将温度信号输入ECU。在吸入驾驶室内空气时，利用暖风装置的气流与专用抽气机。当驾驶室内温度发生变化时，热敏电阻的阻值改变，从而向空调ECU输送驾驶室内温度信号。

（2）驾驶室外温度传感器。

驾驶室外温度传感器及其安装位置如图6-42所示。该传感器采用热敏电阻检测驾驶室外空气温度，并将温度信号输入ECU。

（3）空调器温度开关。

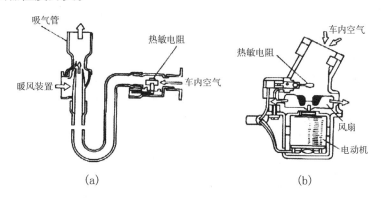

(a)　　　　　　　　　　　　(b)

图6-40　驾驶室内温度传感器的结构

（a）吸气器型　　（b）电动机型

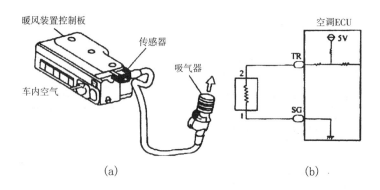

(a)　　　　　　　　　　　　(b)

图6-41　驾驶室内温度传感器的安装位置和电路

（a）安装位置　　（b）电路

空调器温度开关的结构如图6-43所示，由热敏电阻、簧片开关和永久磁铁等组成。利用热敏电阻超过设定值后磁通量急速降低的特性，实现簧片开关闭合与断开的转换。主要用于使用温度检测开关的可变容量压缩机系统。它根据驾驶室冷气的状况控制压缩机是否工作，从而提高压缩机的工作效率。

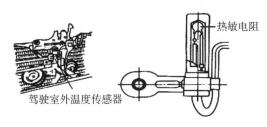

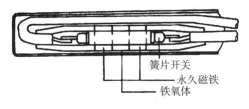

图6-42　驾驶室外温度传感器的安装　　　图6-43　空调器温度开关的结构

（4）蒸发器出口温度传感器。

蒸发器出口温度传感器安装在蒸发器片上，用来检测蒸发器表面温度变化，由此控制压缩机的工作状态。当温度升高时，传感器的电阻值减小；当温度降低时，传感器的电阻值增加。利用传感器的这一特性来检测温度。传感器的工作环境温度为-20℃～60℃。

蒸发器出口温度传感器主要用于空调温度控制，其电路如图6-44·所示。ECU对温度检测用热敏电阻的信号与温度调整用控制电位器的信号进行比较，确定对电磁离合器供电或断电。此外，还利用热敏电阻的信号，控制蒸发器避免结冰。

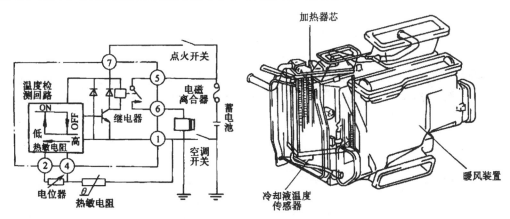

图6-44　蒸发器出口温度传感器　　　图6-45　冷却液温度传感器的安装位置

（5）冷却液温度传感器。

冷却液温度传感器直接安装在加热器芯底部的水道上，如图6-45所示，用于检测冷却液温度。产生的冷却液温度信号输送给空调ECU，对低温时鼓风机的转速进行控制。

（6）日光传感器。

日光传感器将日光照射量变化转换为电流变化，并将此信号输入空调ECU。ECU根据此信号调整车用鼓风机吹出的风量与温度。

日光传感器的结构及特性如图6-46所示，主要由壳体、滤光片及光电二极管组成，通过光电二极管可检测出日光照射量的变化。光电二极管对日照变化反应敏感，而自身不受温度的影响，它把日照变化转换成电流，根据电流的大小即可确定准确的日照量。日光传感器安装在驾驶室仪表板上方容易接受日光照射的位置处，并能通过抽气机从该处吸入空气。

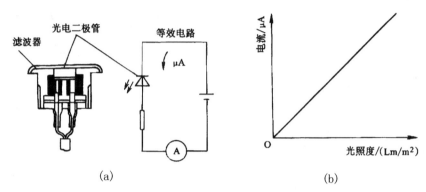

图 6-46　日光传感器的结构及特性
（a）结构　　（b）工作特性

（7）压缩机锁止传感器。

压缩机锁止传感器是一种磁电式传感器，安装在压缩机内，用于检测压缩机转速。压缩机每转一转，该传感器线圈产生四个脉冲信号输送到空调 ECU。

（8）静电式制冷剂流量传感器。

静电式制冷剂流量传感器用于检测制冷剂流量，其结构原理如图 6-47 所示。传感器内部有多个电极，当通过传感器的制冷剂流量发生变化时，则电极间的静电电容量发生变化，由此可检测出制冷剂流量。

如图 6-48 所示，制冷剂流量传感器连接在储液干燥器和膨胀阀之间。通过传感器的电极检测出制冷剂流量的变化，并以频率信号输入到空调 ECU。ECU 根据此信号判断制冷剂量是否正常。当出现异常时，利用监控显示系统进行报警。

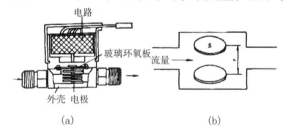

图 6-47　静电式制冷剂流量传感器
（a）结构　　（b）工作原理

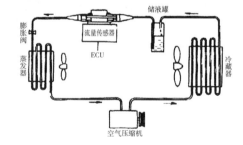

图 6-48　制冷剂流量传感器的安装位置

电子控制器（ECU）

以微处理器为核心的电子控制器根据空调控制面板设定的温度与工作状态及各传感器的电信号对空调的工作状态、热负荷、发动机的工况与状态等进行分析判断，并输出控制信号，控制执行器工作，使空调系统运行于最佳状态。

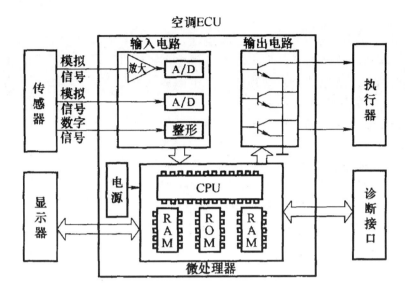

图 6-49   电子控制器的基本组成

电子控制器的输入信号主要有车内（外）温度、日照度、发动机冷却液温度、设定温度、空调运行模式、冷暖风门位置、压缩机制冷温度及制冷系统压力等。电子控制器输出的控制信号主要是各个风门的位置、鼓风机运转状态、压缩机运转状态等。

电子控制器主要由微处理器、输入与输出电路等组成，如图 6-49 所示。

（1）微处理器。

微处理器主要由中央处理器（CPU）、只读存储器（ROM）、随机存储器（RAM）、输入/输出接口（I/O）等组成。微处理器是电子控制器的核心，它接受输入电路送来的各传感器及开关信号，再根据存储器中的控制程序和标准数据进行运算，并输出控制信号，通过输出电路控制执行器工作。

（2）输入电路。

电子控制器的输入电路包括信号处理（调理）电路和传感器电源，其作用之一是将各传感器及开关信号进行预处理，转换为 CPU 能够接受的数字信号；其二是向各传感器及开关提供一个电压稳定的电源，以确保各传感器及开关正常工作。对于模拟信号，则通过模/数转换器（A/D）将模拟信号转换为数字信号再输入微处理器。

（3）输出电路。

电子控制器的输出电路通常由信号处理电路和驱动电路组成。信号处理电路将 CPU 输出的控制指令转换为相应的控制脉冲，再经驱动电路控制执行器工作。

执行器

电子控制的空调通常设有温度调节、风量与送风方式调节、压缩机运行控制、热水阀控制等执行器，执行器按照电子控制器输出的控制信号工作，实现空调的最佳状态控制和安全保护。

电子控制的空调执行器主要有控制压缩机、冷却风扇及鼓风机工作的继电器、控制模块、控制风道中各风门及热水阀的驱动装置。

（1）继电器。

电子控制的空调系统中，ECU 通过继电器控制压缩机、冷却风扇、鼓风机等，即 ECU 控制继电器线圈电路的通断，由继电器触点通断压缩机电磁离合器、冷却风扇及鼓风机电动机电路。

用于控制压缩机工作的空调继电器电路原理如图 6-50 所示。该继电器为常开型，当空调开关接通时，空调 ECU 使继电器线圈通电，接通压缩机电磁离合器电路，压缩机工作。工作中，空调 ECU 根据各传感器和开关信号对压缩机的运转进行自动控制。当需要停止压缩机运转时，空调 ECU 断开空调继电器线圈电路，继电器触点断开，压缩机电磁离合器断电，压缩机立即停止工作。

（2）鼓风机电动机。

鼓风机电动机根据空调 ECU 的控制信号工作，

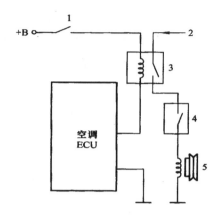

图 6-50　空调继电器控制电路
1-空调开关；2-接电源；3-空调继电器；4-温度开关；5-压缩机电磁离合器

使鼓风机风扇在适宜的转速下运转。典型的鼓风机电动机转速控制原理如图 6-51 所示，该控制电路可实现鼓风机风量的手动和自动控制。

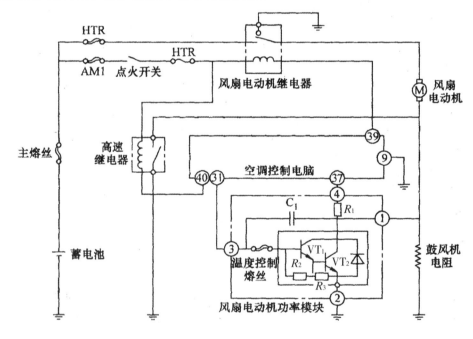

图 6-51　典型的鼓风机电动机转速控制电路

①手动控制。

当按下高速按键时，空调 ECU 输出高速控制信号（40 号端子搭铁），使高速继电器线圈通电而吸合触点，鼓风机风扇电动机电流经高速继电器触点直接搭铁，电流最大而高速旋转。

当按下低速按键时，空调 ECU 输出低速控制信号（31 号端子低电平），鼓风机控制模块大功率三极管 VT_2 截止，鼓风机风扇电动机电流经风扇电阻搭铁，电流最小而低速旋转。

②自动控制。

按下"自动控制"按键，空调 ECU 从 31 号端子输出相应电动机转速控制信号（31 号端子输出占空比脉冲电压），使鼓风机控制模块大功率晶体管 VT_2 间歇性导通。当空调 ECU 要调高电动机转速时，就输出占空比增大（脉冲电压的脉宽增加），从而使 VT_2 导通时间增加，风扇电动机的转速提高。

空调 ECU 通过 31 号端子输出连续变化的占空比脉冲信号，可实现对鼓风机风扇电动机转速（风量）的无级调节。

（3）各风门伺服电动机。

伺服电动机的安装位置如图 6-52 所示，各种风门的位置如图 6-53 所示。

①进风控制伺服电动机。

进风控制伺服电动机控制进风方式，其结构如图 6-53（a）所示。电动机的转子经连杆与进风风门相连，当驾驶员使用进风方式控制键选择"车外新鲜空气导入"或"车内空气循环"模式时，空调 ECU 控制进风控制伺服电动机带动连杆顺时针或逆时针旋转，带动进风风门打开或关闭，从而改变进风方式。该伺服电动机内装有一个电位计随电动机转动，并向空调 ECU 反馈电动机活动触点的位置情况。

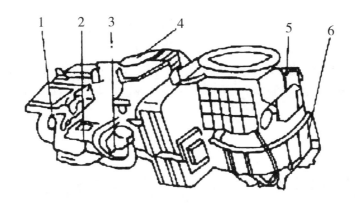

图 6-52　伺服电动机的安装位置

1-送风方式控制伺服电动机；2-最冷控制伺服电动机；3-空气混合伺服电动机；4-加热器；5-进风控制伺服电动机；6-鼓风机及制冷装置

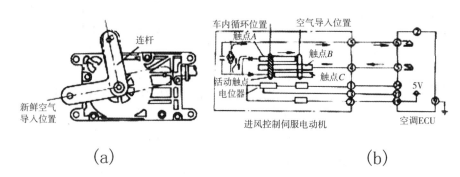

图 6-53　进风控制伺服电动机
（a）结构　　（b）工作电路

进风控制伺服电动机与空调 ECU 的连接电路如图 6-53（b）所示，当按下"车外新鲜空气导入"键时，电流路径为：经空调 ECU 端子 5→伺服电动机端子 4→触点 B→活动触点→触点 A→电动机→伺服电动机端子 5→空调 ECU 端子 6→空调 ECU 端子 9 搭铁。此时伺服电动机转动，带动活动触点、电位计触点及进风风门移动或旋转，新鲜空气通道打开。当活动触点与触点 A 脱开时，电动机停止转动，空调进气方式被设定在"车外新鲜空气导入"状态，车外空气被吸入车内。

当按下"车内空气循环"键时，电流路径为：空调 ECU 端子 6→伺服电动机端子 5→电动机→触点 C→活动触点→触点 B→伺服电动机端子 4→空调 ECU 端子 5→空调 ECU 端子 9 搭铁。于是电动机带动活动触点、电位计触点及进风风门向反方向移动或旋转，关闭新鲜空气入口，同时打开车内空气循环通道，使车内空气循环流动。

当按下"自动控制"键时，空调 ECU 首先计算出所需的出风温度，并根据计算结果自动改变进风控制伺服电动机的转动方向，从而实现进风方式的自动调节。

②空气混合伺服电动机。

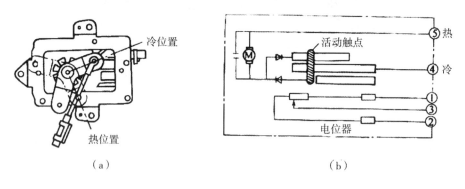

图 6-54　空气混合伺服电动机
（a）连杆转动位置　　（b）工作电路

空气混合伺服电动机连杆转动位置及电动机内部电路如图 6-54 所示，进行温度控制时，空调 ECU 首先根据驾驶员设置的温度及各传感器送入的信号，计算出所需要的出风温度并控制空气混合伺服电动机连杆顺时针或逆时针转动，改变空气混合风门的开启角度，从而改变冷、暖空气混合比例，调节出风温度与计算值相符。电动机内电位计的作用是向空调 ECU 输送空气混合风门的位置信号。

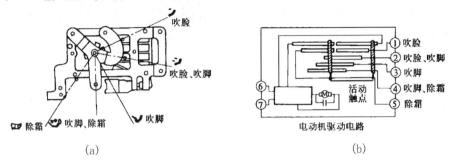

(a)   (b)

图 6-55 送风方式控制伺服电动机
(a) 连杆位置   (b) 工作电路

③送风方式控制伺服电动机。

送风方式控制伺服电动机连杆的位置及电动机内部电路如图 6-55 所示，当按下操纵面板上某个送风方式键时，空调 ECU 将电动机上的相应端子搭铁，而电动机内的驱动电路由此将电动机连杆转动，将送风控制风门转到相应的位置上，打开某个送风通道。当按下"自动控制"键时，空调 ECU 根据计算结果，自动改变送风方式。

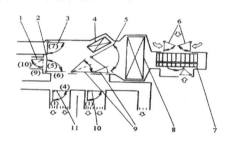

图 6-56 风门位置
1-除霜封口风门；2-风口风门；3-暖风风门；4-加热器芯；
5-空气混合风门；6-进风风门；7-鼓风机电动机；8-蒸发器；
9-最冷控制风门；10-中央风口风门；11-后风口风门

④最冷控制伺服电动机。

最冷控制伺服电动机的风门位置及内部电路如图 6-56 所示，该电动机的风门具有全开、半开和全闭 3 个位置。当空调 ECU 使某个位置的端子搭铁时，电动机驱动电路使电动机旋转，带动最冷控制风门位于相应位置。

6.2.4 空调系统的正确使用

1. 空调系统日常使用

为了保证空调系统日常使用具有良好的技术状况和工作可靠性，节约能源，发挥空调

的最大效率，延长使用寿命，使用时应注意以下几点。

（1）在使用前先了解空调操作板上各推杆和按钮的作用。

（2）使用空调时应先起动发动机，待发动机稳定运转后，打开鼓风机至某一挡位，然后再按下空调开关 A/C 以起动空调压缩机。调整送风温度和选择送风口，空调即可以正常工作。在空调工作时，如果温度推杆处于最大冷却位置，应尽量使鼓风机工作在高速挡，以免蒸发器过冷而结冰。

（3）车辆不工作时，不要长时间使用空调制冷装置，以免耗尽蓄电池的电能和防止废气被吸入车内，造成再次起动发动机时困难和人员中毒；同时避免冷凝器和发动机因散热不良而过热，影响空调的制冷性能和发动机的寿命。

（4）车辆低速行驶时，应采用低速挡以使发动机有一定的转速，防止发电量不足和冷气不足。

（5）夏日停车应尽量避免在阳光下曝晒，以免加重空调负担。

（6）在太阳照射的情况下作业，如果车内温度很高，应打开所有车窗，车内热空气排出后，立即关上车窗，再开空调。

（7）在只需换气而不需冷气时，如春、秋两季，只需打开鼓风机开关而不要起动压缩机。

（8）空调使用结束后，为保持空调良好的工作状态，应每周开动一次，每次开动数分钟。

（9）原来没有安装空调器的车辆，不宜自行加装，以免发动机超载过热。

2. 制冷剂泄漏的检查

对制冷剂泄漏的检查，常用的方法有以下四种。

肥皂液检漏法

制冷装置工作时，用毛刷将肥皂液涂于待检查部位，如果有气泡出现则说明该处有泄漏。这种方法简单易行，没有危害。

着色检漏法

用棉球蘸制冷剂专用着色剂检测，这种着色剂一遇到制冷剂就会变成红色，以此可以确定泄漏部位。

电子检漏仪检漏法

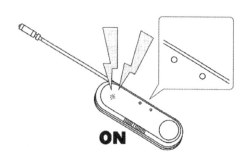

图 6-57　电子检漏仪

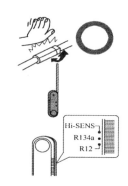

图 6-58　电子检漏仪的使用

目前空调检漏通常采用电子检漏仪，如图 6-57 所示。该仪器用于检测制冷系统中制冷剂的泄漏部位和泄漏程度。仪器上有闪光灯和蜂鸣器，越靠近泄漏区域，闪光和蜂鸣的间隔越短，提高灵敏度将能检测到轻微的泄漏。

检查时要在发动机停机状态。由于制冷剂较空气略重，因此检漏仪的探头应在管路连接部位的下方检测，并轻微振动管路，如图 6-58 所示。

查看油渍检漏法

制冷剂常见泄漏部位可能是：管路连接部位、轴封处。这些部位一旦出现油渍，一般说明此处有制冷剂泄漏。

3. 空调系统制冷剂的排放与加注

设备的使用

（1）歧管压力表。

歧管压力表是车辆空调维修必不可少的工具，歧管压力表不仅用于制冷系统维修时的抽真空、加注制冷剂和添加冷冻机油，还用于空调制冷系统故障检测。歧管压力表由高压表和低压表组成，还配有手动高、低压阀及三个接头，其结构如图 6-59 所示。

歧管压力表的高压表通过手动高压阀和高压管接头与制冷系统高压侧相连，用于检测制冷系统高压侧压力，而低压表则是通过

图 6-59 歧管压力表

手动低压阀和低压管接头与制冷系统低压侧相连，用于检测制冷系统低压侧压力。中间管接头连接真空泵或制冷剂钢瓶。

通过歧管压力表高压阀与低压阀不同的开闭组合，可以构成四种不同回路。

①高压阀与低压阀关闭。

②低压阀开启，高压阀关闭。

③低压阀关闭，高压阀开启。

④低压阀与高压阀开启。

（2）制冷剂注入阀。

制冷剂注入阀与制冷剂罐配合，用于制冷剂的充注。制冷剂注入阀的结构如图 6-60 所示。需要向制冷系统充注制冷剂时，将制冷剂注入阀安装到制冷剂罐 4 上，旋动制冷剂注入阀旋转手柄 1，使阀针 5 刺穿制冷剂罐密封塞即可充注制冷剂。

（3）真空泵。

真空泵用于制冷系统的抽真空，以排除系统内的空气和水分。图 6-61 所示的是叶片式真空泵，主要由转子、定子（气缸）、叶片及排气阀等组成。

转子 2 与定子 5 内圆偏心安装，之间形成月牙形空腔。工作时，叶片 4 在弹簧 3 的弹力和离心力的作用下沿径向滑出，其外端面紧贴于气缸内壁，形成吸气腔和排气腔。转子转动时，吸气腔容积逐渐增大，腔内压力下降而吸入气体；排气腔容积逐渐减小，压力升高而排出气体。如此循环，将吸气端容器内的空气和水分抽出，达到抽真空的目的。

需要说明的是，真空泵抽真空过程中并不能直接将制冷系统中的水分抽出，而是通过抽真空降低了系统内的压力，使水的沸点降低了。水在较低的温度下沸腾，从而以水蒸气的形式被真空泵抽出。

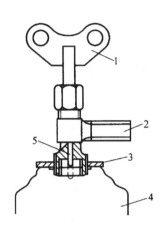

图 6-60　制冷剂注入阀
1-旋转手柄；2-注入阀接头；
3-板状螺母；4-制冷剂罐；5-阀针

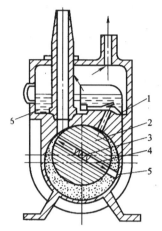

图 6-61　叶片式真空泵
1-排气阀；2-转子；3-弹簧；
4-叶片；5-定子（气缸）；6-润滑油

制冷剂的排放和加注

（1）制冷剂的排放。

车辆空调系统维修过程中，有时需要将制冷系统内部的制冷剂排空，有排入大气和回收两种方法。制冷剂直接排入大气中易造成环境污染，较好的排放方法是用密闭的容器将制冷剂回收。制冷剂排放的具体操作方法如下：

①将歧管压力表高、低压手动阀关闭后，其高、低压软管分别与压缩机的高、低压检修阀连接，中间软管则罩上一块干净的布或放入量杯中，如图 6-62 所示。

②慢慢打开手动高压阀，使制冷剂从中间软管缓缓排出。注意观察是否有冷冻机油排出，如果有较多的冷冻机油随制冷剂一起流出，就必须适当减小手动阀的开度，以避免大量的冷冻机油排出。

③观察歧管压力表，当压力降至 340kPa 左右时，再慢慢打开手动低压阀，使制冷剂从制冷系统高、低压两侧同时排出。此时如果有较多的冷冻机油排出，也应适当减小高、低压手动阀的开度。

④随着压力的降低，可逐渐开大手动高、低

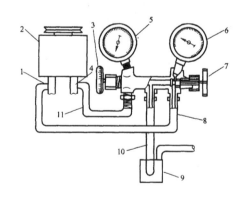

图 6-62　制冷剂的排放
1-高压检修阀；2-压缩机；3-手动低压阀；
4-低压检修阀；5-低压表；6-高压表；
7-手动高压阀；8-高压软管；9-量杯；
10-中间软管；11-低压软管

压阀的开度。当压力降至 0 时，制冷剂排放结束，此时应将手动高、低压阀关闭。

⑤在制冷剂排放过程中如果有较多的冷冻机油排出（油量超过 14.2g），应向制冷系统注入等量的新冷冻机油。

（2）制冷系统抽真空。

制冷系统经过修理之后，需要进行抽真空操作，以排除修理过程中进入系统内部的空气和水分。真空泵不能直接抽出制冷系统内的水分，是通过抽真空降低了水的沸点，水分蒸发后，水蒸气被真空泵抽出。抽真空的操作方法如下：

①将歧管压力表和真空泵与制冷系统连接，如图 6-63 所示。通常在中间软管的接头上连接一个三通阀，用于同时连接真空泵和制冷剂罐，以便抽真空结束后，在充注制冷剂时不会有空气进入。

②打开歧管压力表的手动高、低压阀后开启真空泵，并观察低压表，几分钟后应有大于 100kPa 的真空度。如果不能达到此真空度，说明制冷系统气密性不良，需进行检漏操作。

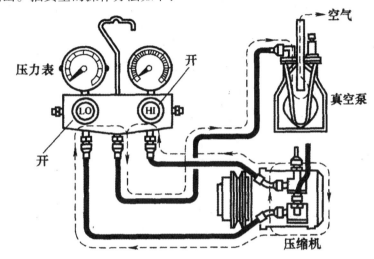

图 6-63　制冷系统抽真空

③达到 100kPa 的真空度后，关闭真空泵和手动高、低压阀，并观察压力表的压力是否回升。如果压力回升，也说明系统的气密性不良，需要进行检漏操作。如果压力保持稳定，则说明系统无泄漏，此时，再打开手动高、低压阀，并开启真空泵继续抽真空 15～30min，以尽可能将系统内的水分排除干净。

④关闭手动高、低压阀，然后再关闭真空泵，抽真空结束。

（3）制冷剂的充注。

制冷系统抽真空并检验其气密性良好，就可以充注制冷剂。制冷剂的充注有高压侧充注和低压侧充注两种方法，如图 6-64 所示。

①高压侧充注制冷剂从制冷系统高压侧充注制冷剂时，充入的是液态制冷剂，充注速度较快，适用于抽真空后的第一次充注。高压侧充注制冷剂的方法如下：

a. 在制冷系统完成抽真空和检漏后，将歧管压力表的中间软管与制冷剂罐连接，如图 6-64（a）所示，并关闭手动高、低压阀。

b. 通过制冷剂注入阀打开制冷剂罐，并拧松歧管压力表中间管接头螺母，直到能听见制冷剂排出的"噬、噬"声，然后再拧紧螺母。此举是为了排除中间软管内的空气。

c. 打开歧管压力表的手动高压阀，并将制冷剂罐倒置，使液态制冷剂进入制冷系统管路，直到制冷管路中的制冷剂量达到规定值。注意：此时手动低压阀应处于关闭状态，发动机不能起动。

d. 当充注了适量的制冷剂（充入 400～600g 制冷剂，或感觉制冷剂罐中的制冷剂质量不再下降时），关闭歧管压力表的手动高压阀。

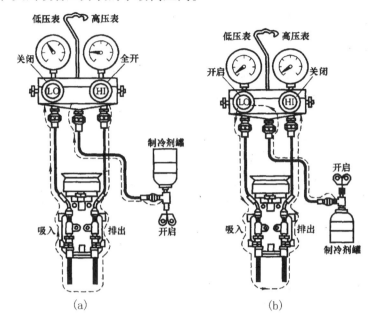

图 6-64　制冷系统充注制冷剂

（a）高压侧充注制冷剂　　（b）低压侧充注制冷剂

e. 将制冷剂罐正立后起动发动机，以防止液态制冷剂进入制冷管路，然后打开空调开关，并将鼓风机置于高速挡，打开所有车门。再打开歧管压力表手动低压阀，使制冷剂以气态的形式进入制冷管路。

f. 当充注达到标准（高压侧压力 1.01~1.64MPa、低压侧压力 0.118~0.198MPa）后，关闭手动低压阀和制冷剂罐，拆下歧管压力表，制冷剂充注结束。

②低压侧充注制冷剂 从制冷系统低压侧充注制冷剂时，充入的是气态制冷剂，充注速度较慢，可用于补充制冷剂。低压侧充注制冷剂的方法如下：

a. 制冷系统抽真空与检漏完成后，将歧管压力表的中间软管与制冷剂罐连接，如图 6-64（b）所示。并关闭手动高、低压阀。

b. 拧松歧管压力表中间管接头螺母，并通过制冷剂注入阀打开制冷剂罐以排除中间软管内的空气。直到能听见制冷剂排出的"哩、哩"声后再拧紧螺母。

c. 打开歧管压力表手动低压阀，且使制冷剂罐正立，以确保进入系统低压侧的制冷剂为气态。当低压侧压力不再上升时，关闭手动低压阀。

d. 起动发动机，打开空调开关，并将鼓风机置于高速挡，打开所有车门，然后再打开歧管压力表手动低压阀，使气态制冷剂继续充入制冷管路。

e. 当充注达到标准（高压侧压力 1.01~1.64MPa、低压侧压力 0.118~0.198MPa）后，关闭手动低压阀和制冷剂罐，关闭发动机并拆下歧管压力表，制冷剂充注结束。

4. 冷冻机油的充注

空调正常工作时系统内部的冷冻机油消耗量很小，平时检修时通常不需要检查和补充。当制冷系统进行了大修、更换了制冷系统的部件，或制冷系统出现了异常而怀疑冷冻机油量不足时，就需要对冷冻机油进行检查和补充。

冷冻机油的检查

（1）通过检视窗观察检查。对于有检视窗的压缩机，可通过观察检视窗检查压缩机的冷冻机油量是否正常。仔细观察检视窗，如果油面达到检视窗高度的80%属正常；如果油面在检视窗高度80%以下，说明冷冻机油不足，需要补充；如果油面在检视窗高度80%以上，则应放出过多的冷冻机油。

（2）利用油尺检查。没有冷冻机油检视窗的压缩机，可用油尺检查冷冻机油量。对装有油尺的压缩机，可拧松油塞后抽出油尺，将油尺上的油擦净后再插入，直到油尺的端部碰到压缩机壳体，然后再抽出油尺，油面应在规定的上下限之间。对本身无油尺的压缩机可用专用的油尺检查冷冻机油，拧开油塞后将专用的油尺插入，看其油面是否在上下限范围之内。

冷冻机油的加注

当检查发现冷冻机油不足时，就需要加注。此外，当维修时更换了制冷系统的某个部件时，也需要加注相应数量的冷冻机油，因为制冷系统工作以后，会有部分冷冻机油存留在压缩机以外的制冷系统部件中，更换了新的部件，就应补充该部件所带走的那部分冷冻机油。

冷冻机油可在抽真空前或在抽真空后加注。抽真空前加注冷冻机油比较简单，可将适量的冷冻机油从压缩机的加油塞口注入即可。抽真空后加注冷冻机油需要专用的设备，具体加注方法如下：

（1）将歧管压力表、真空泵、注油器（具有加油塞、放油阀和油量刻度的容器）等设备与制冷系统连接，如图6-65所示。

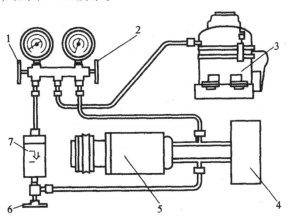

图6-65　冷冻机油的加注
1-手动低压阀；2-手动高压阀；3-真空泵；4-制冷系统；5-压缩机；6-放油阀；
7-注油器

（2）开启真空泵，并将歧管压力表的手动高压阀打开、手动低压阀和注油器放油阀关闭。

（3）打开注油器的加油塞，加足冷冻机油，然后关闭加油塞。

（4）当真空度大于98kPa时，打开注油器放油阀，使冷冻机油内的水分蒸发后随空气

一起被抽走。

（5）使真空泵继续运行 5min，以便让冷冻机油中的水分完全汽化后被抽走。然后关闭歧管压力表手动高压阀和真空泵，并拆下中间软管，打开手动低压阀（开度不要过大），使冷冻机油注入制冷系统低压侧。

（6）当适量的冷冻机油注入制冷系统（注油器油量减少到预定值）时，立即关闭放油阀。

（7）关闭手动低压阀，冷冻机油注入结束。然后就可以进行制冷剂注入操作。

6.2.5　检修空调系统

1. 空调系统的日常检查

（1）保持冷凝器的清洁

冷凝器的清洁程度与其换热状况相关，因此应经常检查冷凝器表面有无污物、泥土，散热片是否弯曲或阻塞。如发现冷凝器表面脏污，应及时用压缩空气或清水清洗干净，以保持冷凝器有良好的散热条件，防止冷凝器因散热不良而造成冷凝压力和温度过高而导致制冷能力下降。在清洗冷凝器的过程中，应注意不要把冷凝器的散热片碰倒，更不能损伤制冷管道。

（2）保持送风通道空气进口过滤器清洁

送入车厢的空气要经过空气进口过滤器的过滤，因此应经常检查过滤器是否被灰尘、杂物堵塞并进行清洁，以保证进风量充足，防止蒸发器芯子空气通道阻塞，影响送风量。

（3）定期检查制冷压缩机驱动皮带的使用情况和松紧程度

如皮带松弛应及时张紧，如发现皮带裂口或损坏应采用车用空调专用皮带进行更换。需注意的是，新装冷气皮带在使用 36~48h 后会有所伸长，应重新张紧。

（4）在春秋或冬季不使用冷气的季节里，定期起动空调压缩机，每次 5~10min。还应注意，此项保养需在环境温度高于 4℃时进行

（5）定期通过装在储液干燥器顶或冷凝器后高压管路上的目镜观察是否缺少制冷剂

（6）检查连接导线、插头是否有松动和损坏现象

经常检查制冷系统各管路接头和连接部位、螺栓、螺钉是否有松动现象，是否有与周围机件相磨碰的现象，胶管是否老化，隔震胶垫是否脱落或损坏。

（7）注意空调运行中有无不正常的噪声、异响、振动和异常气味，如有，应立即停止使用，并送专业修理部门检查、修理

2. 空调故障诊断的常用方法

空调故障诊断是通过看（察看系统各设备的表面现象）、听（听机器运转声音）、摸（用手触摸设备各部位的温度）、测（利用压力表、温度计、万用表、检测仪检测有关参数）等手段来进行的。同时还应仔细向驾驶员询问故障情况，判断是操作不当，还是设备本身造成的故障。若属前者，则应向驾驶员详细介绍正确的操作方法；若属后者，就应按上述四个方面进行综合分析，找出故障所在。查出故障原因，然后再进行修理。看、听、摸、测的具体应用如下：

<u>看现象</u>

用眼睛来观察整个空调系统，如图 6-66 所示。首先，察看干燥过滤器目镜中制冷剂

流动状况，若流动的制冷剂中央有
气泡，则说明系统内制冷剂不足，
应补充至适量。若制冷剂呈透明，
则表示制冷剂加注过量，应缓慢放
出部分制冷剂。若流动的制冷剂呈
雾状，且水分指示器呈淡红色，则
说明制冷剂中含水量偏高。其次，
察看系统中各部件与管路连接是否
可靠密封，是否有微量的泄漏。若
有泄漏，在制冷剂泄漏的过程中常

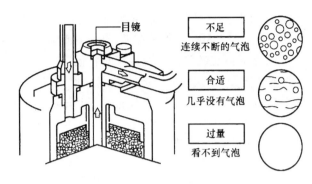

图 6-66　制冷剂的目测

夹有冷冻油一起泄出，故在泄漏处有潮湿痕迹，并依稀可见粘附上的一些灰尘。此时应将
该处连接螺帽拧紧，或重做管路喇叭口并加装密封橡胶圈，以杜绝慢性泄漏，防止系统内
制冷剂的减少。最后，察看冷凝器是否被杂物封住，散热翅片是否倾倒变形。

听响声

用耳朵聆听运转中的空调系统有无异常声音。首先，听压缩机电磁离合器有无发出刺
耳噪声。若有噪声，则多为电磁离合器磁力线圈老化，通电后所产生的电磁力不足或离合
器片磨损引起其间隙过大，造成离合器打滑而发出尖叫声。其次，听压缩机在运转中是否
有液击声。若有此声，则多为系统内制冷剂过多或膨胀阀开度过大，导致制冷剂在未被完
全汽化的情况下吸入压缩机。此现象对压缩机的危害很大。有可能损坏压缩机内部零件，
应缓慢释放制冷剂至适量或调整膨胀阀开度，及时加以排除。

摸温度

在无温度计的情况下，可用手触摸空调系统各部件及连接管路的表面。触摸高压回路
（压缩机出口→冷凝器→储液器→膨胀阀进口），应呈较热状态，若在某一部位特别热或进
出口之间有明显温差，则说明此处有堵塞。触摸低压回路（膨胀阀出口→蒸发器→压缩机
进口）应较冷。若压缩机高、低压侧无明显温差，则说明系统存在泄漏或制冷剂不足的
问题。

测数据

通过看、听、摸这些过程，只能发现不正常的现象，但要作最后的结论，还要借助于
有关仪表来进行测试，在掌握第一手资料的基础上，对各种现象作认真分析，才能找出故
障所在，然后予以排除。

（1）用检漏仪检漏。用检漏仪检查整个系统各接头处是否泄漏。

（2）用万用表检查。用万用表可以检查出空调电路故障，判断出电路是断路还是
短路。

（3）用温度计检查。用温度计可以判断出蒸发器、冷凝器、储液器的故障。正常工作
时，蒸发器表面温度在不结霜的前提下越低越好；冷凝器入口管温度为 70℃～90℃，出口
管温度为 50℃～65℃左右；储液器温度应为 50℃左右，若储液筒上下温度不一致，说明储
液器有堵塞。

（4）用压力表检查。将歧管压力计的高、低压表分别接在压缩机的排气、吸气口的维
修阀上，在空气温度为 30℃～35℃、发动机转速为 2000r/min 时检查。将风机风速调至高

挡，温度调至最冷挡，其正常状况是：高压端压力应为 1.421~1.470MPa，低压端压力应为 0.147~0.196MPa，若不在此范围，则说明系统有故障。

3. 空调系统的常见故障诊断与排除

空调系统常见故障一般为电气故障、机械故障、制冷剂和冷冻润滑油引起的故障。表现主要为系统不制冷、制冷不足或产生异响等。发现异常后，应先安装好各种计量表，根据各计量表的情况再结合外部的检查，诊断故障原因。可以根据表 6-1 所列的各种故障现象、产生原因及诊断排除方法予以排除或修理。

表 6-1　空调系统的故障诊断与排除

故障现象	产生原因	排除方法
系统不制冷	(1)驱动皮带松弛或皮带断裂 (2)压缩机不工作，皮带在皮带轮上打滑，或者离合器结合后皮带轮不转 (3)压缩机阀门不工作，在发动机不同转速下，高、低压表读数仅有轻微变动 (4)膨胀阀不能关闭，低压表读数太高，蒸发器流液 (5)熔断丝熔断，接线脱开或断线，开关或鼓风机的电动机不工作 (6)制冷剂管道破裂或泄漏，高、低压表读数为零 (7)储液干燥器或膨胀阀中的细网堵死，软管或管道堵死，通常在限制点起霜	(1)拉紧皮带或更换皮带 (2)拆下压缩机，修理或更换 (3)修理或更换压缩机阀门 (4)更换膨胀阀 (5)更换熔断丝导线，修理开关或鼓风机的电动机 (6)换管道，进行系统探漏，修理或更换储液干燥器 (7)修理或更换储液干燥器
冷气量不足	(1)压缩机离合器打滑 (2)出风通道通气不足 (3)鼓风机的电动机运转不顺畅 (4)外面空气管道开着 (5)冷凝器周围的空气流通不够，高压表读数过高 (6)蒸发器被灰尘等异物堵住 (7)蒸发器控制阀损坏或调节不当，低压表读数太高 (8)制冷剂不足，观察玻璃处有气泡，高压表读数太低 (9)膨胀阀工作不正常，高低压表读数过高或过低 (10)储液干燥器细网堵住，高低压表读数过高或过低 (11)系统有水气，高压侧压力过高 (12)系统有空气，高压值过高，观察玻璃处有气泡或呈云雾状 (13)辅助阀定位不对	(1)拆下离合器总成，修理或更换 (2)清洗或更换空气滤清器，清除通道中的阻碍物，排顺绕住的空气管 (3)更换电动机 (4)关闭通道 (5)清洁发动机散热器和冷凝器，安装强力风扇、风扇挡板，或重新摆好散热器和冷凝器的位置 (6)清洁蒸发器管道和散热片 (7)按需要更换或调节阀门 (8)向系统充液，直至气泡消失、压力表读数稳定为止 (9)清洗细网或更换膨胀阀 (10)清除系统，更换储液干燥器 (11)清除系统，更换储液干燥器 (12)清除，抽气和加液 (13)转动阀至逆时针方向的最大位置

续　表

故障现象	产生原因	排除方法
系统极端制冷	(1)压缩机离合器打滑 (2)电路开关损坏，鼓风机的电动机开关损坏 (3)压缩机离合器线圈松脱或接触不良 (4)系统中有水汽，引起部件间断结冰 (5)热控制失灵，低压表读数偏低或过高 (6)蒸发器控制阀粘住	(1)拆下压缩机，修理或更换 (2)更换损坏部件 (3)拆下修理或更换 (4)更换膨胀阀或储液干燥器 (5)更换热控制 (6)清洗系统并抽气，更换储液干燥器，使全控制阀复位，向系统加液
系统太冷	(1)热控制不当 (2)空气分配不好	(1)更换热控制 (2)调节控制表板的拉杆
空调系统噪声大	(1)皮带松动或过度磨损 (2)压缩机零件磨损或安装托架松动 (3)压缩机油面太低 (4)离合器打滑或发出噪声 (5)鼓风机的电动机松动或磨损 (6)系统中制冷剂过量，工作发出噪声，高、低压表读数过高，观察玻璃处有气泡 (7)系统中制冷剂不足，使膨胀阀发出噪声，观察玻璃有气泡及雾状，低压表读数过低 (8)系统中有水汽，引起膨胀阀发出噪声 (9)高压辅助阀关闭，引起压缩机颤动，高压表读数过高	(1)拉紧皮带，或更换皮带 (2)拆卸压缩机，修理或更换，拧紧托架 (3)加油 (4)拆下离合器更换或维修 (5)拧紧电动机的安装连接件，拆下电动机修理或更换 (6)排放过剩的制冷剂，直到压力表读数降到标准值，且气泡消失 (7)找出系统漏气点，清除系统并修理，抽空系统并更换储液干燥器，向系统加液 (8)清除系统，抽气，更换储液干燥器，加液 (9)立即打开阀门
不供暖或暖气不足	(1)加热器芯内部堵塞 (2)加热器芯表面气流受阻 (3)加热器芯管内部有空气 (4)温度门位置不正确 (5)温度门真空驱动器损坏 (6)鼓风机损坏 (7)鼓风机继电器、调温电阻损坏 (8)热水开关损坏 (9)发动机的节温器损坏	(1)冲洗或根据需要更换芯子 (2)用空气吹通加热管芯表面 (3)排出管内空气 (4)调整拉线 (5)修理或更换 (6)修理或更换 (7)修理或更换 (8)修理或更换 (9)修理或更换
鼓风机不转	(1)熔断丝熔断或开关接触不良 (2)鼓风机电机损坏 (3)风扇调速电阻损坏	(1)检查熔断丝和开关，用细砂纸轻擦开关触点 (2)修理或更换 (3)更换

续　表

故障现象	产生原因	排除方法
漏水	(1)软管老化、接头不牢 (2)热水开关关不死	(1)更换水管、接牢接头 (2)修复热水开关
过热	(1)调温风门调节不当 (2)发动机节温器损坏 (3)风扇调速电阻损坏	(1)重调 (2)修理或更换 (3)更换
操纵吃力或不灵	(1)操纵机构卡死，风门粘紧 (2)所用真空驱动器失灵	(1)调整或修理 (2)更换
加热器芯有异味	(1)加热器进水接头漏水 (2)加热器漏水	(1)拧紧 (2)更换

6.3　检修音响系统

☞知识目标

1. 掌握音响系统的组成及功能。
2. 掌握音响系统基本工作原理。

☞能力目标

1. 能够识读音响系统基本工作电路原理图。
2. 能够诊断和排除电源系统常见故障。
3. 能够连接音响系统线路。

☞任务导入

一台 ZL50 装载机音响系统主机面板显示正常，但扬声器不响。此故障原因有主机、功率放大器、扬声器、开关、保险、导线连接等，要想排除此故障，需掌握音响系统组成元件的原理、检测，线路连接等内容，我们必须学习下面的知识技能。

☞相关知识

音响对于工程机械而言，是一种辅助性的设备，对于工程机械的使用性能也没有影响，但是，随着驾驶员对工作品质的要求提高和工程机械对信息接收的要求，现在越来越多的工程机械在出厂的时候就已经配置音响设备。

工程机械音响系统的主要组成部分是主机、功率放大器和扬声器等，主机把音乐软件的磁信号或数字信号等转化为相应的电信号。功率放大器俗称功放，功放是音响系统的心脏，功放功率的大小、质量的好坏对音乐的播放起着至关重要的作用，一般工程机械的功放都设计安装在主机内。扬声器俗称喇叭，是音响系统中不可缺少的重要器材，所有的音乐都是通过"喇叭"发出声音，就像人的咽喉一样，是电能转变为"声音"的一种器材。

6.3.1　音响系统组成和功能

1. 主机（音源）

从专业的角度讲主机应定义为音源，它装于工程机械的控制台上，是任何音响系统的核心，也是音响系统中的重要组成部分。主机从 AM 收音机到盒式卡座，发展至今，其功能和品质都发

图 6-67　Pioneer（先锋）DEH2750 主机

生了巨大的变化。现在主机越来越趋向于多功能化。主机的基本外形如图 6-67 所示。

音源目前在音响中主要有两种：卡带机和碟片机。卡带机使用模拟技术，属于过时产品，其频响范围窄，噪声大，不能作为音乐欣赏的音源使用。

碟片机的音源有 CD/MD/MP3/MP4/VCD/DVD 等，使用数字技术。目前较流行的产品 MP3/MP4 播放机，该机技术节省碟片资源，不存在颠簸卡碟现象，存储容量大且可扩展，影音兼备。但是 CD 作为基础产品，大部分车主还是比较喜欢 CD 主机。DVD 影音系统属于高端消费产品，因为 DVD 品质好的产品，必须搭配较高端的音响系统，才可以达到最佳影音效果，所以消费还较高。此产品并不为普遍选择。未来主机发展将是 CD/DVD/MP3/MP4 甚至是 GPS/防盗/电脑等多功能全部整合兼容的机器，也应该说是一套多媒体中控系统。

主机的分类

（1）按信号源分：

①AM/FM 调频器：用来接收电台调频调幅信号，现已发展为数字调频器。

②盒式卡座：又称卡带机，用于播放磁带，但音质较差。

③CD 播放器：音乐信号的信噪比和音质都较好，是理想的音源，但容量较小。

④VCD 机：数字化音频压缩技术 MPEG-1 的产物，可以播放视频和音频，但音质较差。

⑤DVD 机：采用 MPEG-2 作为视频数码电路模块，用 AC-3 作为音频信号的解码电能模块，高性能的演绎音频与视频。

⑥MD 播放器：是软盘的薄 DISC，主要特点是比 CD 小，音质良好，而且可以录音。

⑦MP3 播放器：容量较大，1 个 MP3 可以储存一百多首歌，且音质良好。

⑧硬盘播放：可直接从网络上下载音乐进行播放，可以重复录制音乐。

而具体到信号源的基本搭配情况，那就相当丰富了，有以下几种模式：单碟 CD+收音、多碟 CD+单碟 CD+收音、MP3（兼容 VCD 和 CD）+收音、DVD（兼容 VCD+CDS）+收音等。

以上各种信号源都以音质作为追求的目标，目前还是以 CD 最为理想，但它的缺点是

容量小，一张碟最多灌录十多首音乐，且不能反复灌录。MD 比 CD 音质好，而且可以自由灌录，碟片由于有外壳保护，不会磨损，但碟源较少。

（2）按主机的规格分：

主机分 1-DIN 和 2-DIN 两种规格。（2-DIN 俗称大屏幕机式双层式）

2. 功率放大器

功率放大器（简称功放）又称信号放大器，如图 6-68 所示。基本功能是将音频输入的信号进行选择与处理，进行功率放大，使电信号能驱动扬声器工作。它是音响系统的心脏，其功率大小、素质好坏，对音乐的重播起着很重要的作用。一般主机带有内置功率放大器，但其功率放大范围小，故不能满足较高水平的音乐要求，更无法与外置功率放大器相提并论，并且低音单元必须有独立功率放大器直接推动。

图 6-68　车载功率放大器

根据功放不同的放大类型可分为：Class A（A 类也称甲类）、Class B（B 类也称乙类）、Class AB（AB 类也称甲乙类）、Class D（D 类也称数字类）。以上都是车上常见的功放器。

3. 扬声器

扬声器（简称喇叭）如图 6-69 所示，是一种将电能转换成声能的电声转换器件，在音响系统中的重要性极为突出，其质的优劣直接影响系统的重放效果。

扬声器的分类

（1）按扬声器的频率划分。

①全频扬声器：能够重放全频的声音（20Hz ~22kHz）。

②高音扬声器：又名高音头，主要重放高频部分的声音（6~22kHz 的声音）。

③中音扬声器：能够重放 200Hz~6kHz 的声音。

④低音扬声器：又名重低音或超重低音扬声器（16Hz~200Hz）。

图 6-69　喇叭外形

（2）按扬声器的结构划分。

可以分为单元扬声器，套装扬声器，同轴扬声器，超低频扬声器。

6.3.2　音响系统的基本工作原理

1. AM/FM 调谐

收音机是车内信息和娱乐的传统来源之一，自从问世至今，已经经历了深刻的变革。然而许多年来，车载收音机的中央控制板却一直是车辆与车外世界沟通和联系的中心。

现代工程机械几乎都装上了收音机，收音机所接收到的广播内容十分丰富，除家用收音机能收到的内容外，还可通过调谐旋钮接收道路管理部门专门提供给驾驶员的关于道路、气象等方面的情报。

收音机的原理是通过频道选择（检波）来捕捉广播电视台发射的无线电信号（已调制为可高频传送状态的影像及声音），然后再解调为原来的影像及声音。经调谐器进行检波后，可将不同频率转换成解调器容易处理的中频（Intermediate Frequency）。原来的模拟系统需要支持美国、欧洲及亚洲等各地区不同频率传输方式的调谐器。现有的一些品牌系列调谐器可通过软件对不同的频率进行信号处理，将不同的频率转换成固定的中频。因此，在设置上可统一设计、配置，无论哪一地区均接收同一中频的解调器。

2. CD 机

作为基础产品，目前大部分工程机械上装的碟片机以 CD 机为主，故以 CD 为例作简单介绍。

信号解读系统

激光头从碟片上读取信号，经 RF 放大 IC 放大形成 RF 信号，然后经过 DSP 处理形成初步的音频信号，送入音频处理电路处理后转换成四声道（FL、FR、RL、RR），再经过功率放大器放大后输出直接驱动扬声器。还有一种输出方式是在音频信号进入功率放大器之前输出，称为前置信号输出，即 RCA 输出。

大家要注意，音频取样精度是衡量 CD 机音质好坏的一个重要指标，好的 CD 机的取样精度能达到 96kHZ，一般的 CD 机只有 48kHZ，取样精度越高，激光头拾取的音乐信号就越多。

伺服系统

伺服系统有两组信号：第一组是激光头从碟片上读取信号，经过 RF 放大处理后输入到伺服控制 IC；另一组是控制信号。两组信号共同作用于伺服控制 IC，控制伺服电动机工作，使激光头准确无误地读取碟片上的信号。

控制系统

从面板上发来的控制指令经 CPU 编码成不同数字信号，经 DSP 处理输入到伺服控制IC 控制伺服系统工作。面板还有一组指令经 CPU 发往音频处理电路，对音频处理电路进行控制。在控制过程中面板显示屏有相应的显示。

名词解释：

（1）IC——集成电路

（2）RF——激光头读取的信号

（3）DSP——数字信号处理器

（4）CPU——终端处理器

（5）FL——前置左路

（6）FR——前置右路

（7）RL——后置左路

（8）RR——后置右路

（9）RCA——未经放大的纯音频信号，不能直接驱动扬声器

D/A——指数字信号转换为模拟信号。在音响中，D/A 转换通常在 DSP 中。

6.3.3　音响系统的检修

1. 日常维护

经常用湿润的小棉签擦拭

CD 播放机的磁头都是容易堆积灰尘的地方。CD 播放机里最重要的部位是激光头，因为激光头是易损零件且比较昂贵，应重点养护。虽然现在部分汽车音响在设计过程中都考虑了防尘的问题，但防护措施也是必要的，可以经常用湿润的小棉签擦拭卡带、带盒和CD 机的碟槽以及音响系统的面板。正确的做法是用湿布将尘土轻轻地吸下来。

用清理工具清洁光碟

除了音响的主机保持清洁外，CD 光碟也要保证洁净。光碟上的污物不但会影响播放的音质，甚至会对音响造成损伤。CD 机的激光头在高速运转时，如果遇到尘土，会使激光头偏离原有的激光轨道，造成声音的失真，并对激光头造成损害。

慢放盘少换碟

春季是汽车音响激光头损坏的高发期，因为气候干燥，容易产生静电。放盘的时候最好不要用手直接去摸，不要拿中间，要慢慢放进去，尽量不要频繁换碟，塞盘时尽量要轻。

音量不要突然放到最大

音响在使用当中要避免突然将音量放到最大，这样喇叭线圈会烧坏，会对功放造成影响，振幅突然加大也会烧毁功放。

2. 日常故障原因

读碟不顺

故障排除：光碟机读碟不顺往往是因为机头上有灰尘，此时只需要清洗一下即可。车主可以自行清洗，用碟片专用清洗剂擦拭一张光碟，然后将其放入碟机内，就可以将机头上的灰尘清洗掉了。

碟机卡碟

故障排除：光碟机卡碟主要还是因为碟片质量不好，在使用音响时，应该尽量选择高品质的碟片，因为盗版碟片边缘比较粗糙，这样在进出碟时，就很可能会卡死机芯。此外，碟片上的刻录轨迹不正常，不仅会影响读碟速度，而且还会影响光碟机的寿命。

音响左右声道音量不一样

故障排除：首先检查主机平衡钮是否在中间位置，再检查前级输入和输出左右 LEVEL

控制钮是否一样，以及扩大机输入灵敏度左右声道设定是否一样，如仍无法排除，可将主机信号线左右对调，喇叭位置较小的那一边会不会变大，如果会，表示主机有问题，反之则是后段的问题。

某一声道高音无声

故障排除：先检查分音器的配线是否接通，然后用电表从分音器端去测量有没有声音，可能是错将喇叭线输入端接至低音输出端。

噪音大

故障排除：检查 RCA 信号端子的负端是否接通，如果主机端的 RCA 信号输出端负端已经断路，可用电表测量负端与主机机壳是否接通。

音量时大时小

故障排除：先检查电源地线与车壳的接点是否松动，再检查前极级和极级的输入和输出 RCA 是否正常，最后看看灵敏度旋钮是否正常。

音响系统电路检修

如图 6-70 所示是装载机音响电路原理图。

主机面板显示正常，但扬声器不响

确保主机处于收音或放音状态，检测扬声器正、负端有无电压，如有电压，则检查扬声器。可以检测扬声器正、负端的电阻阻值来判断扬声器好坏，方法如下：

拔开插接件 SR 或 SL 测其电阻阻值，应是（或接近）扬声器所标称阻值，如果其阻值为零或开路，则扬声器损坏。

如扬声器正、负端无电压，则检查线路插接件是否松动，线束是否磨损。

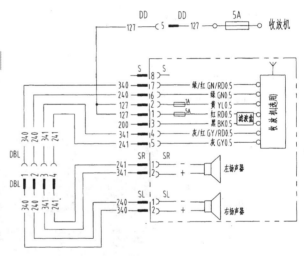

图 6-70　装载机音响电路原理图

主机开启，液晶面板无显示

检测 S 插接件处 127 号线有无电压，如有电压（24V），则检查收放机 5A 保险是否烧毁，检查 DD 插接件是否松动。如 S 插接件处 127 号线有电压，检查主机上红色导线的 5A 保险，如保险完好，则判断为主机故障，更换主机。

情境六　任务工作单（1）

任务名称	检修电动刮水器、清洗系统电路			
学生姓名		班级	学号	
成　绩			日期	

一　相关知识

1. 刮水器电动机有_____式和_____式两种。

2. 永磁式电动机的磁场是_____，永磁双速刮水器的变速是通过改变_____来实现的，为此其电刷通常有_____个。

3. 自动复位器主要由_____和_____组成。

4. 风窗玻璃洗涤器主要由_____、_____、_____及_____等组成。

5. 图1中1表示_____符号；2表示_____符号；3表示_____符号。

图 1

二　电路分析

根据电路图2，回答问题。

（1）写出电动雨刮和清洗装置主要组成元件及其功用。

（2）写出电动雨刮和清洗装置电路控制过程。

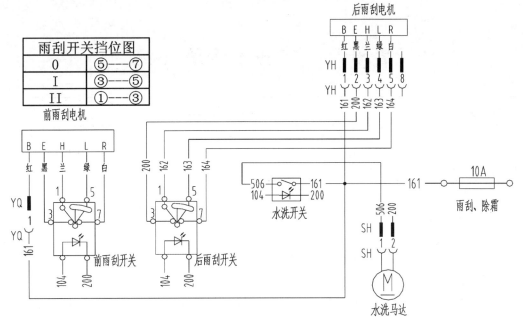

图 2

三　故障检修

刮水器不移动的故障诊断：

检测机型：＿＿＿＿＿＿＿＿

1. 故障现象为：＿＿＿＿＿＿＿＿＿＿＿＿＿＿＿＿＿＿＿＿＿＿＿＿＿＿＿。

2. 制定检查流程：

3. 故障结果分析：

电路检修要点：（参考）

（1）检查雨刮保险是否完好。

检查结果：＿＿＿＿＿＿＿＿＿＿＿＿＿＿＿＿＿＿＿＿＿＿＿＿＿＿＿。

（2）检查开关是否正常。

检查结果：＿＿＿＿＿＿＿＿＿＿＿＿＿＿＿＿＿＿＿＿＿＿＿＿＿＿＿。

（3）检查插接件是否松动及线束是否磨损。

检查结果：＿＿＿＿＿＿＿＿＿＿＿＿＿＿＿＿＿＿＿＿＿＿＿＿＿＿＿。

（4）检查雨刮电机是否正常。

检查结果：＿＿＿＿＿＿＿＿＿＿＿＿＿＿＿＿＿＿＿＿＿＿＿＿＿＿＿。

情境六　任务工作单（2）

任务名称			检修空调系统		
学生姓名		班级		学号	
成　　绩				日期	

一　相关知识

（一）填空题

1. 空调的三个重要指标分别是_____、_____、_____。

2. 空调所需的动力和驱动工程机械工作的动力都来自同一发动机，这种空调系统叫_____；采用专用发动机驱动制冷压缩机的空调系统称_____。

3. 制冷系统主要由_____、_____、_____、节流膨胀阀等组成。

4. 在冷凝器内，制冷剂从_____变成_____。

5. 空调系统高压部分压力过高可能是由于_____过量，或系统内有_____。

6. 冷冻机油的作用有_____、_____、_____及降低压缩机噪声。

7. 带检视窗的储液干燥器的作用是_____、_____、_____。

8. 空调热交换器中，_____是用来散热的；_____是用来吸热的。

9. 空调的取暖系统有两大类，分别是_____和_____。

（二）判断题

（　　）1. 用于 R12 和 R134a 制冷剂的干燥剂是不相同的。

（　　）2. 空调压缩机的电磁离合器线圈两端并联的二极管是为了整流。

（　　）3. 空调电子检漏计探头长时间置于制冷剂严重泄漏的地方会损坏仪器。

（　　）4. 空调制冷系统中，制冷剂越多，制冷能力越强。

（　　）5. 蒸发器表面的温度越低越好。

（　　）6. 制冷系统工作时，压缩机的进、出口应无明显温差。

（　　）7. 压缩机的电磁离合器，是用来控制制冷剂流量的。

（　　）8. 恒温器是用来控制电磁离合器通断的。

（　　）9. 外平衡膨胀阀是用外平衡管导入蒸发器出口的压力到膜片上。

二　电路分析

根据电路图 1，回答问题。

（1）写出空调制冷系统和采暖系统主要组成元件及其功用：

（2）分析空调制冷系统和采暖系统电路控制过程：

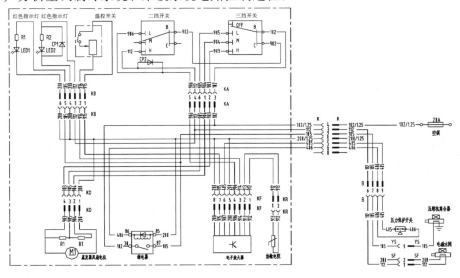

图 1

三　故障检修

无冷气的故障诊断：

检测机型：＿＿＿＿＿＿＿＿＿

1. 故障现象为：＿＿＿＿＿＿＿＿＿＿＿＿＿＿＿＿＿＿＿＿＿＿＿＿＿＿＿＿。

2. 制定检查流程：

3. 故障结果分析：

电路检修要点：（参考）

（1）查看高、低压侧压力是否正常；

检查结果：＿＿＿＿＿＿＿＿＿＿＿＿＿＿＿＿＿＿＿＿＿＿＿＿＿＿＿＿＿。

（2）从视液镜下观察系统工作情况，是否正常；

检查结果：＿＿＿＿＿＿＿＿＿＿＿＿＿＿＿＿＿＿＿＿＿＿＿＿＿＿＿＿＿。

（3）手摸压缩机高、低压管路感受其温度是否正常；

检查结果：＿＿＿＿＿＿＿＿＿＿＿＿＿＿＿＿＿＿＿＿＿＿＿＿＿＿＿＿＿。

（4）从驾驶室出风口感受出风温度，是否正常。

检查结果：＿＿＿＿＿＿＿＿＿＿＿＿＿＿＿＿＿＿＿＿＿＿＿＿＿＿＿＿＿。

情境 7　检修全车电路

☞知识目标

1. 学习电路中的辅助装置的结构及工作特点；
2. 掌握全车电路识读的方法。

☞能力目标

1. 能够正确识读和分析全车系统电路；
2. 能够熟练使用常用电路检测工具；
3. 能够迅速查找线路的连接；
4. 能够检修电气系统故障。

☞任务导入

一台 ZL50 装载机电钥匙开启后全车无电，机器无法起动。此故障原因有蓄电池、继电器、开关、保险、导线连接等，要想排除此故障，需掌握整车电路的连接特点、方式，电路中辅助元件的构造、原理、拆装、检测，线路连接等内容，我们必须学习下面的知识技能。

☞相关知识

随着工程机械设备的增多，导线数量也不断增加，为了提高维修效率，使维修人员快速掌握电气设备的工作原理及相互的控制关系，将工程机械电源系统、起动系统、点火系统、照明信号系统、仪表警告系统、辅助系统，用图形和符号，按照各自的工作特性及相互关系，通过开关、熔断丝、继电器及导线连接起来，即为全车电路。

7.1　电路中的辅助装置

7.1.1　导线与线束

1. 导　线

电路是由导线连接起来的，电气设备的连接导线，按承受电压的高低可分为高压导线

和低压导线两种。点火线圈（高压）输出线、分电器盖至发动机各缸火花塞上的（高压）分线，使用特制的高压点火线或高压阻尼点火线。工程机械充电系统、仪表、照明、信号及辅助电气设备等，均使用低压导线，这里主要介绍低压导线。

导线截面积的正确选择

工程机械上各种电气设备所用的连接导线，可根据用电设备的负载电流大小选择导线的截面积。其原则一般为：长时间工作的电气设备可选用实际载流量60%的导线；短时间工作的用电设备可选用实际载流量60%~100%之间的导线。同时，还应考虑电路中的电压降和导线发热等情况，以免影响用电设备的电气性能和超过导线的允许温度。为保证一定的机械强度，一般低压导线截面积不小于 $0.5mm^2$。表 7-1 为各种铜芯导线标称截面积的允许载流量。

表 7-1　低压导线允许载流量

铜芯电线截面积 /mm^2	0.5	0.75	1.0	1.5	2.5	4	6	10	16	25	35	50
载流量（60%）/A	7.5	9.6	11.4	14.4	19.2	25.2	33	45	63	82.5	102	129
载流量（100%）/A	12.5	16	19	24	32	42	55	75	105	138	170	215

导线的颜色

随着工程机械车上使用电器的增多，导线数量也随之增多，为便于识别、安装和检修，采用双色线，主色为基础色，辅色为环布导线的条色带或螺旋色带。在电路图中导线的颜色均用字母表示，标注时主色在前，辅色在后。以双色为基础选用时，各用电系统的电源线一般为单色，其余为双色。各用电系统双色低压线的主色见表 7-2。

表 7-2　用电系统低压导线主色

序号	系统名称	导线主色	代号	序号	系统名称	导线主色	代号
1	电气装置接地线	黑	B	6	仪表及报警指示系统和喇叭系统	棕	Br
2	点火起动系统	白	W	7	前照灯、雾灯等外部灯光照明系统	蓝	Bl
3	电源系统	红	R	8	各种辅助电动机及电气操纵系统	灰	Gr
4	灯光信号系统（包括转向指示灯）	绿	G	9	收放音机、电子钟、点烟器等辅助装置系统	紫	V
5	车身内部照明系统	黄	Y				

2. 线　束

为使全车线路规整、安装方便及保护导线的绝缘，工程机械上的全车线路除高压线、蓄电池电缆和起动机电缆外，一般将同区域不同规格的导线用棉纱或薄聚氯乙烯带缠绕包扎成束，称为线束，如图 7-1 所示。

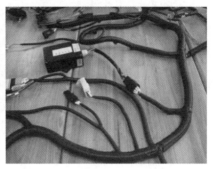

图 7-1　线束

现代工程机械的线束总成由导线、端子、插接器、护套等组成。端子一般由黄铜、紫铜、铝材料制成，它与导线的连接均采用冷铆压合的方法。线路间的连接采用插接器，线束总成中有很多个插接器。为了保证插接器的可靠连接，其上都有一次锁紧、二次锁紧装置，极孔内都有对端子的限位和止退装置。为了避免装配和安装中出现差错，插接器还可制成不同的规格型号、不同的形体和颜色，这样不仅拆装方便又不易出现差错。

安装线束注意事项：

①线束应用卡簧或绊钉固定，以免松动磨坏；

②线束不可拉得过紧，尤其在拐弯处更要注意，在绕过锐角或穿过金属孔时，应用橡皮或套管保护，否则容易磨坏线束而发生短路、搭铁，并有烧毁全车线束，酿成火灾的危险；

③连接电器时，应根据插接器的规格以及导线的颜色或接头处套管的颜色，分别接于电器上，若不易辨别导线的头尾时，一般可用试灯区分，最好不用刮火法。

7.1.2　连接器

连接器又叫插接器，工程机械线路上使用很普遍。为防止在行驶过程中脱开，均采用闭锁装置。连接器的种类很多，可供几条到数十条导线使用，有长方体、多边体等不同形状，连接器由插座和插头、导线接头和塑料外壳组成。壳上有几个或多个孔位，用以放置导线接头。

1. 连接器的符号

工程机械连接器的符号，不同厂家符号表示有较大区别。如图 7-2（a）所示为柳工工程机械连接器表示符号，图 7-2（b）所示为小松工程机械连接器表示符号。

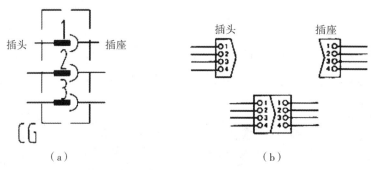

图 7-2　连接器表示符号

2. 连接器的拆卸

连接器的拆卸方法如图 7-3 所示。

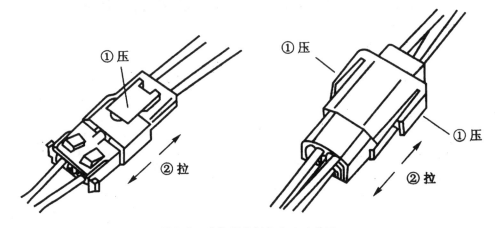

图 7-3　连接器的拆卸方法示意图

3. 连接器的典型故障

（1）触点或连接器插脚变形。

（2）由于配合不良导致触点或插脚损坏。

（3）触点配合面上存在腐蚀，带有壳体密封剂或其他污染物。

（4）初始装配或在之后的排除故障或修理过程中，连接器未完全插紧。

（5）连接器因振动或温度循环变化而有松脱的趋势。

（6）端子未完全就位于连接器体中（端子退出）。

（7）端子与导线之间压接不良或焊接点虚焊。

7.1.3　开关装置

工程机械上所有用电设备的接通和停止都必须经过开关控制。对开关的要求是坚固耐用、安全可靠、操作方便、性能稳定。

各种开关的符号见表 7-3。

表 7-3　各种开关的符号

序号	图形符号	名　称	序号	图形符号	名　称
1		旋转、旋钮开关	14	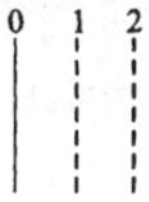	推拉多挡开关位置
2		液位控制开关	15	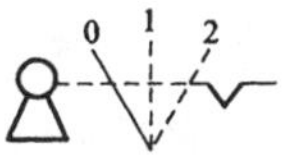	钥匙开关(全部定位)
3	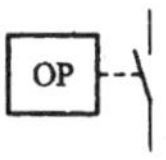	机油滤清器报警开关	16	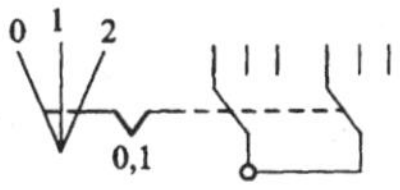	多挡开关,点火、起动开关,瞬时位置为2能自动返回至1(即2挡不能定位)
4		热敏开关动合触点	17	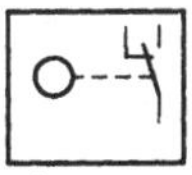	节流阀开关
5		热敏开关动断触点	18	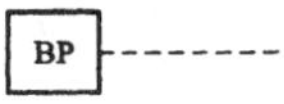	制动压力控制
6		热敏自动开关动断触点	19		液位控制
7	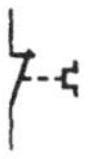	热敏电器触点	20	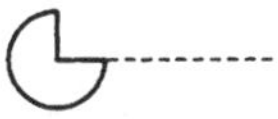	凸轮控制
8		旋转多挡开关位置	21	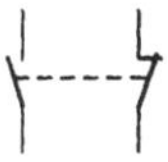	联动开关
9	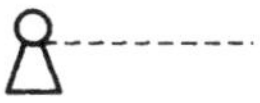	钥匙操作	22		手动开关的一般符号
10	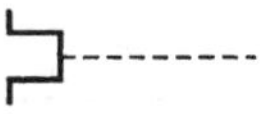	热执行器操作	23		定位(非自动复位)开关
11	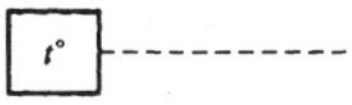	温度控制	24		按钮开关
12	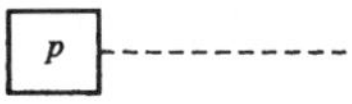	压力控制	25		能定位的按钮开关
13	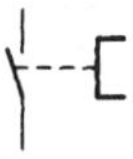	拉拔开关			

1. 电源总开关

为了防止工程机械在停放时蓄电池通过外电路自行漏电,大部分工程机械都装有控制电源的总开关。电源总开关有闸刀式和电磁式两种,前者靠手动来接通或切断电源电路负极,后者则靠电的磁场吸力作用来实现。

如图 7-4 所示电源总开关(也称蓄电池继电器)为电磁开关,4 个对外接线端子为 BR、R、b、E,分别与点火开关 BR、发电机 R、蓄电池负极、车架连接,电源总开关的接通或断开,是通过点火开关操纵的。当点火开关接通电路时,电流从发电机 BR 到电源总开关 BR 端子经线圈通过电源总开关 b 端子到蓄电池负极。线圈产生电磁吸力,吸动接触片下移，使电源总开关的 b 与 E 两端子接通，蓄电池负极与车架连接，所有用电设备才能投入工作。

当将点火开关断开时，线圈电流被切断，接触片断开蓄电池负极与车架的连接。从而切断所有电路连接。

2. 点火开关

点火开关（起动电锁）是工程机械电路中最重要的开关，如图 7-5 所示，是各分支电路的控制枢纽，是多挡多接线柱开关。其主要功能挡位有：锁住转向盘转轴（LOCK）、接通点火仪表指示（ON 或 IG）、起动（ST 或 START）挡、附件挡（Acc 主要是收放机专用），如果用于柴油车则增加 HEAT 挡。

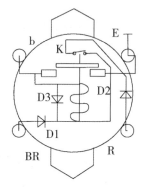

图 7-4　电源总开关

其中起动、预热挡因为工作电流很大，开关不宜接通过久，所以这两挡在操作时必须用手克服弹簧力，扳住钥匙，一松手就弹回点火挡，不能自行定位，其他挡均可自行定位。点火开关的结构及表示方法如图 7-5 所示。

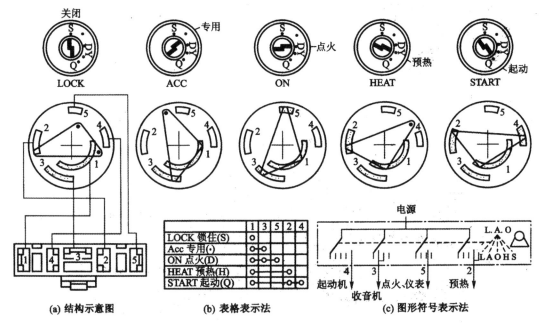

图 7-5　点火开关的结构及表示方法

3. 组合开关

多功能组合开关将照明开关（前照灯开关、变光开关）、信号（转向、危险警告、超车）开关、刮水器/清洗器开关等组合为一体，安装在便于驾驶员操纵的转向柱上，如图 7-6 所示。

7.1.4　保险装置

当电路中流过超过规定的过大电流时，电路保险装置能够切断电路，从而防止烧坏电路连接导线和用电设备，并把故障限制在最小范围内。保险装置主要有熔断器、易熔线和断路器。

1. 易熔线和熔断器符号

易熔线和熔断器符号如图 7-7 所示。

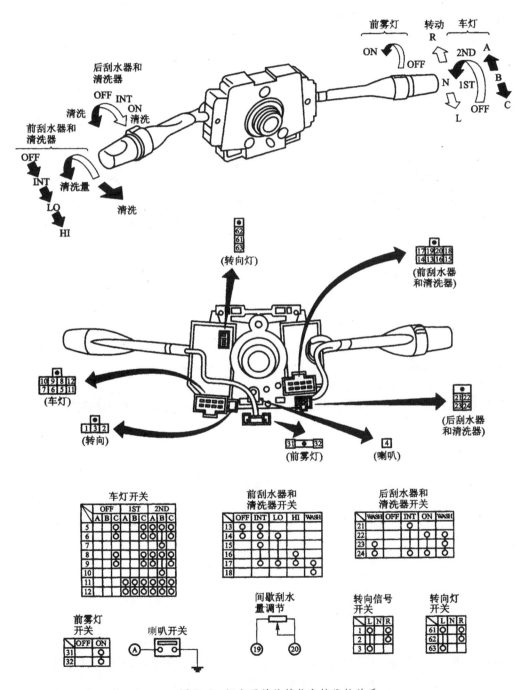

图 7-6　组合开关的挡位和接线柱关系

（a）易熔线电路符号

（b）熔断器电路符号

图 7-7　易熔线和熔断器的电路符号

易熔线

易熔线是一种大容量的熔断器，用于保护电源电路和大电流电路，如图 7-8 所示。

(a) 易熔线实物

(b) 易熔线连接位置

图 7-8　易熔线实物和易熔线连接位置
1-易熔线；2-蓄电池正极

注意：

①绝对不允许换用比规定容量大的易熔线。

②易熔线熔断，可能是主要电路发生短路，因此需要仔细检查，彻底排除隐患。

③不能和其他导线绞合在一起。

熔断器

熔断器外形如图 7-9 所示。

（1）熔断器选用原则。

熔断器装置标称值等于电路的电流值/0.8，例如：某电路设计的最大电流为 12A，则应选用 15A 的熔断器。

（2）熔断器熔断后的应急修理。

行驶途中的应急修理，可用细导线

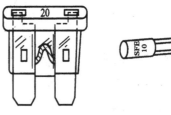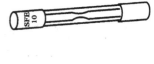

图 7-9　熔断器（保险）外形

代替熔断器。一旦到达目的地或有新熔断器时，应及时换上。

注意：

①更换熔断器，一定要用与原熔断器容量相同的熔断器。车上增加用电设备时，不要随意改用容量大的熔断器，最好加装熔断器。

②熔断器熔断，必须真正找到故障原因，彻底排除隐患。

③熔断器支架与熔断器接触不良会产生电压降和发热现象。如发现支架有氧化现象或脏污必须及时清理。

2. 断路器

断路器在电路中的作用是防止过载（额外的电流），通过断开电路和截断电流以防止导线和电子元件过热以及可能因此造成的火灾。电路断路器是机械装置，它利用两种不同金属（双金属）的热效应断开电路，如图 7-10 所示。如果额外的电流经过双金属片，双金属带弯曲，触点开路，阻止电流通过。当无电流时，双金属带冷却而使电路重新闭合，电路断路器复位。

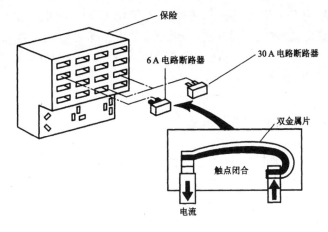

图 7-10　断路器

前照灯电路是应用电路断路器代替保险的一个极好的例证。前照灯电路中任何地方发生短路或接地都会引起额外的电流，并会因此断开电路。在夜晚突然失去前照灯的照明会产生灾难性的后果，电路断路器在断开电路后又会迅速闭合电路，从而可避免电路过热，也提供了充足的电流以保持至少部分前照灯能够工作。

7.1.5　继电器

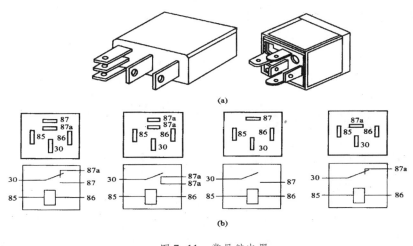

图 7-11　常见继电器
（a）外形　（b）原理图

电磁式继电器主要由电磁线圈和带复位弹簧触点组成。继电器是利用电磁原理，实现自动接通或切断一对或多对触点，以完成用小电流控制大电流的装置。在电路中设置继电

器可以减小控制开关的电流负荷，减少烧蚀等现象的产生，保护电路中的控制开关。如进气预热继电器、空调继电器、喇叭继电器、雾灯继电器、中间继电器、风窗刮水/清洗器继电器、危险报警与转向闪光继电器等。继电器通常分为动合（N.O）继电器、动断（N.C）继电器和混合型继电器。其外形、电路符号和内部结构如图7-11（a）和图7-11（b）所示，继电器的每个插脚都有标号，与中央接线盒正面板的继电器插座的插孔标号相对应，见图7-11。

7.1.6　中央接线盒

工程机械上装有各种继电器和熔断器，为便于在装配和使用中排除故障，现代工程机械往往将各种控制继电器与熔断丝安装在一起，成为一个中央接线盒。它的正面装有继电器和熔断丝插头，背面是插座，用来与线束的插头相连。如图7-12和图7-13分别为接线盒正面和背面结构。

图7-12　接线盒正面

图7-13　接线盒背面

7.2　电路图的识读

7.2.1　电路图的表达方式

对于同一辆工程机械，其整车电路可以有多种表达形式，比如：布线图（又称电气线路图）、电路原理图、线束图等。

一般情况下，工程机械车辆具体采用哪种形式的电路图大多从实用出发，也因习惯而异。最先绘制出某款型车辆电路图的是生产厂家的设计师们，他们除了将各种电器安置在车辆的适当部位，标定它的主要性能参数外，还要设计全车布线及线束总成，选定电线的长度、截面积、颜色和各种插接器，编制线束的制造工艺流程，所以最翔实可靠的电路图常常是以表现电线分布为主的布线图。

1. 布线图

布线图就是电线在车上、线束中的分布图。

　　布线图是按照电器在车身上的大体位置来进行布线的，其特点是：全车的电器（即电气设备）数量明显且准确，电线的走向清楚，有始有终，便于循线跟踪，查找起来比较方便。它按线束编制将电线分配到各条线束中去，与各个插接件的位置严格对号。在各开关附近用表格法表示了开关的接线柱与挡位控制关系，表示了熔断器与电线的连接关系，标明了电线的颜色与截面积。

　　布线图的缺点：图上电线纵横交错，印制版面小则不易分辨，版面过大则印刷装订受限制；读图、画图费时费力，不易抓住电路重点、难点；不易表达电路内部结构与工作原理。

　　2. 原理图

　　电路原理图有整车电路原理图和局部电路原理图之分，可以根据实际需要来进行绘制或展示。

　　整车电路原理图

　　为了生产与教学的需要，常常需要尽快找到某条电路的始末，以便确定故障分析的路线。在分析故障原因时，不能孤立地仅局限于某一部分，而要将这一部分电路在整车电路中的位置及与相关电路的联系都表达出来。

　　整车电路图的优点：

　　（1）对全车电路有完整的概念，它既是一幅完整的全车电路图，又是一幅互相联系的局部电路图。重点难点突出、繁简适当。

　　（2）在此图上建立起电位高、低的概念：其负极"-"接地（俗称搭铁），电位最低，可用图中的最下面一条线表示；正极"+"电位最高，用最上面的那条线表示。电流的方向基本都是由上而下，路径是：电源正极"+"→开关→用电器→搭铁→电源负极"-"。

　　（3）尽最大可能减少电线的曲折与交叉，布局合理，图面简洁、清晰，图形符号考虑到元器件的外形与内部结构，便于读者联想、分析，易读、易画。

　　（4）各局部电路（或称子系统）相互并联且关系清楚，发电机与蓄电池间、各个子系统之间的连接点尽量保持原位，熔断器、开关及仪表等的接法基本上与原图吻合。

　　局部电路原理图

　　为了弄懂某个局部电路的工作原理，常从整车电路图中抽出某个需要研究的局部电路，参照其他翔实的资料，必要时根据实地测绘、检查和试验记录，将重点部位进行放大、绘制并加以说明。这种电路图的用电器少、幅面小，看起来简单明了，易读易绘；其缺点是只能了解电路的局部。

　　3. 线束图

　　整车电路线束图常用于生产厂的总装线和修理厂的连接、检修与配线。线束图主要表明电线束与各用电器的连接部位、接线柱的标记、线头、插接器（连接器）的形状及位置等，它是人们在工程机械上能够实际接触到的电路图。这种图一般不去详细描绘线束内部的电线走向，只将露在线束外面的线头与插接器详细编号或用字母标记。它是一种突出装配记号的电路表现形式，非常便于安装、配线、检测与维修。如果再将此图各线端都用序号、颜色准确无误地标注出来，并与电路原理图和布线图结合起来使用，则会起到更大的作用且能收到更好的效果。

7.2.2 识读电路图的要点

由于不同厂家或不同国家工程机械电路图的绘制方法、符号标记以及文字、技术标准等不同，电路图存在很大的差异，这就给识读电路图带来了许多麻烦。要想完全读懂一种机型的整车电路图，特别是较复杂的电路图并非是一件轻松的事。所以掌握工程机械电路图的识读方法是十分必要的。

识读电路图除了了解电路的基本知识、认识电路图中的图形符号及有关标志之外，不妨按以下方法试读电路图。

1. 认真读几遍图注

图注说明了该机型电气设备的名称及其数码代号，通过读图注可以初步了解该机型都装配了哪些电气设备。通过电气设备的数码代号在电路图中找出该电气设备，再进一步找出相互连线、控制关系。

2. 牢记电气图形符号

电路图是利用电气图形符号来表示其构成和工作原理的。因此，必须牢记电路图形符号的含义，才能看懂电路原理图。

3. 熟记电路标记符号

为了便于绘制和识读电器电路图，有些电器装置或其接线柱等上面都赋有不同的标志代号。

4. 牢记电路特点

电路具有低压、直流、单线制、负极搭铁、并联制的特点。

5. 牢记回路原则

任何一个完整的电路都是由电源、熔断器、开关、控制装置、用电设备、导线等组成。电流流向必须从电源正极出发，经过熔断器、开关、控制装置、导线等到达用电设备，再经过导线（或搭铁）回到电源负极，才能构成回路。因此电路读图时，有三种思路。

思路一：沿着电路电流的流向，由电源正极出发，顺藤摸瓜查到用电设备、开关、控制装置等，回到电源负极。

思路二：逆着电路电流的方向，由电源负极（搭铁）开始，经过用电设备、开关、控制装置等，回到电源正极。

思路三：从用电设备开始，依次查找其控制开关、连线、控制单元，到达电源正极和电源负极（或搭铁）。

实际应用时，可视具体电路选择不同思路，但应注意，随着电子控制技术的广泛应用，大多数电气设备电路同时具有主回路和控制回路，读图时要兼顾这两个回路。

6. 浏览全图，分割各个单元系统

要读懂电路图，首先必须掌握组成电路的各个电器元件的基本功能和电器特性。在大概掌握全图基本原理的基础上，再把一个个单元系统电路分割开来，这样就容易抓住每一部分的主要功能及特性。

在划分各个系统时，一定要遵守回路原则，注意既不能漏掉各个系统中的组件，也不能多划分其他系统的组件，一般规律是各电器系统只有电源和总电源开关是公共的，其他任何一个系统都应是一个完整的、独立的电器回路，即包括电源、开关（保险）、电器（或电子线路）、导线等。从电源的正极经导线、开关、保险丝至电器后搭铁，最后回到电源负极。

7. 熟记各局部电路之间的内在联系和相互关系

从整车电路来讲，各局部电路除电源电路公用外，其他单元电路都是相对独立的，但它们之间也存在着内在联系（如信号共享）。因此，识图时不但要熟悉各局部电路的组成、特点、工作过程和电流流经的路径，还要了解各局部电路之间的联系和相互影响。这是迅速找出故障部位、排除故障的必要条件。

8. 掌握各种开关在电路中的作用

对多层多挡接线柱的开关，要按层、挡位、接线柱逐级分析其各层各挡的功能。有的用电设备受两个以上单挡开关（或继电器）的控制，有的受两个以上多挡开关的控制，其工作状态比较复杂。当开关接线柱较多时，首先抓住从电源来的一两个接线柱，再逐个分析与其他各接线柱相连的用电设备处于何种挡位，从而找出控制关系。

对于组合开关，实际线路是在一起的，而在电路图中又按其功能画在各自的局部电路中，遇到这种情况必须仔细研究识读。

在一些复杂电路控制中，一个主开关往往汇集许多导线，分析电路时应注意以下几个问题。

①蓄电池（或发电机）的电流是通过什么路径到达这个开关的，中间是否经过其他的开关和熔断器，这个开关是手动还是电控的。

②这个开关控制哪些用电器，每个被控电器的作用是什么。

③开关的许多接线柱中，哪些是直通电源的，哪些是接用电器的，接线柱旁是否有接线符号，这些符号是否常见。

④开关共有几个挡位，在每一个挡位中，哪些接线柱有电，哪些无电。

⑤在被控制的用电器中，哪些电器应经常接通，哪些应先接通，哪些应后接通，哪些应单独工作，哪些应同时工作，哪些电器不允许同时接通。

9. 全面分析开关、继电器的初始状态和工作状态

在电路图中，各种开关、继电器都是按初始状态画出的。即按钮未按下，开关未接通，继电器线圈未通电，触点未闭合（指常开触点），这种状态称为原始状态。在识图时，不能完全按原始状态分析，否则很难理解电路的工作原理，因为大多数用电设备都是通过开关、按钮、继电器触点的变化而改变回路，进而实现不同的电路功能的。所以，必须进行工作状态的分析。

7.3　检修全车电路

工程机械电路常见的故障有开路（断路）、短路、搭铁等。

7.3.1 常见的检测工具

常见的检测工具有：跨接线、试灯、试电笔、万用表、示波器、故障诊断仪等。

1. 跨接线

跨接线是一根测试导线，如图7-14所示。禁止在任何负载两端使用跨接线，因为这样会导致蓄电池直接短路并熔断易熔线。只要使用得当，跨接线可以成为一种简单、有效的测试工具。它可使电流"绕过"被怀疑是开路或断路的电路部分，从而使电路形成回路，进行导通性测试。

如果连接跨接线后电路工作正常，不连接跨接线时工作不正常，则表示所跨过的部位存在开路故障。跨接线仅用于旁通电路的非电阻性部件，如开关、连接器和导线段等。

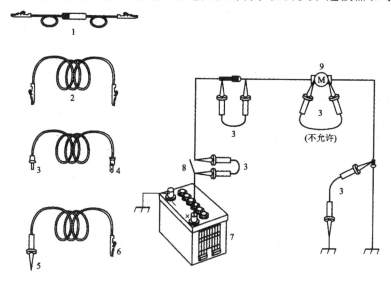

图7-14　跨接线

1—带直列式熔断器的鳄鱼夹；2、6—鳄鱼夹；3—针形端子；
4—接片端子；5—探头；7—蓄电池；8—开关；9—电动机

注意：

切勿将跨接线直接跨接在用电设备两端，否则会烧损其他相关电路元件。如图7-14所示，电动机两端不能接跨接线。

2. 试　灯

无源试灯

无源试灯包括一只12V灯泡和一对引线，用于测试是否有电压。使用方法是将一条引线接地，用另一条引线沿电路接触不同的点，检测是否有电压，如图7-15所示。如果测试灯点亮，表明测试点有电压。

无源试灯也可自制，将示宽灯灯泡的一端连接探针，另一端连接搭铁线夹即可。

注意：禁止在带有固态部件的电路上使用低阻抗测试灯，否则会损坏这些部件。

车用无源试灯必须使用低功率试灯。不可使用大功率试灯。尽管没有规定具体的试灯品牌，但只要对试灯进行简单的测试，就能确定其是否适合于测试车用电路。如图7-16所示，将精确的电流表（此处为高阻抗数字式万用表1）与待测试的试灯2串联，用车辆蓄电池3给灯—电流表电路通电。如果电流表读数小于0.3A（300mA），则试灯可以使用；如果超过0.3A（300mA），则禁止使用。

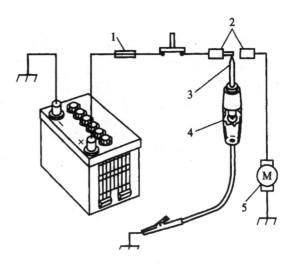

图7-15 无源试灯
1-熔断器；2-连接器；3-探针；
4-测试灯；5-电动机

有源试灯

有源试灯用于导通性检查。此工具带有一只3V灯泡、电池和两条引线。如果使两条引线相互接触，灯泡就会点亮，如图7-17。

有源试灯仅用于无源电路。首先，断开车辆的蓄电池或拆卸为所测电路供电的熔断器。在应该导通的电路上选择两点。将有源试灯的两条引线连接至两点。如果电路导通，试灯电路应形成回路，灯泡将点亮。

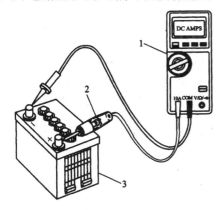

图7-16 试灯电流测试
1-高阻抗数字式万用表；2-试灯；
3-蓄电池

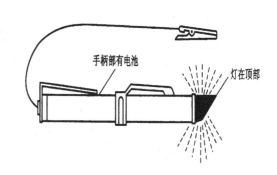

图7-17 有源试灯

注意：禁止在带有固态部件的电路上使用有源试灯，否则会损坏这些部件。试灯的局限性在于它不能显示被测电路点的电压值是多少。

警告：不提倡用试灯检测计算机控制的电路。

试灯使用的注意事项：

用无源试灯进行电路检测时，一定要注意试灯功率应和被测电路的用电设备功率相匹配。如果使用的试灯功率大于被测电路的用电设备功率，则有可能会损伤被测电路及其相关电路元件；如果使用的试灯功率小于被测电路的用电设备功率，则有可能检测结果不真实。

3. 万用表

如图 7-18 所示，数字式万用表采用数字显示，其输入阻抗高达 10 MΩ，接入电路时几乎不会改变电路的电流，减少了损坏电子电路和电子器件的危险。随着微控制器在车辆上的应用，数字式万用表越来越多地应用于工程机械电路的检测。

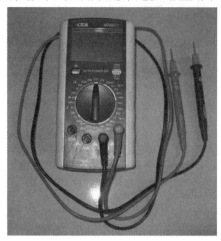

图 7-18　数字式万用表

目前用于诊断和检测车辆电路故障的数字万用表类型很多，但功能基本相同。下面简单介绍万用表的主要功能及使用方法。万用表常见功能符号及显示屏符号含义见表 7-4。

表 7-4　万用表功能符号及显示屏符号含义

功能符号及显示屏符号	符 号 含 义
V⹉	直流电压测量
V∿	交流电压测量
Ω	电阻测量
⊣⊢	二极管 PN 结电压测量，单位：mV
♫	电路通断测量，单位：Ω
A⹉	直流电流测量
DWELL	汽车点火闭合角测量，单位：度
RPM×10	汽车发动机转速测量（显示读数×10），单位：r/min
⏻	电源开关
HOLD Ⓗ	数据保持开关
🔋	电池欠电压提示符
AC	测量交流时显示，直流关闭
—	显示负的读数
4CYL/6CYL/8CYL	气缸数

使用数字式万用表的步骤如下：

第一步：选择合适的挡位：V（电压）、Ω（电阻）或 A（电流）。

第二步：将表的测试头放在适当的输入端。

（1）黑色测试头（黑表笔）通常插在公共端（COM），对于所有测试功能，这一测试头总放在这一位置。

（2）当测量电压、电阻或二极管时，红色测试头（红表笔）通常插在有"VΩ"标签的位置端。

（3）当测量电流时，大多数数字表要求红色测试头插在有"A"或"mA"标签的位置端。

第三步：选用适当的量程。

如果不是自动切换量程的万用表，应选择适当的量程。例如，如果测量 12V 的电路，应选择量程高于 12V 的挡位，但不能太高。50V 范围内可以精确地显示 12V 电路的电压，如果选择 1000V 的量程，则读数就不太精确。

第四步：注意根据选择的挡位正确读数。

4. 故障诊断仪

故障诊断仪通过控制系统在诊断插座中的数据通信线以串行的方式获得 ECU（电控单元）的实时数据参数，这些参数包括故障的信息、ECU 的实时运行参数、ECU 与诊断仪之间的相互控制指令。诊断仪在接收到这些信号数据后，按照预定的程序将其显示为相应的文字和数码，以使维修人员观察系统的运行状态并分析这些内容，发现其中不合理或不正确的信息，进行故障的诊断。故障诊断仪有两种，一种是通用诊断仪，另一种是专用诊断仪。

通用诊断仪

通用诊断仪的主要功能有：ECU 版本的识别、故障码的读取和清除、动态数据参数显示、传感器和部分执行器的功能测试与调整、某些特殊参数的设定、维修资料及故障诊断提示、路试记录等。通用诊断仪可测试的车型较多，使用范围较宽，但它与专用诊断仪相比，无法完成某些特殊功能。

专用诊断仪

专用诊断仪是生产厂家的专业测试仪，它除了具备通用诊断仪的各种功能外，还有参数修改、数据设定、防盗密码设定及更改等各种特殊功能。专用诊断仪是工程机械厂家自行或委托设计的。

目前，维修人员可以选用的通用诊断仪或专用诊断仪种类比较多，其外形和功能操作都不相同，具体操作见诊断仪附带的使用说明，这里不再具体叙述。

7.3.2　工程机械电气系统故障诊断的一般程序

1. 验证用户反映的故障

验证用户反映的情况，可以将有问题的或有故障的电路中各个装置都通电试一试，查看用户反映的情况是否属实，同时注意观察通电后的种种现象。在动手拆卸或测试之前，

应尽量缩小故障产生的范围。

2. 分析电路原理图

弄清故障电路的工作原理，对有问题线路的相关线路也应加以检查。每个电路图上都给出了共用一个保险、一个搭铁点和一个开关的相关线路的名称。对于在第一步程序中漏检的相关线路要试一下，如果相关线路工作正常，说明共用部分没问题，故障原因仅限于有问题的这一线路中。如果几条线路同时出故障，原因多半出在保险或搭铁线。

3. 重点检查问题集中的线路或部件

对重点线路或部件进行认真测试，验证第二步所作出的推断。一般是按先易后难的次序来对有问题的线路或部件进行测试，并逐个排查。

4. 进一步进行诊断与检修

其方法很多，通常有：直观检查保险法、刮火法、试灯法、短路法、替代法、模拟法等。这些方法在绪论中已讲过，此处不再重复。

5. 验证电路是否恢复正常

在对电路进行一次系统检查后，查看问题是否已经解决。如果故障出在电源上，对各熔断器（保险丝）、电路断路器，甚至易熔线都要进行全面检查。

7.3.3 全车电路的检修方法

电路发生故障主要有断路、短路、电气设备的损坏等。为了能迅速准确地诊断故障，下面介绍几种常见的检修方法。

1. 直观诊断法

电路发生故障时，有时会出现冒烟、火花、异响、焦味、发热等异常现象。这些现象可以直接观察到，从而可以判断故障所在部位。

2. 断路法

电路中出现搭铁（短路）故障时，可以用断路法来判断，即将怀疑有搭铁故障的电路断开后，观察电气设备中搭铁故障是否还存在，以此来判断电路搭铁的部位和原因。

3. 短路法

电路中出现断路故障，可以用短路法来判断，即用起子或导线将被怀疑有断路故障的电路短接，观察仪表指针变化或电器设备工作状况，从而判断出该电路中是否存在断路故障。

4. 试灯法

试灯法就是用一只车用灯泡作为试灯，检查电路中有无断路故障。

5. 仪表法

观察仪表板上的电流表、水温表、燃油表、机油压力表等的指示情况，判断电路中有无故障。例如发动机冷态，接通点火开关时，水温表指示满刻度位置不动，说明水温表传感器有故障或该线路有搭铁。

6. 低压搭铁试火法

即通过拆下用电设备的某一线头对汽车的金属部分（搭铁）碰试，依据产生火花来判断。这种方法比较简单。搭铁试火分为直接搭铁试火和间接搭铁试火两种。

直接搭铁试火，是未经负载而直接搭铁产生强烈的火花。例如，我们要判断点火线圈到蓄电池一段电路是否有故障，可拆下点火线圈上连接点火开关的线头，在车身或车架上刮碰，如有强烈的火花，则说明该电路正常；如果无火花产生，说明这段电路出现了断路。

间接搭铁是通过电器的某一负载而搭铁产生微弱的火花来判断线路或负载是否有故障。例如，将传统点火系统断电器连接线搭铁（回路经过点火线圈初级绕组），如果有火花，说明这段线路正常；如果没有火花，则说明该段电路有断路。

特别值得注意的是，试火法不能在有电子控制的电路检测。

7. 高压试火法

对高压电路进行搭铁试火，观察电火花状况，判断点火系统的工作情况。具体方法是取下点火线圈或火花塞的高压导线，将其对准火花塞或缸盖等，距离约 5mm，然后接通起动开关，转动发动机，看其跳火情况。如果火花强烈，呈天蓝色，且跳火声较大时则表明点火系统工作基本正常，反之则说明点火系统工作不正常。

电路检修的注意事项：

①拆卸蓄电池时，总是最先拆下负极电缆；装上蓄电池时，总是最后连接负极电缆。拆下或装上蓄电池电缆时，应确保点火开关或其他开关都已断开，否则会导致半导体元器件的损坏。

②不允许使用欧姆表及万用表 $R \times 100$ 以下低阻欧姆挡检测小功率晶体三极管，以免电流过载损坏它们。更换三极管时，应首先接入基极；拆卸时，则应最后拆卸基极。对于金属氧化物半导体管（MOS），则应当心静电击穿，焊接时，应从电源上拔下烙铁插头。

③拆卸和安装元件时，应切断电源。如无特殊说明，元件引脚距焊点应在 10mm 以上，以免烙铁烫坏元件，且宜使用相同恒温或功率小于 75W 的电烙铁。

④更换烧坏的保险时，应使用相同规格的保险。使用比规定容量大的保险会导致电器损坏或产生火灾。

⑤靠近振动部件（如发动机）的线束部分应用卡子固定，将松弛部分拉紧，以免由于振动造成线束与其他部件接触。

⑥不要粗暴地对待电器，也不能随意乱扔。无论好坏器件，都应轻拿轻放。

⑦与尖锐边缘磨碰的线束部分应用胶带缠起来，以免损坏。安装固定零件时，应确保线不要被夹住或被破坏。安装时，应确保接插头接插牢固。

⑧进行保养时，若温度超过 80℃（如进行焊接时），应先拆下对温度敏感的零件（如继电器和 ECU）。

此外，现代工程机械的许多电子电路，出于性能要求和技术保护等多种原因，往往采用不可拆卸的封装方式，如厚膜封装调节器、固封电子电路等，当电路故障可能涉及它们内部时，则往往难以判断。在这种情况下，一般先从其外围逐一检查排除，最后确定它们是否损坏。

有些进口工程机械上的电子电路，虽然可以拆卸，但往往缺少同型号分立元件代替，这就涉及用国产元件或其他进口元件替代的可行性问题，切忌盲目代用。

总之，电路（特别是电子电路）的检修，除要求检修人员具有一定的实际经验外，还要求具有一定的电工电子学基础和分析电路原理及使用仪表工具的能力。

7.3.4　全车电路检修分析

本节以 ZL50C 装载机为例，分析工程机械全车电路的组成、特点和常见故障的诊断方法。

1. ZL50C 装载机电气系统介绍

ZL50C 装载机电气设备总线路包括充电系统、起动系统、照明及信号系统、仪表系统和辅助电器装置。全车电气线路如图 7-19 所示。全车电气线路为并联单线制、负极搭铁，电气系统工作电压均为 24V，各系统电路特点分析如下：

电源系统

电源系统主要由两个 12V 蓄电池、整体式发电机、蓄电池继电器、负极开关、电锁（点火开关）、60A 快速熔断片等组成。

充电系统工作情况由电流表来监测。电流表用来显示蓄电池充、放电电流的大小。

闭合负极开关，电锁旋到"ON"挡时，电锁 30 和 15 号端子接通，电源系统电路接通，蓄电池开始对外供电；起动后，发电机发电对外供电，同时给蓄电池充电。

起动系统

起动系统电路主要由起动机、起动继电器、电锁等组成。

电锁旋到"ST"挡，电锁 30 和 15、50 端子同时接通，起动系统电路接通。

照明及信号系统

照明装置有：前大灯、后大灯、小灯、工作灯、壁灯、仪表灯。

信号装置有：转向灯、制动灯。

（1）各灯具并联连接，都有各自对应的开关控制。

（2）前照灯为双丝灯泡，远、近光靠变光开关来变换。

（3）闪光器串联在转向灯电路中。

仪表系统

ZL50C 装载机仪表系统的仪表有电流表、发动机水温表、变速器油压表、变矩器油温表、机油压力表、机油温度表、气压表和小时计等。其传感器串联在对应仪表的搭铁电路中，各表的正常指示值如表 7-5 所示。

表 7-5　ZL5OC 装载机各仪表正常指示值

仪表	正常指示值	量程	仪表	正常指示值	量程
电流表		±50A	变矩器油压表	1.4~1.6MPa	0~3.2MPa
发动机水温表	67~90℃	50~135℃	发动机油压表	0.2~0.4MPa	0~0.6MPa
变矩器油温表	55~120℃	50~135℃	气压表	0.6~0.8MPa	0~1.0MPa

辅助系统

ZL50C 装载机辅助电器主要包括电动刮水器、电风扇、空调等。

（1）电动刮水器由电动刮水器拉杆开关控制，有慢、快两个挡位，具有自动复位功能。

（2）电风扇由电风扇开关单独控制。

（3）空调蒸发器风扇电机由风量开关控制，有高、中、低三个挡位。冷凝器风扇电机由风量开关和温控器控制。压缩机离合器电磁线圈由风量开关、温控器和压力开关控制。

总线路的熔断器集中布置在熔断丝盒内，这样便于检修和更换。除电风扇借用仪表灯的熔断丝外，其他各用电设备都有各自的熔断丝。

2. ZL50C 装载机主要电气系统常见故障的诊断和排除

ZL50C 装载机主要电气系统常见故障的诊断和排除方法，见表 7-6。

表 7-6　ZL50C 装载机主要电气系统常见故障的诊断和排除方法

系统	故障现象	原因及排除方法
充电系统	不充电	先检查熔断器是否烧断，充电电路连接是否良好；发电机"+"极输出电压是否正常；再检查电源继电器和电源控制开关是否工作良好。
	充电电流过大	充电电流过大主要是由于调节器调压值过高或失效造成，应检修调节器。
	充电电流过小	先检查发电机"+"极输出电压是否过低；再检查各连接导线是否接触良好、电源继电器和电源控制开关触点是否接触良好。
	充电电流不稳	先检查各连接导线是否松动；再检查发电机内部是否出现局部接触不良故障。
起动系统	起动机不转	先检查蓄电池是否严重亏电，电缆连接是否断路；再检查起动机电磁开关是否能正常工作；最后检查起动继电器、电锁是否工作正常。
	起动机运转无力	先检查蓄电池是否亏电，电缆接头是否接触不良；再检查起动机电磁开关是否能正常工作。
	起动机空转	先检查单向离合器是否打滑，拨叉是否脱出。
照明系统	所有灯都不亮	先检查相关保险是否烧断；再检查公共电路是否连接正常。
	个别灯不亮	先检查灯泡是否烧坏；再检查相应连接导线是否断开。
仪表系统	整个仪表均不正常	先检查保险是否烧断；再检查公共电路是否连接正常。
	个别仪表不正常	先检查该仪表与传感器的连接导线是否接触良好；再检查该仪表配套的传感器是否失效；最后检查该仪表表头内部是否出现故障。

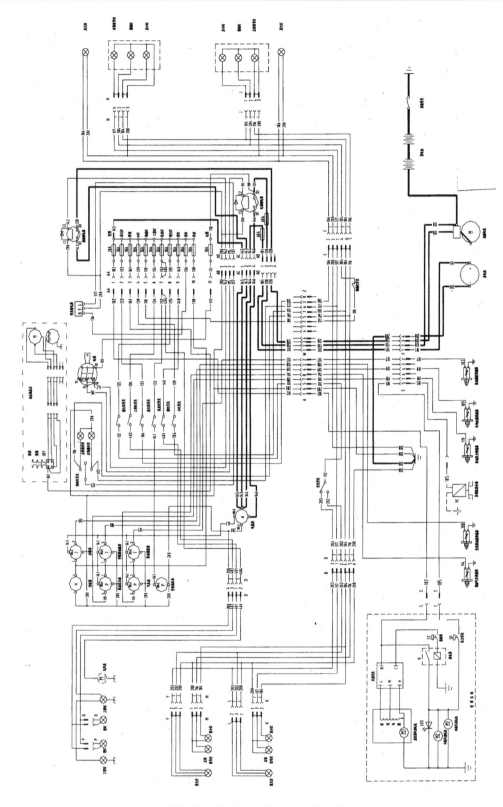

图 7-19　ZL50C 装载机电气原理图

情境七　任务工作单

任务名称			检修全车电路		
学生姓名		班级		学号	
成　绩				日期	

一　相关知识

1. 根据用电设备的负载电流大小选择导线的截面积。对于功率很小的电器，仅以其工作电流的大小_____，其截面积将_____，机械强度_____，因此汽车电路系统中所用的导线截面积规定不得小于_____。

2. 大部分工程机械导线间的连接均采用_____，这有利于_____，更有利于_____。

3. 为防止工程机械行驶过程中插接器脱开，所有插接器均采用_____装置，当要拆下时，应先_____，然后再将其_____。

4. 电源总开关的作用，是用来_____蓄电池电路的，目前使用的有_____式和_____式两种。

5. 继电器是利用电磁原理，实现自动接通或切断一对或多对触点，以完成用_____控制_____的装置。在电路中设置继电器可以减小控制开关的电流负荷，减少烧蚀等现象的产生，保护电路中的_____。

6. 保险装置的作用是在电路发生_____或_____时，_____以保证电气设备及线路的_____。保险装置主要有_____、_____、_____。

7. 常见的整车电路图有三种：_____、_____、_____。

8. 电路发生故障主要有_____、_____、电气设备的损坏等。为了能迅速准确地诊断故障，常见的检修方法有：_____、_____、_____、_____。

9. 常见的检测工具有：_____、_____、_____、_____。

二　分析情境七 ZL50C 装载机全车电路，回答

（1）电源系统组成及电路控制原理_____

_____
_____
_____ 。

（2）起动系统及电路控制原理：_____
_____
_____
_____
_____
_____ 。

（3）照明及信号系统及电路控制原理：_____
_____
_____
_____
_____ 。

（4）仪表系统及电路控制原理：_____
_____
_____
_____
_____ 。

（5）辅助电器及电路控制原理：_____
_____
_____
_____
_____ 。

参考文献

［1］赵仁杰．工程机械电气设备［M］．北京：人民交通出版社，2002．

［2］王安新．工程机械电气设备［M］．北京：人民交通出版社，2009．

［3］冯久东．公路工程机械电器电子控制装置［M］．北京：人民交通出版社，2005．

［4］梁杰，王慧君．工程机械电气设备［M］．北京：人民交通出版社，1999．

［5］王勇．汽车电气设备构造与维修［M］．北京：机械工业出版社，2003．

［6］尹万建．汽车电气设备原理与检修［M］．北京：高等教育出版社，2008．

［7］明光星，孙宝明．汽车电器设备原理与维修实务［M］．北京：北京大学出版社，2011．

［8］张铁，王慧君，朱明才．工程建设机械电器及电控系统［M］．东营：石油大学出版社，2002．

［9］李茂福．公路工程机械控制技术［M］．北京：人民交通出版社，2010．

［10］王凤军．汽车电器系统检修［M］．天津：天津大学出版社，2010．